普.通.高.等.学.校

计算机教育"十三五"规划教材

Access 2010 数据库
基础与应用教程

（第 2 版）

APPLICATION TUTORIALS ON ACCESS 2010

(2nd edition)

陈薇薇 冯莹莹 巫张英 ◆ 编著

人民邮电出版社

北京

图书在版编目（CIP）数据

Access 2010数据库基础与应用教程 / 陈薇薇，冯莹莹，巫张英编著. -- 2版. -- 北京：人民邮电出版社，2017.8（2021.1重印）

普通高等学校计算机教育"十三五"规划教材

ISBN 978-7-115-46283-1

Ⅰ. ①A… Ⅱ. ①陈… ②冯… ③巫… Ⅲ. ①关系数据库系统－高等学校－教材 Ⅳ. ①TP311.138

中国版本图书馆CIP数据核字(2017)第180366号

内 容 提 要

本书以简明易懂、实例丰富、深入浅出、可操作性强的方式，全面介绍了使用 Access 2010 数据库管理系统创建数据库、创建数据库的各种对象（包括表、查询、窗体、报表、宏和模块）、VBA编程、DAO 编程和 ADO 编程的方法。各章后面均配置了相应的习题和上机实验题。本书内容基本覆盖了全国计算机等级考试二级 Access 数据库程序设计考试大纲的内容。

本书可作为各大专院校所有专业的有关数据库应用基础课程的参考书，也可作为参加"全国计算机等级考试二级 Access 数据库程序设计"科目考试的考生的参考书，还可作为各层次 Access 用户的自学参考书。

- ◆ 编　著　陈薇薇　冯莹莹　巫张英

　　责任编辑　刘　博

　　责任印制　陈　犇
- ◆ 人民邮电出版社出版发行　　北京市丰台区成寿寺路 11 号

　　邮编　100164　　电子邮件　315@ptpress.com.cn

　　网址　http://www.ptpress.com.cn

　　山东百润本色印刷有限公司印刷
- ◆ 开本：787×1092　1/16

　　印张：20.5　　　　　　　2017 年 8 月第 2 版

　　字数：536 千字　　　　2021 年 1 月山东第 11 次印刷

定价：49.80 元

读者服务热线：**(010)81055256**　印装质量热线：**(010)81055316**
反盗版热线：**(010)81055315**
广告经营许可证：京东市监广登字 20170147 号

前　言

随着互联网、多媒体、大数据处理等信息技术的快速发展，现在许多单位的业务开展，比如电子商务、电子政务、银行业务、股市交易、订票管理、财务管理等，都离不开数据库。数据库技术的应用已经和人们的生活息息相关。如果某单位的数据库出现故障，那么该单位的业务就要停止或不能正常开展。从当前数据库技术应用的广泛性及其重要性来看，大学生至少要掌握一种数据库的基本应用技术。不管是理科、文科还是工科，学习数据库应用技术知识都很有必要。有些大学已经对各专业学生增开了有关数据库应用技术的课程，甚至还把"数据库基础与应用"课程作为全校非计算机专业学生的公共必修课。

编者根据教授数据库有关课程的教学体会，认为 Access 2010 是美国微软公司推出的、基于关系数据模型的数据库管理系统，目前许多学校有关数据库基础的课程也是以 Access 2010 数据库管理系统为平台来讲授和组织上机实验的，并且教育部考试中心每年组织 3 次（3 月、9 月及 12 月）"全国计算机等级考试二级 Access 数据库程序设计"科目的考试。因此，大学生以 Access 2010 数据库管理系统为平台来学习数据库应用的基本知识是可行的、有必要的。

本书通俗易懂、结构合理、图文并茂，以丰富的实例展示了使用 Access 2010 创建数据库及其各种数据库对象的基本知识和技巧，可操作性强。本书内容覆盖了全国计算机等级考试二级 Access 数据库程序设计考试大纲的基本内容。

为了帮助教师使用本教材进行教学工作，这本书还提供教学辅导课件，包括各章的电子教案（PPT 文档）、书中实例数据库等，教师可从人邮教育社区（www.ryjiaoyu.com）上进行下载。

本书（与第 1 版相比）重新调整了全书的结构，删除了有关 Access 2003 的内容，同时添加了一些新内容，并把上机实验题放在各章的习题后面。本书由中山大学陈薇薇、阜阳师范学院信息工程学院冯莹莹及中山大学新华学院巫张英联合编写。在编写本书的过程中，曾得到中山大学林卓然教授的大力支持和指导，以及各编者所在单位有关老师的支持，在此表示衷心感谢！

编　者

2017 年 4 月

目　录

第1章
数据库基础概述

数据库及其应用是计算机科学中一个重要的分支。从最初简单的人工管理数据的方式到当前各种先进的数据库系统，数据管理技术发生了翻天覆地的变化。特别是数据库技术的应用非常广泛，以至于在计算机应用领域中的许多地方都使用到数据库。目前，许多单位的业务开展都离不开数据库，如银行业务、证券市场业务、飞机订票业务、火车订票业务、超市业务、电子商务等。如果支持这些业务的数据库出现故障，那么相关的业务将无法正常运转。

1.1　数据管理发展概况

自从世界上第一台电子数字计算机（简称计算机）诞生以来，数据管理经历了从较为低级的人工管理到先进的数据库、数据仓库、数据挖掘的演变。

1.1.1　数据及数据处理

数据是存储在某一种媒体（如计算机）上能够识别的物理符号。也可以说，数据是描述事物的符号记录，如"黄山""95"。数据不仅可以包括数字、字母、文字和其他特殊字符组成的文本形式，还可以包括图像、图形、影像、声音、动画等多媒体形式，它们经过数字化后可以存入计算机。

数据处理是把数据加工处理成为信息的过程。信息是数据根据需要进行加工处理后得到的结果。信息对于数据接收者来说是有意义的，例如"黄山""95"只是单纯的数据，没有具体意义，而"黄山同学本学期的英语期末考试成绩为95分"就是一条有意义的信息；此外，"旅游景点黄山的门票价格是95元"也是一条有意义的信息。

1.1.2　人工管理

在诞生初期，计算机主要用于科学计算。由于受到当时硬件和软件技术的限制，外存储器只有纸带、卡片和磁带，而没有磁盘等可以直接进行存取的存储设备；在软件方面，没有操作系统和数据管理软件，数据处理的方式是批处理。这种条件决定了当时的数据管理只能依赖手工进行。那时，计算机系统不提供对用户数据的管理功能；用户在编制程序时，必须全面考虑好相关的数据，包括数据的定义、存储结构、存取方法等；程序和数据是一个不可分割的整体，数据不独立，如果数据脱离了程序就无任何存在的价值；数据不能共享；所有程序的数据均不单独保存。

1.1.3　文件系统

在 20 世纪 50 年代后期到 60 年代中期，计算机不仅用于科学计算，还大量用于信息处理。随着数据量的增加，数据的存储、检索和维护都成为急需解决的问题，数据结构和数据管理技术也随之迅速发展起来。此时，外部存储器已有磁盘、磁鼓等直接存取的存储设备；软件领域出现了操作系统、高级语言等系统软件，操作系统中的文件系统是专门管理外存的数据管理软件，文件是操作系统管理的重要资源之一；数据处理方式有批处理，也有联机实时处理。

数据可以以"文件"形式长期保存在外部存储器的磁盘上。由于计算机的应用转向信息管理，因此对文件要进行大量的查询、修改、插入等操作。

对数据的操作以记录为单位。这是由于文件中只存储数据，不存储文件记录的结构描述信息。文件的建立、存取、查询、插入、删除、修改等所有操作，都要用程序来实现。

随着数据管理规模的扩大，数据量急剧增加，文件系统显露出数据冗余、数据联系弱等缺陷。

1.1.4　数据库系统

数据库系统阶段开始于 20 世纪 60 年代末。随着计算机应用的日益广泛，数据管理的规模也越来越大，需要处理的数据量急剧增加；同时随着硬件技术的发展，出现了大容量的磁盘。这种情况促使人们去研究更加有效的数据管理手段，从而催生了数据库技术，使数据管理进入了数据库系统阶段。应用程序与数据库的关系通过数据库管理系统（DBMS）来实现，如图 1-1 所示。

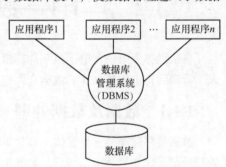

图 1-1　应用程序与数据库的关系

数据库系统克服了文件系统的缺陷，提供了对数据更高级、更有效的管理。数据库系统采用数据模型表示复杂的数据结构。数据模型不仅描述数据本身的特征，还要描述数据之间的联系，这种联系通过存取路径实现。通过所有存取路径表示自然的数据联系是数据库与传统文件的根本区别。这样，数据不再面向特定的某个或多个应用，而是面向整个应用系统。同时数据冗余明显减少，实现了数据共享。

1.1.5　分布式数据库系统

分布式数据库是数据库技术与网络技术相结合的产物。随着传统的数据库技术日趋成熟，以及计算机网络技术的飞速发展和应用范围的扩充，数据库应用已经普遍建立于计算机网络之上，这时集中式数据库系统表现出它的不足之处：数据按实际需要已在网络上分布存储，再采用集中式处理，势必会出现通信开销大的情况；应用程序集中在一台计算机上运行，一旦该计算机发生故障，则整个系统都会受到影响，可靠性不高；集中式处理导致系统的规模和配置都不够灵活，系统的可扩充性差。在这种形势下，集中式数据库的"集中计算"开始向"分布计算"发展。

分布式数据库系统有两种：一种在物理上是分布的，但逻辑上却是集中的；另一种在物理上和逻辑上都是分布的，也就是所谓的联邦式分布数据库系统。

1.1.6　面向对象数据库系统

将面向对象技术与数据库技术结合产生出面向对象的数据库系统，这是数据库应用发展的迫切需要，也是面向对象技术和数据库技术发展的必然结果。

面向对象的数据库系统必须支持面向对象的数据模型，具有面向对象的特性。一个面向对象的数据模型是用面向对象的观点来描述现实世界实体（对象）的逻辑组织、对象之间的限制和联系等。

另外，将面向对象技术应用到数据库应用开发工具中，使数据库应用开发工具能够支持面向对象的开发方法并提供相应的开发手段，这对于提高应用开发效率及增强应用系统界面的友好性、系统的可伸缩性、可扩充性等具有重要的意义。

1.1.7　数据仓库

随着客户机/服务器技术的成熟和并行数据库的发展，信息处理技术实现了从大量的事务型数据库中抽取数据，并将其清理、转换为新的存储格式的过程，即为决策目标把数据聚合在一种特殊的格式中。随着此过程的发展和完善，这种支持决策的、特殊的数据存储即被称为数据仓库（Data Warehouse）。数据仓库是支持管理决策过程的、面向主题的、集成的、稳定的、随时间变化的数据集合。

1.1.8　数据挖掘

数据挖掘（Data Mining）又称数据库中的知识发现（Knowledge Discovery in DataBase），它是一个从数据库中获取有效的、新颖的、潜在有用的、最终可理解的知识的复杂过程。简单来说，数据挖掘就是从大量数据中提取或"挖掘"知识。

数据挖掘和数据仓库的协同工作，一方面可以迎合和简化数据挖掘过程中的重要步骤，提高数据挖掘的效率和能力，确保数据挖掘过程中数据来源的广泛性和完整性；另一方面，数据挖掘技术已经成为数据仓库应用中极为重要和相对独立的工具。

1.1.9　大数据

"大数据"（Big data），或称巨量数据、海量数据、大资料，指的是所涉及的数据量规模巨大到无法通过人工，在合理时间内达到截取、管理、处理并整理成为人类所能解读的信息。一般认为，"大数据"具有 4V 特点：Volume（数据量大）、Variety（数据多样性）、Velocity（处理速度快）、Value（价值）。

大数据的 4 个"V"，或者说特点有 4 个层面：第一，数据量巨大。从 TB 级别跃升到 PB 级别（1PB=1024TB）；或从 PB 级别跃升到 EB 级别（1EB=1024PB）。第二，数据类型繁多。如网络日志、视频、图片、地理位置信息等。第三，处理速度快。1 秒定律（即要在秒级时间范围内给出分析结果，超出这个时间，数据就失去价值了），可从各种类型的数据中快速获得高价值的信息。第四，只要合理利用数据并对其进行正确、准确地分析，将会带来很高的价值回报。

对于大数据而言，通过云计算技术、分布式处理技术、存储技术和感知技术等技术的发展，这些原本很难收集和使用的数据开始容易被利用起来了，通过各行各业的不断创新，大数据会逐步为人类创造更多的价值。

1.2　数据库系统简述

数据库系统是指引入数据库技术后的计算机系统。数据库系统实际上是一个集合体，一般由硬件系统、数据库、数据库管理系统及其相关的软件、数据库管理员和用户组成。数据库系统的内部体系结构是三级模式和二级映射结构。

1.2.1　数据库

数据库（DataBase，DB）是长期存储在计算机内，有组织的、可共享的、统一管理的相关数据的集合。数据库中的数据按一定的数据模型进行组织、描述和存储，具有较小的冗余度、较高的数据独立性和易扩展性。

数据库中不仅包括描述事物的数据本身，而且包括相关事物之间的关系。

数据库中的数据不止是面向某一种特定的应用，而是可以面向多种应用，可以被多个用户、多个应用程序共享。

例如，某一企业的数据库，可以被该企业下属的各个部门的有关管理人员共享使用，而且可供各个管理人员运行的不同应用程序共享使用。当然，为保障数据库的安全，对于使用数据库的用户应有相应权限的限制。

1.2.2　数据库管理系统

数据库管理系统（DataBase Management System，DBMS）是数据库系统的核心软件，其主要任务是支持用户对数据库的基本操作，对数据库的建立、运行和维护进行统一管理和控制。注意：用户不能直接接触数据库，而只能通过 DBMS 来操作数据库。

DBMS 的基本功能如下。

1．数据定义功能

DBMS 提供了数据定义语言（Data Description Language，DDL）供用户定义数据库的结构、数据之间的联系等。具体来说，DDL 供用户定义数据库的外模式、模式、内模式、各级模式之间的映射以及有关的约束条件等。

2．数据操纵功能

DBMS 提供了数据操纵语言（Data Manipulation Language，DML）来完成用户对数据库提出的各种操作要求，以实现对数据库的插入、修改、删除、检索等基本操作。DML 分为宿主型 DML 和自主型 DML 两种类型。宿主型 DML 本身不能独立使用，必须嵌入到主语言中，如嵌入 C、Cobol 等高级语言中。自主型 DML 又称为自含型 DML，它是交互式命令语言，可以独立使用。

3．数据库运行控制功能

DBMS 提供了数据控制语言（Data Control Language，DCL）来实现对数据库进行并发控制、安全性检查、完整性约束条件的检查等功能。它们在数据库运行过程中监视对数据库的各种操作，控制管理数据库资源，处理多用户的并发操作等。

4．数据库维护功能

DBMS 还提供了一些实用程序，用于对已经建立好的数据库进行维护，包括数据库的转储与恢复、数据库的重组与重构、数据库性能的监视与分析等。

5．数据库通信功能

DBMS 还提供了与通信有关的实用程序，以实现网络环境下的数据通信功能。

1.2.3　数据库系统

1．数据库系统的组成

数据库系统（DataBase System，DBS）是指引入数据库技术后的计算机系统。数据库系统实际上是一个集合体，通常包括以下 5 部分。

（1）数据库（DB）。

（2）数据库管理系统（DBMS）及其相关的软件。

（3）计算机硬件系统。

（4）数据库管理员（DataBase Administrator，DBA）。全面负责建立、维护、管理和控制数据库系统。

（5）用户。

2. 数据库系统的特点

数据库系统的基本特点如下。

（1）数据低冗余、共享性高。

（2）数据独立性高。

数据的独立性包括逻辑独立性和物理独立性。

数据的逻辑独立性是指当数据的总体逻辑结构改变时，数据的局部逻辑结构不变。由于应用程序是依据数据的局部逻辑结构编写的，所以应用程序不必修改，从而保证了数据与程序间的逻辑独立性。例如，在原有的某表中增加了新字段，那么与该新字段无关的应用程序不必修改，从而体现了数据的逻辑独立性。

数据的物理独立性是指当数据的存储结构改变时，数据的逻辑结构不变，从而应用程序也不必改变。例如，改变存储设备（如换了一个磁盘来存储该数据库），那么应用程序不必修改，从而体现了数据的物理独立性。

（3）有统一的数据控制功能。

数据控制功能通常包括数据的安全性控制，数据的完整性控制，并发控制等。

1.2.4　数据库应用系统

数据库应用系统是指系统开发人员利用数据库系统的资源，为某一类实际应用的用户使用数据库而开发的软件系统，如银行业务管理系统、仓库管理系统、财务管理系统、飞机售票管理系统、教务管理系统等。

1.2.5　数据库系统的三级模式及二级映射结构

根据美国国家标准化协会和标准计划与需求委员会提出的建议，数据库系统的内部体系结构是三级模式和二级映射结构。

三级模式分别是外模式、概念模式和内模式。

二级映射分别是外模式到概念模式的映射和概念模式到内模式的映射。

三级模式反映了数据库的 3 种不同的层面（见图 1-2）。以外模式为框架所组成的数据库称作用户级数据库，体现了数据库操作的用户层；以概念模式为框架所组成的数据库称作概念级数据库，体现了数据库操作的接口层；以内模式为框架所组成的数据库称作物理级数据库，体现了数据库操作的存储层。

1. 数据库系统的三级模式

（1）外模式。外模式也称子模式或用户模式。它是数据库用户（包括应用程序员和最终用户）所见到和使用的局部数据逻辑结构的描述，是数据库用户的数据视图，是与某一应用有关的数据的逻辑表示。一个概念模式可以有若干个外模式，每个用户只关心与他有关的外模式，这样不仅可以屏蔽大量无关信息而且有利于对数据库中的数据进行保密和保护。对外模式的描述，DBMS 一般都提供有相应的外模式数据定义语言（外模式 DDL）来定义外模式。

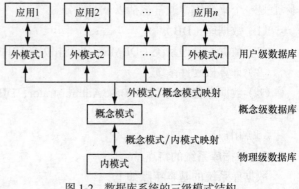

图 1-2　数据库系统的三级模式结构

（2）概念模式。概念模式也称为模式。它是数据库中全局数据逻辑结构的描述，是所有用户的公共数据视图。定义模式时不仅要定义数据的逻辑结构（如数据记录由哪些数据项构成，数据项的名字、类型等），而且要定义与数据有关的安全性、完整性约束要求，以及定义这些数据之间的联系等。对概念模式的描述，DBMS 一般都提供有相应的模式数据定义语言（模式 DDL）来定义模式。

（3）内模式。内模式也称存储模式或物理模式，它是数据库物理存储结构和物理存储方法的描述，是数据在存储介质上的保存方式。例如，数据的存储方式是顺序存储，还是按照 B 树结构存储等。内模式对一般用户是透明的，但它的设计直接影响数据库的性能。对内模式的描述，DBMS 一般都提供有相应的内模式数据定义语言（内模式 DDL）来定义内模式。一个数据库只有一个内模式。

2. 数据库系统的二级映射

数据库系统的三级模式之间的联系是通过二级映射来实现的，当然实际的映射转换工作是由 DBMS 来完成的。

（1）外模式到概念模式的映射。外模式到概念模式的映射（即外模式/概念模式映射）定义了外模式与概念模式之间的对应关系。外模式是用户的局部模式，而概念模式是全局模式。当概念模式发生改变时，由数据库管理员对各个外模式/概念模式映射做相应改变，可以使外模式保持不变，从而应用程序不必修改，保证了数据的逻辑独立性。

（2）概念模式到内模式的映射。概念模式到内模式的映射（即概念模式/内模式映射）定义了数据全局逻辑结构与物理存储结构之间的对应关系。当数据库的存储结构改变时（如换了另一个磁盘来存储该数据库），由数据库管理员对概念模式/内模式映射做相应改变，可以使概念模式保持不变，从而保证了数据的物理独立性。

1.3　数　据　模　型

数据是现实世界符号的抽象，而数据模型则是数据特征的抽象。数据模型所描述的内容包括 3 个方面，即数据结构、数据操作和数据约束条件。

数据模型是从现实世界到机器世界的一个中间层次。现实世界的事物反映到人的大脑中，人们把这些事物抽象为一种既不依赖于具体的计算机系统又不依赖于具体的 DBMS 的概念模型，然后再把该概念模型转换为计算机中某个 DBMS 所支持的数据模型。

数据模型包括如下 3 类。

1. 概念数据模型

概念数据模型是面向数据库用户的现实世界的数据模型，也称概念模型。概念模型主要用来描述现实世界的概念化结构，它使数据库的设计人员在设计的初始阶段摆脱计算机系统及 DBMS

的具体技术问题，集中精力分析数据以及数据之间的联系等。概念模型与具体的计算机平台无关，与具体的 DBMS 无关。

2. 逻辑数据模型

逻辑数据模型也称数据模型。逻辑数据模型主要用来描述数据库中数据的表示方法和数据库结构的实现方法。它是计算机实际支持的数据模型，是与具体的 DBMS 有关的数据模型。它包括层次数据模型、网状数据模型、关系数据模型以及面向对象数据模型等。

3. 物理数据模型

物理数据模型也称物理模型，它是一种面向计算机物理表示的模型。物理数据模型给出了数据模型在计算机上物理结构的表示，它是描述数据在存储介质上的组织结构的数据模型。

1.3.1　概念数据模型——E–R 模型

概念数据模型是一种面向客观世界、面向用户的模型。概念数据模型是按用户的观点，从概念上描述客观世界复杂事物的结构以及事物之间的联系，而不管事物和联系如何在数据库中存储。概念数据模型与具体的 DBMS 无关，与具体的计算机平台无关。概念数据模型是整个数据模型的基础。概念数据模型的设计方法有多种，其中的 E-R（实体-联系）方法是最广泛使用的方法。在此，仅介绍使用 E-R 方法设计概念数据模型——E-R 模型。

1. 概念模型中的基本概念

（1）实体：客观存在并可相互区别的事物称为实体。实体可以是具体的人、事、物，也可以是抽象的概念或联系。例如，一名教师、一门课、一本书、一次作业、一次考试等。

（2）属性：描述实体的特性称为属性。一个实体可以由若干个属性来刻画，如一个学生实体有学号、姓名、性别、出生日期等方面的属性。属性有属性名和属性值，属性的具体取值称为属性值。例如，对某一学生的"性别"属性取值为"女"，其中"性别"为属性名，"女"为属性值。

（3）关键字：能够唯一标识实体的属性或属性的组合称为关键字。如学生的学号可以作为学生实体的关键字，但学生的姓名可能会有重名，因此不能作为学生实体的关键字。

（4）域：属性的取值范围称为该属性的域。例如，学号的域为 8 个数字字符串集合，性别的域为"男"和"女"。

（5）实体型：属性的集合表示一个实体的类型，称为实体型。例如，学生（学号，姓名，性别，出生日期）就是一个实体型。

属性值的集合表示一个实体。例如，属性值的集合（02091001，李楠，女，1986-01-12）就是代表一名具体的学生。

（6）实体集：同类型的实体的集合称为实体集。例如，对于"学生"实体来说，全体学生就是一个实体集。

2. 两个实体之间的联系

现实世界中，事物内部以及事物之间是有联系的，在概念模型中反映为实体内部的联系和实体之间的联系。实体内部的联系通常是指组成实体的各属性之间的联系，而实体之间的联系通常是指不同实体集之间的联系。两个实体之间的联系可分为如下 3 种类型。

（1）一对一联系（1:1）：实体集 A 中的一个实体最多与实体集 B 中的一个实体相对应，反之亦然，则称实体集 A 与实体集 B 之间为一对一的联系，记作 1:1。例如，一个学校只有一位校长，一位校长只能管理一个学校。

（2）一对多联系（1:n）：如果对于实体集 A 中的每一个实体，实体集 B 中有多个实体与之对应；

反之，对于实体集 B 中的每一个实体，实体集 A 中最多只有一个实体与之对应，则称实体集 A 与实体集 B 之间为一对多联系，记为 $1:n$。例如，学校的一个系有多个专业，而一个专业只属于一个系。

（3）多对多联系（$m:n$）：如果对于实体集 A 中的每一个实体，实体集 B 中有多个实体与之对应；反之，对于实体集 B 中的每一个实体，实体集 A 中也有多个实体与之对应，则称实体集 A 与实体集 B 之间为多对多联系，记为 $m:n$。例如，一名学生可以选修多门课程，一门课程可以被多名学生选修。

3. E-R 方法

E-R 方法（即实体-联系方法）是使用最广泛的概念数据模型设计方法，该方法用 E-R 图来描述现实世界的概念数据模型。

E-R 方法描述说明如下。

（1）实体（型）：实体（型）用矩形表示，矩形框内写上实体名称。

（2）属性：属性用椭圆形表示，椭圆形内写明属性名，并用连线将其与相应的实体型连接起来。

（3）联系：联系用菱形表示，菱形框内写明联系名，并用连线分别与有关实体连接起来，同时在连线旁标上联系的类型（如 $1:1$、$1:n$ 或 $m:n$）。

用 E-R 图描述实体（型）、属性和联系的方法，如图 1-3 所示。

图 1-3　E-R 图示例

1.3.2　逻辑数据模型

逻辑数据模型分为层次数据模型、网状数据模型、关系数据模型和面向对象数据模型。

1. 层次数据模型

层次数据模型（简称层次模型）采用树形结构来表示实体和实体间的联系。图 1-4 所示为层次模型的一个例子，该例中树形反映出整个系统的数据结构和它们之间的关系。在层次模型中只有一个根结点，其余结点只有一个父结点，每个结点是一个记录，每个记录由若干数据项组成，记录之间使用带箭头的连线连接以反映它们之间的关系。

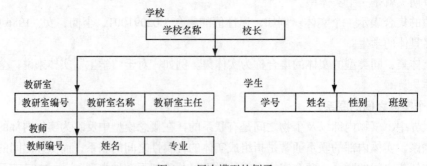

图 1-4　层次模型的例子

在图 1-4 所示的例子中，学校是根结点，学校记录由学校名和校长两个数据项组成，教研室和学生是学校下属的机构和人员，教师则隶属于教研室。当要查询信息时，需要从根结点开始逐层往下搜索。例如，需要查询教师的信息时，需要遵循学校→教研室→教师这条路径进行。

一般来说，一个基本层次联系的集合可以称为层次模型，需要满足如下的两个基本条件。

（1）有且仅有一个结点没有父结点，该结点称为根结点。

（2）除根结点以外的其他结点有且仅有一个父结点，没有子女的结点称为叶结点。

作为层次数据库系统的典型代表是美国 IBM 公司在 1969 年研制的 IMS（Information Management System）数据库管理系统。

2．网状数据模型

网状数据模型（简称网状模型）可以看成是层次模型的一种扩展。一般来说，满足如下条件的基本层次联系的集合称为网状模型。

（1）可以有一个以上的结点无父结点。

（2）允许结点有多个父结点。

（3）结点之间允许有两种或两种以上的联系。

图 1-5 所示为网状模型的一个例子。该例中教师和学生都与课程有联系，教师需要讲授课程，学生需要学习课程。

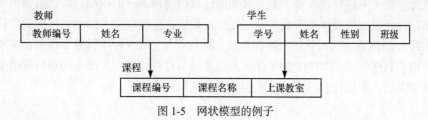

图 1-5　网状模型的例子

3．关系数据模型

关系数据模型（简称关系模型）以二维表的方式组织数据，如表 1-1 所示。关系模型建立在严格的数学概念基础之上，自从出现后发展迅速。自 20 世纪 80 年代以来，几乎所有的数据库系统都建立在关系模型之上。

基于关系模型建立的数据库系统则称为关系数据库系统。

表 1-1　　　　　　　　　　　　　　　　　　　"学系" 表

学系代码	学系名称	办公电话	学系简介
01	中国语言文学系	94015678	中国语言文学系设有汉语专业。本系人才荟萃，曾有许多著名学者在此任教
02	数学系	94038808	数学系设有数学专业、统计学专业。本系师资力量雄厚，有教授 15 人，博士生导师 13 人
03	物理学系	94042356	物理学系设有物理学专业、光学专业。本系师资力量雄厚，现有教师 70 人，其中教授 30 人
04	化学系	94053326	化学系设有化学专业、应用化学专业。本系师资力量雄厚，有中国科学院院士 3 人
05	生物学系	94066689	生物学系设有生物科学专业、生物技术专业。本系基础条件优越、教学科研力量雄厚

目前，世界上许多计算机软件厂商都开发了关系数据库管理系统，其中比较著名的产品包括美国 Oracle 公司的 Oracle 数据库管理系统、美国微软公司的 SQL Server、美国 Sybase 公司的 Sybase 数据库管理系统以及美国 IBM 公司的 DB2 数据库管理系统等。除此之外，还有一些较为小型的关系数据库系

统，如 dBase、Visual Foxpro、Access 等。本书将主要介绍微软公司开发的 Access 2010 关系数据库系统。

4. 面向对象数据模型

面向对象数据模型（简称面向对象模型）是用面向对象的观点来描述现实世界实体的逻辑组织、实体之间的限制和联系的模型。

在面向对象数据模型中，所有现实世界中的实体都可看成对象。一个对象包含若干属性，用于描述对象的特性。属性也是对象，它又可包含其他对象作为其属性。这种递归引用对象的过程可以继续下去，从而组成各种复杂的对象，而且同一个对象可以被多个对象引用。

除了属性之外，对象还包含若干方法，用于描述对象的行为。方法又称为操作，它可以改变对象的状态。

对象是封装的，它是由数据和操作组成的封装体。

目前，面向对象数据模型已经用作某些 DBMS 的数据模型。

1.3.3　物理数据模型

物理数据模型（简称物理模型）是一种面向计算机物理表示的模型。物理数据模型给出了逻辑数据模型在计算机上物理结构的表示，它是描述数据在存储介质上的组织结构的数据模型，它不但与具体的 DBMS 有关，而且还与操作系统和硬件有关。每一种逻辑数据模型在实现时都有与其相对应的物理数据模型。DBMS 为了保证其独立性与可移植性，大部分物理数据模型的实现工作由系统自动完成，而设计者只需设计索引等特殊结构。

1.4　关系数据库

关系数据库是基于关系模型的数据库。Access 就是一个关系数据库管理系统，使用它可以创建某一具体应用的 Access 关系数据库。

1.4.1　关系模型的基本术语

关系数据模型（简称关系模型）使用二维表来表示研究对象和这些对象之间的联系。

下面是关系模型中一些主要的基本术语。

1. 关系

一个关系就是一个二维表，每一个关系都有一个关系名。在关系数据库管理系统中，通常把二维表称为数据表，也简称为表。二维表中含有几列就称为几元关系。

对关系的描述称为关系模式，一个关系模式对应于一个关系的结构。

关系模式的一般格式：

关系名（属性名 1，属性名 2，…，属性名 n）

在 Access 中，关系模式表示为表模式，它对应于一个表的结构。即：

表名（字段名 1，字段名 2，…，字段名 n）

例如，"学系"表的关系模式为：学系（学系代码，学系名称，办公电话，学系简介）。

2. 属性

二维表中的一列称为一个属性，每一列都有一个属性名。在 Access 中，表中的一列称为字段，属性名也称为字段名。

3. 元组

二维表中，从第二行开始的每一行称为一个元组或记录。在 Access 中元组称为记录。

"关系"是"元组"的集合，"元组"是属性值的集合，一个关系模型中的数据就是这样逐行逐列组织起来的。

4. 分量

元组中的一个属性值称为分量。关系模型要求关系的每一个分量必须是一个不可分的数据项，即不允许表中还有表。

5. 域

属性的取值范围称为域，即不同的元组对同一属性的取值所限定的范围。例如，性别只能从"男""女"两个汉字中取其中的一个汉字。

6. 候选关键字

关系中的某个属性组（一个属性或几个属性的组合）可以唯一标识一个元组，这个属性组称为候选关键字。

7. 主关键字

一个关系中可以有多个候选关键字，选择其中一个作为主关键字（也称为主键或主码）。例如，在"学生"表中，由于每个学号是唯一的，故可以设置"学号"字段为主键。

8. 外部关键字

如果一个属性组（一个属性或几个属性的组合）不是所在关系的主关键字，而是另一个关系的主关键字或候选关键字，则该属性组称为外部关键字（也称为外键或外码）。

9. 主属性

包含在任一候选关键字中的属性称为主属性。

1.4.2　关系的性质

关系是一个二维表，但并不是所有的二维表都是关系。关系应具有以下性质。

（1）每一列中的分量是同一类型的数据，来自同一个域。

（2）不同的列要给予不同的属性名。

（3）列的顺序无所谓，即列的次序可以任意交换。

（4）任意两个元组不能完全相同。

（5）行的顺序无所谓，即行的次序可以任意交换。

（6）每一个分量都必须是不可再分的数据项。

由上述可知，二维表中的每一行都是唯一的，而且所有行都具有相同类型的字段。关系模型的最大优点是一个关系就是一个二维表格，因此易于对数据进行查询等操作。

1.4.3　关系完整性约束

关系模型允许定义 3 种完整性约束，即实体完整性约束、参照完整性约束和用户定义完整性约束。

其中实体完整性约束和参照完整性约束统称为关系完整性约束，是关系模型必须满足的完整性约束条件，它由关系数据库系统自动支持。用户定义完整性约束是应用领域需要遵循的约束条件。

1. 实体完整性约束

由于每个关系的主键是唯一决定元组的，故实体完整性约束要求关系的主键不能为空值，组成主键的所有属性都不能取空值。

例如，有如下"学生"关系：

学生（学号，姓名，性别，出生日期）

其中学号是主键，因此学号不能为空值。

例如，有如下"修课成绩"关系：

修课成绩（学年度，学期，学号，课程代码，课程类别，成绩性质，成绩）

其中，学年度、学期、学号和课程代码 4 个属性共同构成主键，因此，学年度、学期、学号和课程代码都不能为空值。

2. 参照完整性约束

参照完整性约束是关系之间相关联的基本约束，它不允许关系引用不存在的元组，即在关系中的外键取值只能是关联关系中的某个主键值或者为空值。

例如，学系代码是"学系"关系的主键、"专业"关系的外键。"专业"关系中的学系代码必须是"学系"关系中一个存在的值，或者是空值。

3. 用户定义的完整性约束

实体完整性约束和参照完整性约束是关系数据模型必须要满足的，而用户定义的完整性约束是与应用密切相关的数据完整性的约束，不是关系数据模型本身所要求的。用户定义的完整性约束是针对具体数据环境与应用环境由用户具体设置的约束，它反映了具体应用中数据的语义要求，它的作用就是要保证数据库中数据的正确性。

例如，限定某属性的取值范围，学生成绩的取值必须在 [0，100] 范围。

1.4.4　关系规范化

在关系数据库中，如果关系模式没有设计好，就会出现数据冗余、数据更新异常、数据删除异常、数据插入异常等问题。关系模式的优良程度直接影响数据库中数据完整性等方面的性能。关系规范化就是将结构复杂的关系模式分解成结构简单的关系模式，从而使一个关系模式描述一个实体或实体间的一种联系，以达到概念的单一化。

关系规范化目的就是要把不好的关系模式转变为好的关系模式。

把关系数据库的规范化过程中为不同程度的规范化要求设立的不同标准称为范式。

由于规范化的程度不同，就产生了不同的范式，如第一范式、第二范式、第三范式、BCNF 范式、第四范式、第五范式等。每种范式都规定了一些限制约束条件。其中，第一范式（1NF）是最基本的规范形式，它要求关系中的每个属性都必须是不可再分割的数据项。

在关系数据库中，任何一个关系模式都必须满足第一范式。

1. 第一范式

设 R 是一个关系模式，如果 R 的所有属性都是最基本的、不可再分的数据项，则称关系 R 满足第一范式（简记为 1NF）。1NF 是最基本的范式要求，在关系数据库中，任何一个关系模式都必须满足 1NF。

例如，以下"学生各科成绩"关系模式就不满足第一范式。

学生各科成绩（学号，姓名，成绩（数学，语文，英语））

其中的学号是主键。

因为"成绩"数据项又可以再分割成"数学""语文"和"英语"3 个数据项，所以，"学生各科成绩"关系模式不满足第一范式。

将"学生各科成绩"关系模式修改后得到的如下"学生成绩"关系模式就满足第一范式。

学生成绩（学号，姓名，数学成绩，语文成绩，英语成绩）

其中的学号是主键。

2. 第二范式

如果关系模式 R 满足第一范式，且非主属性都完全依赖于主键，则称关系 R 满足第二范式，简称 2NF。

例如，以下"学生课程成绩"关系模式不满足第二范式。

学生课程成绩（学号，课程代码，姓名，性别，课程名称，学分，成绩）

其中的"学号"和"课程代码"两个属性共同构成主键，且只有"成绩"这个非主属性才完全依赖于主键（"学号"和"课程代码"两者）。

因为"姓名"和"性别"两个属性都是非主属性，它们都不是完全依赖于主键（"学号"和"课程代码"两者），而是仅依赖于"学号"。同理，"课程名称"和"学分"两个属性都是非主属性，它们都不是完全依赖于主键（"学号"和"课程代码"两者），而是仅依赖于"课程代码"。故"学生课程成绩"关系模式不满足第二范式。

把"学生课程成绩"关系模式进行分割，形成如下的"学生""课程""成绩"3 个关系模式，这 3 个关系模式都分别满足第二范式。

学生（学号，姓名，性别）

其中的"学号"属性是主键。

课程（课程代码，课程名称，学分）

其中的"课程代码"属性是主键。

成绩（学号，课程代码，成绩）

其中的"学号"和"课程代码"两个属性共同构成主键。

3. 第三范式

如果关系模式 R 满足第二范式，且所有非主属性对任何主键都不存在传递依赖，则称关系 R 满足第三范式，简称 3NF。

其他级别的范式在此不做详述。

1.5　关 系 运 算

关系的基本运算有两类，一类是传统的集合运算（包括并、交、差和广义笛卡儿积等运算），另一类是专门的关系运算（包括选择、投影、联接、除等运算）。

关系基本运算的结果也是一个关系。

1.5.1　传统的集合运算

传统的集合运算包括并、交、差和广义笛卡儿积等运算。要进行并、交、差运算的两个关系必须具有相同的结构。对于 Access 数据库来说，即是指两个表的结构要相同。

假定专业 A（见表 1-2）和专业 B（见表 1-3）两个关系结构相同。

表 1-2　　　　　　　　　　　　　　　专业 A

专业代码	专业名称	学系代码
1001	财务管理	01
1002	工商管理	01
3002	国际金融	03

表 1-3　　　　　　　　　　　　　　　专业 B

专业代码	专业名称	学系代码
3002	国际金融	03
3003	国际贸易	03
4001	计算数学	04

1. 并运算

假设 R 和 S 是两个结构相同的关系，R 和 S 两个关系的并运算可以记作 R∪S，运算结果是将两个关系的所有元组组成一个新的关系，若有完全相同的元组则只留下一个。

例 1-1　专业 A ∪专业 B 的并运算结果如表 1-4 所示。

表 1-4　　　　　　　　　　　　专业 A ∪专业 B 的并运算结果

专业代码	专业名称	学系代码
1001	财务管理	01
1002	工商管理	01
3002	国际金融	03
3003	国际贸易	03
4001	计算数学	04

2. 交运算

假设 R 和 S 是两个结构相同的关系，R 和 S 两个关系的交运算可以记作 R∩S，运算结果是将两个关系中公共元组组成一个新的关系。

例 1-2　专业 A ∩专业 B 的交运算结果如表 1-5 所示。

表 1-5　　　　　　　　　　　　专业 A ∩专业 B 的交运算结果

专业代码	专业名称	学系代码
3002	国际金融	03

3. 差运算

假设 R 和 S 是两个结构相同的关系，R 和 S 两个关系的差运算可以记作 R−S，运算结果是将属于 R 但不属于 S 的元组组成一个新的关系。

例 1-3　专业 A−专业 B 的差运算结果如表 1-6 所示。

表1-6　　　　　　　　　　　　　　　　专业 A-专业 B 的差运算结果

专业代码	专业名称	学系代码
1001	财务管理	01
1002	工商管理	01

4. 集合的广义笛卡儿积运算

设 R 和 S 是两个关系，如果 R 是 m 元关系，有 i 个元组；S 是 n 元关系，有 j 个元组；则笛卡儿积 R×S 是一个 $m+n$ 元关系，有 $i×j$ 个元组。

例 1-4　学生 A（如表 1-7 所示）×课程 A（如表 1-8 所示）的笛卡儿积运算结果如表 1-9 所示。

表1-7　　　　　　　　　　　　　　　　学生 A

学号	姓名	性别
06031001	王大山	男
06031002	李琳	女
06061001	周全	男

表1-8　　　　　　　　　　　　　　　　课程 A

课程代码	课程名称	学分
3002	大学语文	3
3003	大学英语	4
4001	高等数学	4

表1-9　　　　　　　　　　　　学生 A×课程 A 的笛卡儿积运算结果

学号	姓名	性别	课程代码	课程名称	学分
06031001	王大山	男	3002	大学语文	3
06031001	王大山	男	3003	大学英语	4
06031001	王大山	男	4001	高等数学	4
06031002	李琳	女	3002	大学语文	3
06031002	李琳	女	3003	大学英语	4
06031002	李琳	女	4001	高等数学	4
06061001	周全	男	3002	大学语文	3
06061001	周全	男	3003	大学英语	4
06061001	周全	男	4001	高等数学	4

1.5.2　专门的关系运算

在关系代数中，有 4 种专门的关系运算，即选择、投影、联接和除运算。

1. 选择

选择运算是指从指定的关系中选择出满足给定条件的元组组成一个新关系。通常选择运算记作：

$$\sigma_{<条件表达式>}（R）$$

其中，σ 是选择运算符，R 是关系名。

例 1-5 在关系 专业（专业代码，专业名称，学系代码）中，选取学系代码为"02"的专业元组，可以记成：

$$\sigma_{学系代码="02"}（专业）$$

2. 投影

投影运算是指从指定关系中选取某些属性组成一个新关系。通常投影运算记作：

$$\Pi_A（R）$$

其中，∏ 是投影运算符，A 是被投影的属性或属性组，R 是关系名。

例 1-6 在关系 专业（专业代码，专业名称，学系代码）中，选取所有专业的专业名称、学系代码，可以记成：

$$\Pi_{专业名称, 学系代码}（专业）$$

3. 联接运算

联接运算是关系的横向结合。联接运算把两个关系中满足联接条件的元组组成一个新的关系。联接运算是一种二元运算，联接运算可以将两个关系合并成一个大关系。

联接类型有自然联接、内联接、左外联接、右外联接、全外联接等，其中最常用的联接是自然联接。

自然联接是按照公共属性值相等的条件进行联接，并且消除重复属性。

例 1-7 将表 1-10 所示的"学生 B"与表 1-11 所示的"修课成绩 B"两个关系进行自然联接运算，其自然联接运算的结果如表 1-12 所示。

表 1-10　　　　学生 B

学号	姓名	性别
06031001	王大山	男
06031002	李琳	女
06061001	周全	男

表 1-11　　　　修课成绩 B

学号	课程代码	课程名称	成绩
06031001	3002	大学语文	85
06031001	3003	大学英语	93
06061001	4001	高等数学	78

表 1-12　　　　学生 B 与修课成绩 B 的自然联接结果

学号	姓名	性别	课程代码	课程名称	成绩
06031001	王大山	男	3002	大学语文	85
06031001	王大山	男	3003	大学英语	93
06061001	周全	男	4001	高等数学	78

4. 除运算

关系 R 与关系 S 的除运算应满足的条件是：关系 S 的属性全部包含在关系 R 中，关系 R 的一些属性不包含在关系 S 中。关系 R 与关系 S 的除运算表示为 R÷S。除运算的结果也是关系，而且该关系中的属性由 R 中除去 S 中的属性之外的全部属性组成，元组由 R 与 S 中在所有相同属性上有相等值的那些元组组成。

例 1-8 将表 1-13 所示的"学生修课"表与表 1-14 所示的"所有课程"表进行除运算，以找出已修所有课程的学生，其除运算的结果如表 1-15 所示。

表 1-13　　　　　　　　　　　　　　　学生修课

学号	课程代码	姓名	课程名称
06031001	3002	王大山	大学语文
06031001	3003	王大山	大学英语
06031002	3002	李琳	大学语文
06031002	3003	李琳	大学英语
06031002	4001	李琳	高等数学
06061001	4001	周全	高等数学

表 1-14　　　所有课程

课程代码	课程名称
3002	大学语文
3003	大学英语
4001	高等数学

表 1-15　　学生修课÷所有课程的除运算结果

学号	姓名
06031002	李琳

1.6　数据库设计简述

由于数据库具有数据量庞大（甚至称为海量级），数据保存时间长，数据关联比较复杂，以及应用多样化等特点，因此设计出一个结构合理、满足实际应用需求的数据库就至关重要。

1.6.1　数据库设计

数据库应用系统中的一个核心问题就是设计一个能满足用户要求、性能良好的数据库。目前，数据库应用系统的设计大多采用生命周期法，将整个数据库应用系统的开发分解成目标独立的若干阶段，即分为需求分析阶段、概念设计阶段、逻辑设计阶段、物理设计阶段、编码阶段、测试阶段、运行阶段和维护阶段等。

与数据库设计关系最密切的是上述几个阶段中的前 4 个阶段，即需求分析、概念设计、逻辑设计和物理设计阶段，如图 1-6 所示。

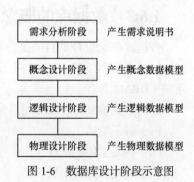

图 1-6　数据库设计阶段示意图

1.6.2　数据库需求分析阶段

在数据库的需求分析阶段，数据库应用开发人员通过详细调查现实世界中要处理的对象（如学校、企业等），充分了解用户单位目前现实的工作概况，弄清楚用户的各种需求，然后在此基础上确定新系统的功能要求，编写出需求说明书。新系统必须充分考虑到今后可能的功能扩充和修改，要具有前瞻性。

1. 调查用户的需求

调查用户对数据库的各种要求，调查的重点是"数据"和"处理"。具体包括以下几个方面。

（1）信息要求。用户对数据库的信息要求是指用户需要从数据库中获得信息的内容与性质。由信息要求可以导出数据要求，即在数据库中需存储哪些数据。

（2）处理要求。用户对数据库的处理要求是指用户要完成什么处理功能。例如，用户对处理的响应时间有何要求，处理的方式是批处理还是联机处理，处理的结果是保存、屏幕显示还是打印出报表以及报表的格式等。

（3）安全性和完整性的要求。用户对数据库的安全性和完整性的要求是指数据库中的数据要安全、完整。例如，对使用数据库的用户能进行严格的权限限制等。

2. 分析和表达用户的需求

分析和表达用户的需求，经常采用的方法有结构化分析方法和面向对象的方法。

结构化分析（Structured Analysis，SA）方法用自顶向下、逐层分解的方式分析系统。用数据流图（Data Flow Diagram，DFD）表达数据和处理过程的关系，用数据字典（Data Dictionary，DD）对系统中的数据进行详尽描述。

数据流图是描述数据处理过程的工具，是需求理解的逻辑模型的图形表示，它直接支持系统的功能建模。

数据字典是各类数据描述的集合，它通常包括 5 个部分，即数据项、数据结构、数据流、数据存储和处理过程。数据项，是数据的最小单位；数据结构，是若干数据项有意义的集合；数据流，可以是数据项，也可以是数据结构，表示某一处理过程的输入或输出；数据存储，处理过程中存取的数据，常常是手工凭证、手工文档或计算机文件；处理过程。对数据库设计来讲，数据字典是经过详细的数据收集和分析所获得的主要结果。数据字典在需求分析阶段建立，在数据库设计过程中不断修改、充实和完善。

面向对象方法通常采用统一建模语言（Unified Modeling Language，UML）来描述，此处不做过多说明。

1.6.3　数据库的概念设计阶段

数据库概念设计的目的是分析数据间内在的语义关联，在此基础上建立一个数据的抽象模型——概念数据模型。概念数据模型是根据用户需求设计出来的，它不依赖于任何的数据库管理系统（DBMS）。

概念数据模型设计的描述最常用的工具是 E-R 图，具体的设计步骤如下。

（1）确定实体。

（2）确定实体的属性。

（3）确定实体的主键。

（4）确定实体间的联系类型。

（5）画出 E-R 图。

1.6.4　数据库的逻辑设计阶段

数据库的逻辑设计主要是将概念数据模型转换成为 DBMS 所支持的逻辑数据模型。

对于关系数据库管理系统（RDBMS）来说，就是将概念数据模型转换成关系数据模型，即是将 E-R 图转换成指定的 RDBMS 所支持的关系模式。

在数据库的逻辑设计过程中，形成许多的关系模式。如果关系模式没有设计好，就会出现数据冗余、数据更新异常、数据删除异常、数据插入异常等问题，故在设计过程中，要按照关系规范化的要求去设计出好的关系模式。

1.6.5 数据库的物理设计阶段

数据库的物理设计是设计数据库的存储结构和物理实现的方法。数据库的物理设计的主要目标是对数据库内部物理结构做调整并选择合理的存取路径，以提高数据库访问速度并有效利用存储空间。目前，在关系数据库中已大量屏蔽了内部物理结构，因此留给用户参与物理设计的任务很少，一般的关系数据库管理系统留给用户参与物理设计的内容大致有索引设计、分区设计等。

1.6.6 "学生管理系统"数据库设计实例

"学生管理系统"数据库设计的具体步骤如下。

1. 用户需求分析

首先进行用户需求分析，明确建立数据库的目的。

某校由于扩招，学生数量翻了两番，而与学生的学籍成绩管理有关的教务员没有增加。特别是到了学生毕业要拿成绩单时，要靠教务员人工去查学籍表，为每个毕业学生抄填成绩单，其工作量非常大，即使教务员加班加点，也不能及时为全体毕业学生提供成绩单。为了改变这种困境，提高学生的学籍成绩管理效率，学校同意出资建立 Access 数据库应用系统——"学生管理系统"，实现学生管理方面的计算机信息化。由于该校学生人数众多，而且每个学生在校期间要修的课程又有四十门左右，与学生有关的需要储存在计算机内的数据量非常大，因此需要建立"学生管理系统"数据库。例如，学生管理系统的功能之一就是能打印出学生成绩单，那么"学生成绩单"中需要的各项数据（如学号、姓名、学系名称、专业名称、学制年限，每学年、每学期、每门课程的名称及成绩等）都必须能够从"学生管理系统"数据库中得到。

2. 确定"学生管理系统"数据库的表和各表中的字段及主键

要确定"学生管理系统"数据库的表和表中所包含的字段，要根据需求分析的结果进行数据库的概念设计和逻辑设计。

（1）"学生管理系统"数据库的概念设计。

首先要确定实体及其属性。根据需求分析，学生管理系统中的实体应该包括学系、专业、班级、学生、课程和修课成绩。

各个实体及其属性、实体之间的联系用 E-R 图描述如下。

① 学系实体及其属性，如图 1-7 所示。

② 专业实体及其属性，如图 1-8 所示。

图 1-7　学系实体及其属性的 E-R 图　　　　图 1-8　专业实体及其属性的 E-R 图

③ 班级实体及其属性，如图 1-9 所示。

④ 学生实体及其属性，如图 1-10 所示。

图 1-9　班级实体及其属性的 E-R 图

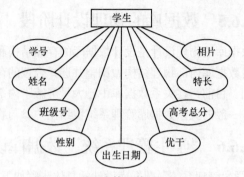

图 1-10　学生实体及其属性的 E-R 图

⑤ 课程实体及其属性，如图 1-11 所示。

⑥ 修课成绩实体及其属性，如图 1-12 所示。

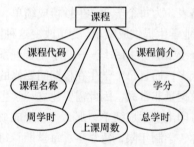

图 1-11　课程实体及其属性的 E-R 图

图 1-12　修课成绩实体及其属性的 E-R 图

⑦ "学生管理系统"的实体之间的联系，如图 1-13 所示。

（2）"学生管理系统"数据库的逻辑设计。

关系数据库的逻辑设计实际上就是把 E-R 图转换成关系模式。

对于"学生管理系统"的 Access 数据库进行逻辑设计，实质就是将"学生管理系统"的实体和联系的 E-R 图转换成关系模式。

对于 Access 关系数据库来说，关系就是二维表，关系模式也可称为表模式。

表模式的格式是：

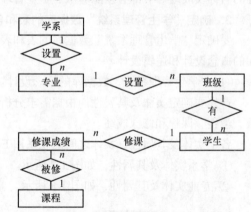

图 1-13　"学生管理系统"的实体之间联系的 E-R 图

表名（字段名 1，字段名 2，字段名 3，……，字段名 n）

把"学生管理系统"有关的 E-R 图转换成的表模式（即关系模式）的结果如下。

① 学系。

将图 1-7 所示的"学系实体及其属性的 E-R 图"转换成的"学系"表模式如下。

表模式：学系（学系代码，学系名称，办公电话，学系简介，学系资料）

在"学系"表中，主键是"学系代码"。

② 专业。

将图 1-8 所示的"专业实体及其属性的 E-R 图"转换成的"专业"表模式如下。

表模式：专业（专业代码，专业名称，学制年限，学系代码，专业简介）

在"专业"表中，主键是"专业代码"。

③ 班级。

将图 1-9 所示的"班级实体及其属性的 E-R 图"转换成的"班级"表模式如下。

表模式：班级（班级号，班级名称，年级，专业代码，班主任，联系电话）

在"班级"表中，主键是"班级号"。

④ 学生。

将图 1-10 所示的"学生实体及其属性的 E-R 图"转换成的"学生"表模式如下。

表模式：学生（学号，姓名，班级号，性别，出生日期，优干，高考总分，特长，相片）

在"学生"表中，主键是"学号"。

⑤ 课程。

将图 1-11 所示的"课程实体及其属性的 E-R 图"转换成的"课程"表模式如下。

表模式：课程（课程代码，课程名称，周学时，上课周数，总学时，学分，课程简介）

在"课程"表中，主键是"课程代码"。

⑥ 修课成绩。

将图 1-12 所示的"修课成绩实体及其属性的 E-R 图"转换成的"修课成绩"表模式如下。

表模式：修课成绩（学年度，学期，学号，课程代码，课程类别，成绩性质，成绩）

在"修课成绩"表中，主键是"学年度"＋"学期"＋"学号"＋"课程代码"。

（3）确定表之间的关系。

根据图 1-13 所示的"学生管理系统的实体之间联系的 E-R 图"以及上述确定的表模式，可以确定"学生管理系统"数据库中的表之间的联系。

① "学系"表与"专业"表的联系类型是一对多（$1:n$）。

在"学系"表中，主键是"学系代码"。在"专业"表中，主键是"专业代码"。虽然在"专业"表中也包含有"学系代码"字段，但它不是"专业"表的主键。"学系"表与"专业"表之间通过"学系代码"进行关联，故"学系"表与"专业"表的联系类型是一对多（$1:n$），即一个学系可设置多个专业。

② "专业"表与"班级"表的联系类型是一对多（$1:n$）。

"专业"表与"班级"表之间通过"专业代码"进行关联，一个专业可设置多个班级。

③ "班级"表与"学生"表的联系类型是一对多（$1:n$）。

"班级"表与"学生"表之间通过"班级号"进行关联，一个班级可以有多个学生。

④ "学生"表与"修课成绩"表的联系类型是一对多（$1:n$）。

"学生"表与"修课成绩"表之间通过"学号"进行关联，一个学生可以有多门课程的修课成绩。

⑤ "课程"表与"修课成绩"表的联系类型是一对多（$1:n$）。

"课程"表与"修课成绩"表之间通过"课程代码"进行关联，一门课程可以有多个学生的修课成绩。

3. 优化设计

应用规范化理论对关系模式设计进行优化检查，以求设计精益求精，消除不必要的重复字段，减少冗余。由于对关系进行设计时，遵循了概念单一化的原则，从目前情况来看，上述 6 个关系的设计还是比较好的。

习 题 1

一、单选题

1. 对于数据库系统，负责定义数据库内容、决定存储结构和存取策略、具体进行安全授权等维护、管理和控制数据库系统工作的人员是_____。

    A. 用户
               B. 数据库管理员（DBA）

    C. 应用程序员
           D. 数据库管理系统的软件设计员

2. 数据库管理系统通常提供授权功能来控制不同用户访问数据的权限，这主要是为了实现数据库的_____。

    A. 可靠性
        B. 一致性
        C. 完整性
        D. 安全性

3. 在满足实体完整性约束的条件下_____。

    A. 一个关系中只能有一个候选关键字

    B. 一个关系中必须有多个候选关键字

    C. 一个关系中应该有一个或多个候选关键字

    D. 一个关系中可以没有候选关键字

4. 描述数据库模式的语言称为_____。

    A. DDL
        B. DML
        C. DMCL
        D. APL

5. 在数据库系统中，当总体逻辑结构改变时，通过改变_____，使局部逻辑结构不变，从而使建立在局部逻辑结构之上的应用程序也保持不变，称之为数据的逻辑独立性。。

    A. 局部逻辑结构到总体逻辑结构的映射

    B. 逻辑结构和物理结构之间的映射

    C. 应用程序

    D. 存储结构

6. 设一个仓库可以存放多种商品，同一种商品只能存放在一个仓库中，则仓库与商品之间是_____。

    A. 一对一的联系
            B. 一对多的联系

    C. 多对一的联系
           D. 多对多的联系

7. 医院里的"病人"与"医生"两个实体集之间的联系通常是_____。

    A. 一对一
       B. 一对多
       C. 多对一
       D. 多对多

8. 下述中的_____，不属于数据库设计的内容。

    A. 数据库物理结构
           B. 数据库管理系统

    C. 数据库概念结构
           D. 数据库逻辑结构

9. 在下列关系运算中，不改变关系表中的属性个数但能减少元组个数的是_____。

    A. 并
       B. 笛卡儿乘积
       C. 投影
       D. 交

10. 下面关于实体完整性叙述正确的是_____。

    A. 实体完整性由用户来维护
        B. 关系的主键可以有重复值

    C. 主键不能取空值
        D. 空值即是空字符串

11. 设关系 R 和关系 S 的属性元数分别是 3 和 4，关系 T 是 R 与 S 的笛卡儿积，即 T=R×S，则关系 T 的属性元数是_____。

    A. 6   B. 7   C. 12   D. 16

12. 下列所述不属于数据库基本特点的是_____。

    A. 数据的共享性   B. 数据的独立性

    C. 数据量特别大   D. 数据的完整性

13. 数据库（DB）、数据库系统（DBS）及数据库管理系统（DBMS）三者之间的关系是_____。

    A. DBS 包含 DB 和 DBMS   B. DBMS 包含 DB 和 DBS

    C. DB 包含 DBS 和 DBMS   D. DBS 就是 DB，也就是 DBMS

14. 关系运算的分量和结果都是_____。

    A. 关系   B. 实数   C. 模型   D. 字符串

15. 下列实体的联系中，属于多对多的联系是_____。

    A. 住院的病人与病床   B. 学校与校长

    C. 学生与教师   D. 工人与工资

16. 在 E-R 图中，用来表示实体的图形是_____。

    A. 椭圆形   B. 矩形   C. 三角形   D. 菱形

17. 在关系运算中，投影运算的含义是_____。

    A. 在指定的二维表中选择满足条件的记录组成一个新的关系

    B. 在指定的二维表中选择需要的字段（属性）组成一个新的关系

    C. 在指定的二维表中选择满足条件的记录和属性组成一个新的关系

    D. 以上说法均是正确的

18. 下列叙述中，_____是错误的。

    A. 两个关系中元组的内容完全相同，但顺序不同，则它们是不同的关系

    B. 两个关系的属性相同，但顺序不同，则两个关系的结构是相同的

    C. 关系中的任意两个元组不能相同

    D. 自然联接只有当两个关系含有公共属性名时才能进行运算

19. 下列叙述中，_____是正确的。

    A. 实体完整性要求关系的主键整体可以有重复值

    B. 在关系数据库中，外键不是本关系的主键

    C. 主键不能是组合的

    D. 在关系数据库中，不同的属性必须来自不同的域

20. 将 E-R 图中的实体和联系转换为关系模型中的关系，这是数据库设计过程中_____阶段的任务。

    A. 需求分析   B. 概念设计   C. 逻辑设计   D. 物理设计

21. 有 3 个关系 R、S 和 T 如下：

R

B	C	D
a	0	k1
b	1	n1

S

B	C	D
f	3	h2
a	0	k1
n	2	x1

T

B	C	D
a	0	k1

由关系 R 和 S 通过运算得到关系 T，则所使用的运算是_____。

A. 并　　　　　　　B. 交　　　　　　　C. 笛卡儿积　　　　D. 自然联接

22. 有两个关系 R 和 S 如下：

R

A	B	C
a	1	2
b	2	1
c	3	1

S

A	B	C
b	2	1

由关系 R 通过运算得到关系 S，则所使用的运算是_____。

A. 投影　　　　　　B. 选择　　　　　　C. 笛卡儿积　　　　D. 自然联接

23. 有 3 个关系 R、S 和 T 如下：

R

A	B	C
a	1	2
b	2	1
c	3	1

S

A	D
c	4
a	5

T

A	B	C	D
c	3	1	4
a	1	2	5

由关系 R 和 S 通过运算得到关系 T，则所使用的运算是_____。

A. 自然连接　　　　B. 差　　　　　　　C. 笛卡儿积　　　　D. 并

24. 有 3 个关系 R、S 和 T 如下：

R

A	B	C
a	1	2
b	2	1
c	3	1

S

A	B	C
d	3	2
c	3	1

T

A	B	C
a	1	2
b	2	1

由关系 R 和 S 通过运算得到关系 T，则所使用的运算是_____。

A. 笛卡儿积　　　　B. 差　　　　　　　C. 自然联接　　　　D. 并

25. 有 3 个关系 R、S 和 T 如下：

R

A	B	C
a	1	2
b	2	1
c	3	1

S

A	B	C
d	3	2
c	3	1

T

A	B	C
a	1	2
b	2	1
c	3	1
d	3	2

由关系 R 和 S 通过运算得到关系 T，则所使用的运算是_____。

A. 选择　　　　　　B. 差　　　　　　　C. 笛卡儿积　　　　D. 并

二、多选题

1. 下列叙述中，_____是错误的。

A. 在关系模型中，实体与实体之间的联系也是用关系来表示

B. 现实世界中事物内部以及事物之间是有联系的，在信息世界中反映为实体内部的联系和实体之间的联系

C. 数据库系统的三级模式反映了数据库的 3 种不同的层面

D. 学生实体和课程实体之间存在一对多的关系

E. 数据库系统是一个管理数据库的软件

2. 数据库概念设计的 E-R 方法中，所用的图形包括＿＿＿＿＿＿＿。

A. 菱形　　　　　B. 矩形　　　　　C. 四边形　　　　　D. 椭圆形

3. 关系数据库的任何查询操作都是由 3 种基本运算组合而成的，这 3 种基本运算包括＿＿＿＿＿＿＿。

A. 联接　　　　　B. 比较　　　　　C. 选择　　　　　D. 投影

上机实验 1

1. 在用户硬盘的根目录中（如 G:\）创建一个名为"上机实验"文件夹。

2. 根据下述提供的"成绩管理系统"需求概述信息，完成"成绩管理系统"的概念模型设计和逻辑模型设计，形成的设计文档以"成绩管理系统数据库设计资料.docx"命名，保存至"G:\上机实验"文件夹中。

（1）"成绩管理系统"需求概述。

① 系统基本任务——实现学生基本信息、成绩信息和课程信息管理的自动化。

② 系统基本信息：

学系（学系代码，学系名称，办公电话，学系简介，学系资料）

专业（专业代码，专业名称，学制年限，学系代码，专业简介）

班级（班级号，班级名称，年级，专业代码，班主任，联系电话）

学生（学号，姓名，班级号，性别，出生日期，优干，高考总分，特长，相片，联系电话）

课程（课程代码，课程名称，周学时，上课周数，总学时，学分，课程简介）

修课成绩（学年度，学期，课程代码，学号，课程类别，成绩性质，成绩）

③ 各实体之间的关系。

学系与专业的联系类型是 $1:n$，专业与班级的联系类型是 $1:n$，班级与学生的联系类型是 $1:n$，学生与修课成绩的联系类型是 $1:n$，课程与修课成绩的联系类型是 $1:n$。

（2）设计文档要求包括如下内容。

概念模型设计部分：采用 E-R 图描述各实体及其属性以及实体之间的联系。

逻辑模型设计部分：将 E-R 图转换为关系模式。

第 2 章
Access 2010 数据库创建与操作

Access 2010 是美国微软公司开发的一个基于 Windows 操作系统的关系数据库管理系统。与 Access 2003 版本相比，Access 2007 的工作界面发生了重大变化，在 Access 2007 中引入了两个主要的工作界面组件，即功能区和导航窗格。功能区取代了以前版本中的菜单栏和工具栏，导航窗格取代并扩展了数据库窗口的功能。而在 Access 2010 中，不仅对功能区进行了多处更改，而且还新引入了第三个工作界面组件 Microsoft Office Backstage 视图。作为 Office 2010 系列软件中的一员，Access 2010 为用户提供了高效、易学易用和功能强大的数据管理功能。

2.1　Access 2010 的启动与退出

在 Windows 操作系统中，启动和关闭 Access 2010 类似平常启动任意一个应用程序的操作。启动后打开的 Access 2010 窗口也继承了微软公司产品的一贯风格。

2.1.1　启动 Access 2010

在 Windows 7 操作系统中，启动 Access 2010 可按以下步骤进行。

（1）单击"开始"菜单按钮，移动鼠标光标指向"所有程序"。

（2）移动鼠标光标指向"Microsoft Office"并单击鼠标键。

（3）移动鼠标光标指向"Microsoft Access 2010"并单击鼠标键，Access 2010 启动后的窗口（Backstage 视图）如图 2-1 所示。

图 2-1　Access 2010 启动后未打开数据库时显示的"Backstage 视图"

2.1.2　退出 Access 2010

退出 Access 2010 应用程序也就是关闭 Access 2010 窗口，其基本方法有以下几种。

（1）单击 Access 2010 窗口右上角的"关闭"按钮，退出 Access 2010。

（2）单击 Access 2010 窗口"文件"选项卡中的"退出"命令，退出 Access 2010。

（3）双击 Access 2010 窗口左上角的"控制菜单"按钮，退出 Access 2010。

（4）按 Alt＋F4 组合键，退出 Access 2010。

2.2　Access 2010 用户界面

2.2.1　Access 2010 窗口

Access 2010 窗口按其显示格式大体上可分为两类。

第一类是 Backstage 视图类的窗口。在 Backstage 视图中的左边窗格列出"文件"选项卡所包含的命令和一些相关信息。例如，选定了"新建"命令后的"Backstage 视图"如图 2-1 所示，选定"信息"命令后显示的"Backstage 视图"如图 2-2 所示。

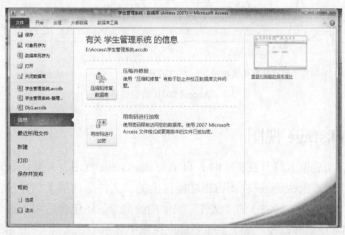

图 2-2　选定了"信息"命令后显示的"Backstage 视图"

第二类是含有功能区和导航窗格的 Access 2010 窗口界面，如图 2-3 所示。

2.2.2　标题栏

标题栏位于 Access 2010 窗口的顶端（即第 1 行），如图 2-3 所示。标题栏左端放置了"控制菜单"按钮及"快速访问工具栏"，标题栏中部显示当前已经打开的数据库名及"Microsoft Access"。标题栏右端放置了"最小化""最大化"及"关闭"等按钮。

2.2.3　命令选项卡标题

命令选项卡标题栏（类似于 Access 2003 窗口的菜单栏）位于 Access 2010 窗口的第 2 行，即功能区的顶端。命令选项卡标题栏中始终都显示"文件""开始""创建""外部数据"和"数据库工具"5 个标准命令选项卡标题。除标准命令选项卡之外，Access 2010 还有上下文命令选项卡。根据进行操作的对象以及正在执行的操作不同，标准命令选项卡旁边可能会出现一个或多个上下文命令选项卡标题。上下文命令选项卡标题会占用 Access 2010 窗口的第 1 行和第 2 行中的部分空间，如图 2-3 所示。单击命令选项卡标题栏中的某个选项卡标题，立即显示出该选项卡并使该选项卡成为当前活动的选项卡。

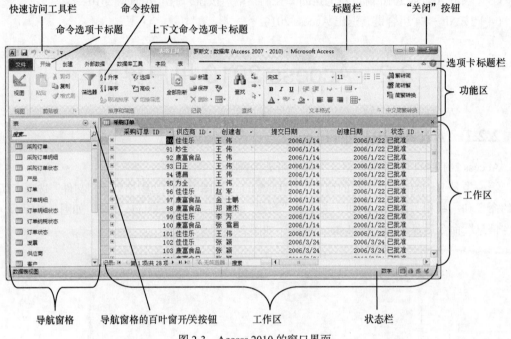

图 2-3　Access 2010 的窗口界面

2.2.4　Backstage 视图

Access 2010 启动后但未打开数据库时，显示为 Backstage 视图，并默认选定其中的"新建"命令，如图 2-1 所示。Backstage 视图占据功能区上的"文件"选项卡，并包含很多以前出现在 Access 早期版本（如 Access 2003）的"文件"菜单中的命令，还包含适用于整个数据库文件的其他命令和信息（如"压缩和修复"等）。Backstage 视图中显示了"文件""开始""创建""外部数据""数据库工具"等 5 个标准选项卡标题。

在 Backstage 视图中，可以创建新数据库，打开现有数据库，通过 SharePoint Server 将数据库发布到 Web，以及执行很多文件和数据库维护任务等。

2.2.5　功能区及命令选项卡

功能区是 Access 2010 中的主要命令界面。Access 2010 中的功能区是 Access 2003 版本中的菜单栏和工具栏的主要替代部分，它将需要使用菜单、工具栏、任务窗格和其他用户界面组件才能显示的工具或命令集中在一个地方，用户只需在一个位置查找命令，大大方便了操作。

打开数据库时，功能区显示在 Access 2010 窗口的顶部（标题栏下）。在功能区上显示了活动命令选项卡中的命令按钮，在功能区的顶部显示出命令选项卡的标题栏。

功能区主要由多个命令选项卡组成，各命令选项卡上有多个命令组，每个组中又含有若干个命令按钮。在功能区中，有些组默认为仅显示该组的部分命令按钮，用户单击该组右下角的按钮，便可显示出该组的全部命令按钮。除了可切换显示"开始""创建""外部数据"和"数据库工具"等标准命令选项卡外，Access 2010 将根据操作对象当前上下文的情况，在功能区中添加相应的一个或多个上下文命令选项卡。注意，在任何时候，功能区中仅显示一个活动命令选项卡（即当前命令选项卡）。

若要隐藏功能区，请双击活动的命令选项卡标题。若要再次显示功能区，请再次双击活动的命令选项卡标题。

功能区中可显示出的标准命令选项卡如下。

（1）"开始"选项卡（见图 2-4）。

图 2-4　"开始"选项卡

（2）"创建"选项卡（见图 2-5）。

图 2-5　"创建"选项卡

（3）"外部数据"选项卡（见图 2-6）。

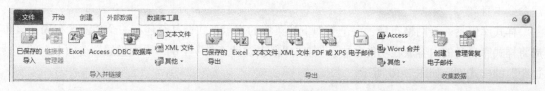

图 2-6　"外部数据"选项卡

（4）"数据库工具"选项卡（见图 2-7）。

图 2-7　"数据库工具"选项卡

2.2.6　上下文命令选项卡

除标准命令选项卡之外，Access 2010 将根据当前进行操作的对象以及正在执行的操作的上下文情况，在标准命令选项卡旁边可能会添加一个或多个上下文命令选项卡。例如，在打开某表的"设计视图"后，在功能区上随之显示出"表格工具"下的"设计"上下文命令选项卡，如图 2-8 所示。

图 2-8 "表格工具"下的"设计"上下文命令选项卡

若打开某报表的"设计视图"，随之在功能区顶端显示出"报表设计工具"下的"设计""排列""格式"和"页面设置"等上下文命令选项卡标题，并默认显示为"报表设计工具"下的"设计"上下文命令选项卡，如图 2-9 所示。

图 2-9 "报表设计工具"下的"设计"上下文命令选项卡

2.2.7 样式库

功能区还使用一种名为"样式库"的控件。样式库控件的设计目的是让用户将注意力集中在所要获取的结果上。样式库控件不仅显示命令，还显示使用这些命令的结果，其意图是提供一种可视化方式，便于用户浏览和查看 Access 2010 可以执行的操作，并关注操作结果，而不只是关注命令本身。

样式库包括一个网格布局、一个类似下拉菜单的表示形式，甚至还有一个功能区布局，该布局将样式库自身的内容放在功能区中。例如，"报表设计工具"下的"页面设置"选项卡上的"页边距"的样式库，如图 2-10 所示。

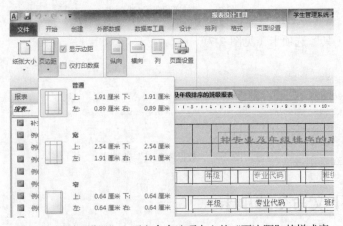

图 2-10 "页面设置"上下文命令选项卡上的"页边距"的样式库

2.2.8　导航窗格

"导航窗格"位于功能区的下边左侧，它可以帮助用户组织、归类数据库对象，并且是打开或更改数据库对象设计的主要方式。"导航窗格"取代了 Access 2007 之前版本中的"数据库窗口"。"导航窗格"的部分显示格式如图 2-11（a）、（b）、（c）、（d）所示。

"导航窗格"按类别和组进行组织。可以从多种组织选项中进行选择，还可以在"导航窗格"中创建自定义组织方案。默认情况下，新数据库使用"对象类型"浏览类别，该浏览类别包含对应于各种数据库对象的组。使用"对象类型"类别组织数据库对象的方式，与早期版本中默认的"数据库窗口"相似。

可以最小化"导航窗格"，但不可以在"导航窗格"的前面打开数据库对象来将其遮挡。

单击"导航窗格"右上角的"▼"下拉按钮，便在"导航窗格"中展开"浏览类别"列表窗格，如图 2-11（b）所示；单击该"浏览类别"列表中的"表"，便在"导航窗格"中展开"表"对象列表，如图 2-11（c）所示；单击图 2-11（c）中"导航窗格"的"百叶窗开/关"按钮，"导航窗格"便由图 2-11（c）所示格式折叠成图 2-11（d）所示格式；单击图 2-11（d）中"导航窗格"的"百叶窗开/关"按钮，"导航窗格"便由图 2-11（d）所示格式展开成图 2-11（c）所示格式。

（a）"导航窗格"中的按钮　　（b）"浏览类别"列表　　（c）"表"对象列表　　（d）关闭状态的"导航窗格"

图 2-11　"导航窗格"的部分显示格式

右击"导航窗格"顶端行的空白处，弹出快捷菜单，单击该快捷菜单中的"导航选项"命令，打开"导航选项"对话框。此时，在该对话框中可以对"显示选项""对象打开方式"（单击或双击）等进行重新设置。

右击"导航窗格"中的"表"对象列表中的某个表名，弹出快捷菜单，用户可选择该快捷菜单中的命令（如"打开""复制""粘贴"等）进行操作。

　　"导航窗格"在 Web 浏览器中不可用。若要将"导航窗格"与 Web 数据库一起使用，必须先使用 Access 打开该数据库。

2.2.9　工作区与对象选项卡

工作区位于功能区的下边右侧（即导航窗格的右侧），它用于显示数据库中的各种对象。在工作区中，通常是以选项卡形式显示出所打开对象的相应视图（如某表的"设计视图"、某表的"数据表视图"、某窗体的"窗体视图"等）。在 Access 2010 中，可以同时打开多个对象，并在工作区顶端显示出所有已打开对象的选项卡标题，并仅显示活动对象选项卡的内容，如图 2-12 所示。

单击工作区顶端某个对象选项卡的标题，便在工作区中切换显示该对象选项卡的内容，即把该对象选项卡设为活动对象选项卡。

图 2-12   在工作区显示了 3 个对象选项卡的标题及当前活动对象选项卡的内容

2.2.10   状态栏

状态栏位于 Access 2010 窗口的底端，它能够反映 Access 2010 的当前工作状态。状态栏左端有时会显示工作区中当前活动对象的视图名（如"设计视图""数据表视图"等），状态栏右端有几个与工作区中活动对象相关的（用于切换的）视图按钮，如图 2-13 所示。

图 2-13   状态栏

2.2.11   快速访问工具栏

"快速访问工具栏"的默认位置是在 Access 2010 窗口顶端标题栏中的左侧位置。用户只需单击快速访问工具栏上的按钮即可访问命令，默认命令集包括"保存""撤销"和"恢复"。用户单击"快速访问工具栏"右侧的下拉按钮，展开其下拉列表，再选择该列表中的相应命令，可以自定义快速访问工具栏，将常用的其他命令包含在内。另外，还可以修改该工具栏的位置，以及将其从默认的小尺寸更改为大尺寸。小尺寸工具栏显示在功能区中命令选项卡的旁边；切换为大尺寸后，该工具栏将显示在功能区的下方，并展开到屏幕宽度。

2.3   Access 数据库的创建

在 Access 2010 中建立数据库，用户可以通过单击"文件"选项卡中的"新建"命令来创建数据库。创建出来的数据库以独立的数据库文件存储在磁盘上，数据库文件的扩展名默认为accdb。本书主要介绍的是创建桌面数据库。

2.3.1   创建空数据库

利用 Access 2010 数据库管理系统，创建一个空数据库，一般的操作步骤如下例所述。

例 2-1   在 Access 2010 中，要求在 E 盘根目录下的文件夹"Access"（即 E:\Access）中，创

建一个名为"学生管理系统.accdb"的数据库。

具体的操作步骤如下。

（1）启动 Access 2010，Access 2010 Backstage 视图默认选定了其左边窗格中的"新建"命令，并在其右边窗格中显示"可用模板"列表。

（2）单击"可用模板"列表中的"空数据库"，此时 Access2010 按新建文件的次序自动给出一个默认的文件名，如 Database1.accdb。如果用户不指定新数据库名，系统将使用默认的文件名。在本例中，在"文件名"文本框中输入新数据库的文件名"学生管理系统"，如图 2-14 所示。

（3）单击"文件名"文本框右边的 图标（浏览到某个位置来存放数据库），弹出"文件新建数据库"对话框，选定 E 盘根目录下的文件夹"Access"（即 E:\Access），如图 2-15 所示。

图 2-14　输入新数据库文件名"学生管理系统"　　　图 2-15　"文件新建数据库"对话框

（4）保存类型不变，即使用默认值。

（5）单击"文件新建数据库"对话框中的"确定"按钮，返回"文件"选项卡的新建数据库界面。

（6）单击右下方的"创建"按钮（见图 2-16），Access 2010 数据库管理系统便在 E:\Access 中新建一个文件名为"学生管理系统"的数据库。此时，新建的数据库"学生管理系统"自动被打开，如图 2-17 所示。在 Access 2010 窗口的标题栏中显示出当前打开的数据库名称（学生管理系统）。

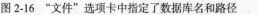
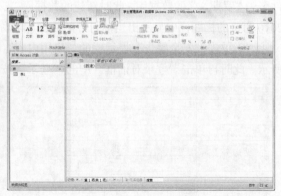

图 2-16　"文件"选项卡中指定了数据库名和路径　　图 2-17　新建数据库"学生管理系统"自动被打开

2.3.2　使用样本模板创建数据库

Access 2010 产品附带有很多模板，用户也可以从 Office.com 下载更多模板。Access 模板是预先设计的数据库，它们含有专业设计的表、窗体和报表，将为用户创建新数据库提供极大的便利。

使用样本模板创建数据库的步骤如下例所述。

例 2-2 在 Access 2010 中，要求在 E 盘根目录下的文件夹 "Access"（即 E:\Access）中，使用 "样本模板" 创建一个名为 "罗斯文.accdb" 的数据库。

具体的操作步骤如下。

（1）启动 Access 2010，在 Access 2010 "Backstage 视图" 中默认选定了其左边窗格中的 "新建" 命令，并在其右边窗格中显示 "可用模板" 列表。

（2）单击 "可用模板" 列表中的 "样本模板"，在显示出的 "样本模板" 列表中单击 "罗斯文" 项，此时系统自动给出一个默认的文件名 "罗斯文"。如果用户不指定新数据库名，系统将使用默认的文件名。本例使用默认的文件名 "罗斯文.accdb"，如图 2-18 所示。

（3）单击 "文件名" 框右边的 图标（浏览到某个位置来存放数据库），弹出 "文件新建数据库" 对话框。选定 E 盘根目录下的文件夹 "Access"（即 E:\Access），如图 2-19 所示。

图 2-18　使用默认的文件名 "罗斯文"　　　　　图 2-19　"文件新建数据库" 对话框

（4）保存类型不变，即使用默认值。

（5）单击 "文件新建数据库" 对话框中的 "确定" 按钮，返回 "文件" 选项卡的新建数据库界面。

（6）单击右下方的 "创建" 按钮，Access 2010 数据库管理系统便在 E:\Access 中新建一个文件名为 "罗斯文" 的数据库。此时新建的数据库 "罗斯文" 自动被打开，如图 2-20 所示。在 Access 2010 窗口的标题栏中显示出当前打开的数据库名称 "罗斯文"，并显示 "安全警告" 提示栏。

（7）单击 "安全警告" 提示栏的 "启用内容" 按钮，弹出 "罗斯文登录" 对话框，如图 2-21 所示。此时再单击 "登录对话框" 中的 "登录" 按钮。

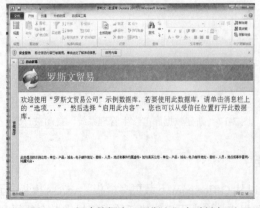

图 2-20　新建数据库 "罗斯文" 自动被打开　　　　图 2-21　"罗斯文登录" 对话框

2.3.3　创建空白 Web 数据库

在 Access 2010 中，创建一个空白 Web 数据库的方法与第 2.3.1 小节中介绍的创建空数据库的方法类似。一般的操作步骤如下例所述。

例 2-3　在 Access 2010 中，要求在 E 盘的"Access Web"文件夹中，创建一个名为"图书管理系统.accdb"的 Web 数据库。

具体操作步骤如下。

（1）启动 Access 2010，Access 2010 Backstage 视图默认选定了其左边窗格中的"新建"命令，并在其右边窗格中显示"可用模板"列表。

（2）单击"可用模板"列表中的"空白 Web 数据库"，此时 Access 2010 已经按新建文件的次序自动给出一个默认的文件名，如 Database1.accdb。如果用户不指定新数据库名，系统将使用默认的文件名。在本例中，在"文件名"文本框中输入新数据库的文件名"图书管理系统"。

（3）单击"文件名"框右边的 图标，弹出"文件新建数据库"对话框，选定文件路径（即 E:\AccessWeb）。

（4）保存类型不变，即使用默认值（.accdb）。

（5）单击"文件新建数据库"对话框中的"确定"按钮，返回"文件"选项卡的新建数据库界面。

（6）单击右下方的"创建"按钮，Access 2010 数据库管理系统便在 E:\AccessWeb 中新建一个文件名为"图书管理系统"的 Web 数据库。此时新建的 Web 数据库"图书管理系统"自动被打开，在 Access 2010 窗口的标题栏中显示出当前打开的数据库名称（图书管理系统）。

2.3.4　Access 2010 数据库对象简介

Access2010 数据库中包含表、查询、窗体、报表、宏、模块等 6 个对象。只要在导航窗格显示出的分类对象列表（例如"查询"对象列表）中双击某个具体对象，则该具体对象的相应视图（例如"数据表视图"）就会显示在工作区的窗格中。

本小节将对这些对象做简要的介绍，以便读者对 Access 2010 数据库的组成有一个基本的了解。在 Access 2010 的 Backstage 视图（即"文件"选项卡）中使用"打开"命令，打开"E:\Access\罗斯文.accdb"数据库。单击"罗斯文登录"对话框（见图 2-22）中的"登录"按钮，显示"罗斯文"数据库工作界面的窗口，在其中的工作区里显示出了罗斯文贸易的相关信息，如图 2-23 所示。

图 2-22　"罗斯文登录"对话框

图 2-23　"罗斯文"数据库工作界面的窗口

1．表

表就是指关系数据库中的二维表，它是 Access 2010 数据库中用于存储和管理数据的最基本的数据库对象。Access 2010 数据库中的所有数据都以表的形式保存。通常在建立了数据库之后，首要的任务就是建立数据库中的各个表。例如，在"罗斯文"数据库中已建好的表对象包括"采购订单""采购订单明细""采购订单状态""产品""订单"等，如图 2-24 所示。双击左边导航窗格中表对象列表的"采购订单"对象，便可打开"采购订单"表的数据表视图。

图 2-24　罗斯文的"表"对象列表及"采购订单"表的数据表视图

2．查询

查询对象实际上是一个查询命令，打开查询对象便可以检索到满足指定条件的数据库信息。实质上，查询是一个 SQL 语句。用户可以利用 Access 2010 提供的命令工具，以可视化的方式或直接编辑 SQL 语句的方式来建立查询对象。

例如，在"罗斯文"数据库中，已建好的查询对象包括"产品事务""按类别产品销售"等查询，如图 2-25 所示。双击左边导航窗格中的查询对象列表中的"产品事务"对象，便可打开"产品事务"查询对象的数据表视图。

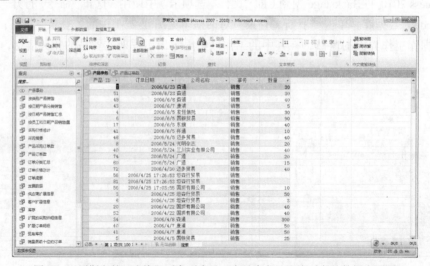

图 2-25　罗斯文的"查询"对象列表及"产品事务"查询对象的数据表视图

3. 窗体

窗体对象是用户和数据库之间的人机交互界面。在这个界面中，用户不但可以浏览数据，还可以进行其他操作。一个设计良好的窗体可以将表中的数据以更加友好的方式显示出来，从而方便用户对数据进行浏览和编辑，也可以简化用户输入数据的操作，尽可能避免因人为操作不当而造成失误。

例如，在"罗斯文"数据库中，已建好的窗体对象包括"按类别产品销售图表""登录对话框"等窗体，如图 2-26 所示。双击左边导航窗格中的窗体对象列表中的"供应商列表"窗体对象，便可打开"供应商列表"的窗体视图。

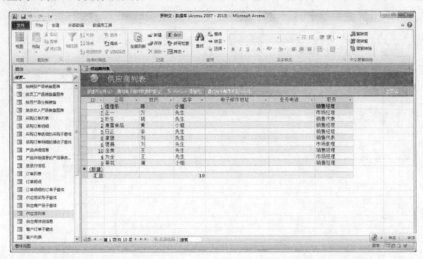

图 2-26　罗斯文的"窗体"对象列表及"供应商列表"窗体视图

4. 报表

报表是数据管理中需要输出的内容，它是对表中的数据或查询内容进行分组、排序或统计等操作的结果。报表对象是对大量的数据表数据进行综合处理，把结果生成报表。

例如，在"罗斯文"数据库中，已建好的报表对象包括"按类别产品销售""季度销售报表""月度销售报表"等报表，如图 2-27 所示。双击左边导航窗格中的报表对象列表中的"月度销售报表"，便可打开"月度销售报表"的报表视图。

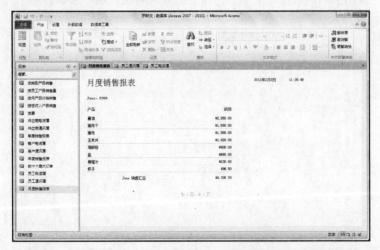

图 2-27　罗斯文的"报表"对象列表及"月度销售报表"的报表视图

5. 宏

宏是一系列操作命令的组合。由于在进行数据库操作时，有些任务需要经过烦琐的操作过程并执行多个命令才能完成。如果需要经常执行这些任务，则可以将执行这些任务的一系列操作命令记录下来组成一个宏，这样一来，以后只要执行宏就可以完成相应的任务，从而免除执行多个命令的麻烦，达到简化操作、提高工作效率、实现自动化的效果。宏又分为独立宏、嵌入宏及数据宏。在导航窗格中的宏对象列表中仅列出全部的独立宏。

例如，在"罗斯文"示例数据库中，已建好的独立宏对象包括"AutoExec"和"删除所有数据"两个独立宏，如图 2-28 所示。右键单击左边导航窗格中的宏对象列表中的"AutoExec"宏对象，弹出快捷菜单，再单击快捷菜单中的"设计视图"，便可打开"AutoExec"宏的设计视图。

图 2-28　罗斯文的"宏"对象列表及"AutoExec"宏的设计视图

6. 模块

模块是 Access 2010 数据库中用于保存程序代码的地方。对于一些复杂的数据库操作，Access 允许用户编写自己的代码来实现。Access 2010 中使用的编程语言是 Visual Basic For Application（简称 VBA）语言。在模块中，利用 VBA 语言编写程序代码，可以实现一个功能复杂的数据库应用。

例如，在"罗斯文示例数据库"中，已建好的模块对象包括"采购订单""错误处理"等 8 个模块，如图 2-29 所示。

图 2-29　罗斯文的"模块"对象列表

2.4 数据库的打开与关闭

在 Access 2010 中，当一个数据库创建好之后，默认保存为以.accdb 为扩展名的数据库文件。打开数据库，可选择下列 4 种打开方式之一。

（1）打开：以共享方式打开，网络上的其他用户也可以打开这个数据库文件，还可以同时编辑这个数据库文件，此方式为默认的打开方式。

（2）以只读方式打开：不可以对数据库进行修改。

（3）以独占方式打开：防止网络上的其他用户同时访问这个数据库文件。

（4）以独占只读方式打开：防止网络上的其他用户同时访问这个数据库文件，而且不可以对数据库进行修改。

2.4.1 打开 Access 2010 数据库

打开一个已经存在的 Access 数据库的操作步骤如下。

（1）启动 Access 2010。

（2）在"文件"选项卡上，单击"打开"命令，弹出"打开"对话框。

（3）在"打开"对话框中指定要打开的数据库文件的驱动器、文件夹及文件名。

（4）单击"打开"按钮，便以默认的打开方式打开该数据库。若要以其他方式打开该数据库，则单击"打开"按钮右端的下拉按钮，弹出下拉菜单，如图 2-30 所示，再单击该下拉菜单中的某一种打开方式。

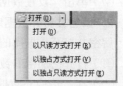

图 2-30 "打开"按钮下拉菜单

2.4.2 关闭 Access 2010 数据库

关闭数据库的两种常用方法如下。

（1）单击"文件"选项卡中的"关闭数据库"命令，关闭当前数据库。

（2）单击 Access 2010 窗口右上角"关闭"按钮，关闭当前数据库并关闭 Access 2010。

2.5 数据库的安全操作

当一个数据库创建好之后，为了确保该数据库的安全运行，Access 2010 提供了一些安全功能。

2.5.1 使用数据库密码加密/解密 Access 数据库

1. 使用数据库密码进行加密

使用数据库密码进行加密的操作步骤如下。

（1）启动 Access 2010。

（2）在"文件"选项卡上，单击"打开"，弹出"打开"对话框。

（3）在"打开"对话框中，通过浏览找到要打开的文件，然后选定某文件。

（4）单击"打开"按钮右端的下拉按钮，弹出下拉菜单，然后单击该下拉菜单中的"以独占方式打开"。此时，Access 便按"以独占方式打开"方式打开该数据库。

（5）在"文件"选项卡上，单击"信息"，如图 2-31 所示。再单击"用密码进行加密"按钮，随即弹出"设置数据库密码"对话框，如图 2-32 所示。

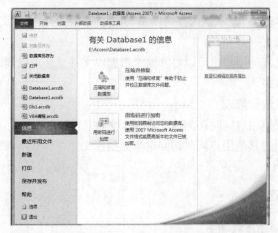

图 2-31　单击"信息"后显示"用密码进行加密"按钮　　　　图 2-32　"设置数据库密码"对话框

（6）在"密码"文本框中键入密码，然后在"验证"文本框中再次键入同一密码。

（7）单击"设置数据库密码"对话框中的"确定"按钮。

2. 解密并打开数据库

解密并打开数据库的操作步骤如下。

（1）打开已加密的数据库时，会弹出"要求输入密码"对话框，如图 2-33 所示。

（2）在"请输入数据库密码:"标签下的文本框中键入密码，然后单击"确定"按钮。

3. 从数据库中删除密码

对于已经用密码进行加密的数据库，也可以删除掉该数据库的密码。其操作步骤如下。

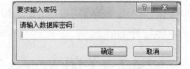

图 2-33　"要求输入密码"对话框

（1）以独占方式打开已加密的某个数据库。

（2）在"文件"选项卡上，单击"信息"，如图 2-34 所示。再单击"解密数据库"按钮，弹出"撤销数据库密码"对话框，如图 2-35 所示。

图 2-34　单击"信息"后显示"解密数据库"按钮　　　　图 2-35　"撤销数据库密码"对话框

（3）在"密码"文本框中键入密码，然后单击"确定"按钮。

2.5.2　压缩和修复数据库

在数据库的使用过程中，难免会出现大量的垃圾数据，可能会使数据库变得异常庞大，这样会影响数据库的性能，甚至会损坏数据库。在 Microsoft Office Access 中，用户可以使用"压缩和修复数据库"命令来防止和修复这些问题，压缩和修复数据库有下面两种方式。

1. 关闭数据库时自动执行压缩和修复

设置关闭数据库时自动执行压缩和修复的操作步骤如下。

（1）打开某个 Access 数据库。

（2）在"文件"选项卡上，单击"选项"，弹出"Access 选项"对话框。

（3）在"Access 选项"对话框中，单击左边窗格中的"当前数据库"，随即在右边窗格中列出"用于当前数据库的选项"。

（4）选中"关闭时压缩"复选框，如图 2-36 所示，然后单击"确定"按钮。

图 2-36　"Access 选项"对话框中"用于当前数据库的选项"

以后，每次关闭数据库时都会自动执行压缩和修复操作。

2. 手动压缩和修复数据库

手动压缩和修复数据库的操作步骤如下。

（1）打开某个 Access 数据库。

（2）在"文件"选项卡上，单击"信息"，再单击右侧框中的"压缩和修复数据库"按钮。系统便进行压缩和修复数据库工作，直至完成。

2.5.3　生成 ACCDE 文件

生成 ACCDE 文件是把原数据库.accdb 文件编译为仅可执行的.accde 文件（即扩展名为.accde 的文件）。如果.accdb 文件包含任何 Visual Basic for Applications (VBA)代码，则.accde 文件中将仅包含编译后的目标代码，因此用户不能查看或修改其中的 VBA 源程序代码。使用.accde 文件的用户无法更改窗体或报表的设计，从而进一步提高了数据库系统的安全性能。

从.accdb 文件创建.accde 文件的操作步骤如下。

（1）在 Access 2010 中，打开要生成.accde 文件的某个数据库。

（2）在"文件"选项卡上，单击"保存并发布"，随即在右边窗格中列出"数据库另存为"的各种数据库文件类型。选定其中的"生成 ACCDE"选项，如图 2-37 所示。

图 2-37　选定右边窗格中的"生成 ACCDE"选项

（3）单击右边窗格下端的"另存为"按钮，弹出"另存为"对话框。通过浏览找到要在其中保存该文件的文件夹，在"文件名"框中键入该文件的名称，然后单击"保存"按钮。

2.5.4　备份数据库

对数据库进行备份，是最常用的安全措施之一。

打开某个 Access 数据库后，对数据库进行备份的两种方法如下所述。

1．备份数据库的第一种方法

其操作步骤如下。

（1）打开某个 Access 数据库。

（2）在"文件"选项卡上，单击"保存并发布"，随即在右边窗格中列出"数据库另存为"的各种数据库文件类型。选定其中的"备份数据库"选项，如图 2-38 所示。

图 2-38　选定右边窗格中的"备份数据库"选项

（3）单击右边窗格下端的"另存为"按钮，弹出"另存为"对话框。

（4）在"另存为"对话框中，通过浏览找到要在其中保存该文件的文件夹。

（5）单击"保存"按钮。

2．备份数据库的第二种方法

其操作步骤如下。

（1）打开某个 Access 数据库。

（2）在"文件"选项卡上，单击"数据库另存为"，弹出"另存为"对话框。

（3）在"另存为"对话框中，通过浏览找到要在其中保存该文件的文件夹。

（4）单击"保存"按钮。

此外，在 Windows 操作系统环境下，使用"复制"和"粘贴"命令操作，也可实现对数据库文件的备份工作。

习　题　2

单选题

1. 在 Access 2010 数据库中，任何事物都被称为＿＿＿＿＿＿＿。

    A．方法　　　　　　B．对象　　　　　　C．属性　　　　　　D．事件

2. Access 2010 数据库文件的默认扩展名是＿＿＿＿＿＿＿。

    A．doc　　　　　　B．dot　　　　　　C．xls　　　　　　D．accdb

3. 在 Access 2010 中，打开某数据库有＿＿＿＿＿＿＿种方式。

    A．2　　　　　　　B．3　　　　　　　C．4　　　　　　　D．5

4. Access 2010 数据库类型是＿＿＿＿＿＿＿。

    A．层次数据库　　　B．关系数据库　　　C．网状数据库　　　D．圆状数据库

5. Access 2010 是一个＿＿＿＿＿＿＿系统。

    A．人事管理　　　　B．数据库　　　　　C．数据库管理　　　D．财务管理

6. 在 Access 2010 中，表、查询、窗体、报表、宏、模块等 6 个数据库对象都＿＿＿＿＿＿＿独立数据库文件。

    A．可存储为　　　　B．不可存储为　　　C．可部分存储为　　D．可部分不可存储为

7. 在 Access 2010 中，当要使用密码对数据库进行加密时，必须先＿＿＿＿＿＿＿打开该数据库。

    A．以共享方式　　　B．以只读方式　　　C．以独占方式　　　D．以独占只读方式

上机实验 2

1. 参照第 2.3.2 节例 2-2 中所列出的操作步骤，使用"样板模板"创建一个名为"罗斯文.accdb"的数据库，并把该数据库保存到用户盘（如 G:\）中的"上机实验"文件夹。

2. 参照第 2.3.4 节第 2 段中所列出的"打开"罗斯文数据库的步骤，打开"上机实验"文件夹中的"罗斯文.accdb"数据库，利用导航窗格，自行主动去选择浏览该罗斯文数据库中的各类数据库对象。

3. 启动 Access2010，创建一个名为"成绩管理系统.accdb"的数据库，并把该数据库保存到用户盘（如 G:\）中的"上机实验"文件夹。

第3章 表

表（即数据表）是 Access 数据库最基本的对象，用于存储数据库的所有数据信息。表是由与特定主题（如"学生"）有关的数据组成的集合。对每个主题使用一个单独的表意味着用户只需存储该数据一次，这既可减少数据的重复，又可减少数据的输入错误。

根据需要，一个数据库可以包含多个表。表将数据组织成列（称为字段）和行（称为记录）的二维表格形式，如表 3-1 所示。第 1 行是各个字段名，从表的第 2 行开始的每一行数据称为一个记录或一个元组。

表由表结构和表内容组成。表结构就是每个字段的字段名、字段的数据类型和字段的属性等。表内容就是表的记录。一般来说，先创建表（结构），然后再输入数据。

表 3-1　　　　　　　　　二维表格形式的"学系"表

学系代码	学系名称	办公电话	学系简介
01	中国语言文学系	94015678	中国语言文学系设有汉语专业。本系人才荟萃。曾有许多著名学者在此任教
02	数学系	94038808	数学系设有数学专业、统计学专业，本系师资力量雄厚，有教授 15 人，博士生导师 13 人
03	物理学系	94042356	物理学系设有物理学专业、光学专业。本系师资力量雄厚，现有教师 70 人，其中教授 30 人
04	化学系	94053326	化学系设有化学专业、应用化学专业。本系师资力量雄厚，有中国科学院院士 3 人
05	生物学系	94066689	生物学系设有生物科学专业、生物技术专业。本系基础条件优越、教学科研力量雄厚

（字段名）

（5 个记录）

3.1　表结构设计概述

表结构是由该表的每个字段的字段名、字段的数据类型和字段的属性等组成，在创建表时要指定这些内容，如图 3-1 所示。在创建表结构之前，要先设计好该表的结构。

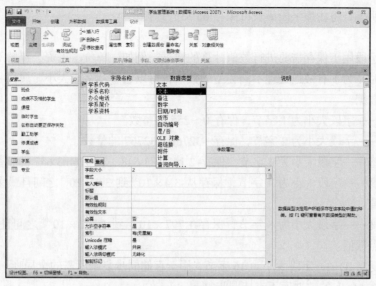

图 3-1　创建表的设计视图示例

3.1.1　字段的命名规定

字段名称是表中一列的标识，在同一个表中的字段名称不可重复。在其他数据库对象（如查询、窗体、报表等）中，如果要引用表中的数据，都要指定字段名称。

在 Access 中，字段的命名有如下规定。

（1）字段名称最长可达 64 个字符。

（2）字段名称可用的字符包括字母、数字、下划线、空格以及除句号（.）、感叹号（!）、重音符号（`）和方括号（[]）之外的所有特殊字符。字段名称中也可以使用汉字。

（3）字段名称不能以空格开头。

（4）不能包含控制字符（即从 0 到 31 的 ASCII 值所对应的字符）。

注意

　　虽然字段名中可以包含空格，但建议尽量不要使用空格，因为字段名称中的空格可能会和 Microsoft Visual Basic for Applications 存在命名冲突。

3.1.2　字段的数据类型

字段数据类型决定该字段所保存数据的类型。不同的数据类型，其存储方式及能存储的数据长度在计算机内所占用的空间大小有所不同。在 Access 中包括以下 12 种数据类型，其中计算字段和附件这两种类型是 Access 2010 新增加的数据类型。

1. 文本

文本类型字段用于保存字符串的数据，例如，姓名、产品名称、通讯地址等。一些只作为字符用途的数字数据也使用文本类型，例如：电话号码、产品编号、邮政编码等。

文本类型字段的大小最大为 255 个字符。可以通过"字段大小"属性来设置文本类型字段最多可容纳的字符数。这里的字符是指一个英文字符，或者是一个中文的汉字。

2. 备注

备注类型字段一般用于保存较长（超过 255 个字符）的文本信息。例如，简历、备注、单位简介、产品说明等，备注型字段最长可保存 65 535 个字符。

3. 数字

数字类型字段用于保存需要进行数值计算的数据，例如，单价、工资、年龄等。当字段被指定为数字类型时，为了有效地处理不同类型的数值，可以通过"字段大小"属性将字段指定为如下几种类型的数据。

（1）字节——字段大小为 1 字节，保存 0～255 的整数。

（2）整型——字段大小为 2 字节，保存 -32768～32767 的整数。

（3）长整型——字段大小为 4 字节，保存-2 147 483 648～2 147 483 647 的整数。

（4）单精度——字段大小为 4 字节，保存从-3.4×10^{38} 到 3.4×10^{38} 之间且最多具有 7 位有效数字的浮点数值。

（5）双精度——字段大小为 8 字节，保存-1.797×10^{308} 到 1.797×10^{308} 之间且最多具有 15 位有效数字的浮点数值。

（6）同步复制 ID——字段大小为 16 字节，用于存储同步复制所需的全局唯一标识符。注意，使用新文件格式.accdb 的数据库不支持同步复制。

（7）小数——字段大小为 12 字节，用于范围在-9.999…×10^{27} 到 9.999…×10^{27} 的数值。当选择该类型时，"精度"属性指定包括小数点前后的所有数字的位数，"数值范围"属性指定小数点后边可存储的最大位数。

4. 日期/时间

字段大小为 8 字节，用于保存 100 到 9999 年份的日期和时间值。例如，出生日期、发货时间、购买日期等。

5. 货币

货币类型是数字类型的特殊类型，等价于具有双精度属性的数字类型。其字段长度为 8 个字节。输入数据时，小数部分为 2 位。

6. 自动编号

用于在添加记录时自动插入的唯一顺序（每次递增 1）或随机编号。字段大小为长整型，即存储 4 字节；当用于"同步复制 ID"(GUID)时，存储 16 字节。当向表中添加一条新记录时，这种数据类型会自动为每条记录存储一个唯一的编号，故自动编号类型的字段可设置为主键。

7. 是/否

该类型实际上是布尔型，用于只可能是两个值中的一个值（例如，"Yes/No""True/False""On/Off"）的数据。通常来说，其取值是"True"或"False"两个之一。

8. OLE 对象

用于将 OLE 对象（如 Microsoft Office Excel 电子表格）附加到记录中。最多存储 1 GB。大多数情况下，应使用"附件"字段代替"OLE 对象"字段。"OLE 对象"字段支持的文件类型比"附件"字段更少，而且"OLE 对象"字段不允许添加多个文件。

9. 超链接

用于存放链接到本地或网络上资源的地址，可以是文本或文本和数字的组合，以文本形式存储，用作超链接地址。它可以是 UNC 路径或 URL，最多存储 64 000 个字符。

UNC（通用命名规则）是一种对文件的命名规则。它提供独立于机器的文件定位方式。UNC 名称使用\\server\share\path\filename 这一语法格式，而不是指定驱动器和路径。

URL（统一资源定位符）是一种地址。它指定协议（如 http）以及目标对象在 Internet 上的位置，例如：http://www.pku.edu.cn。

超链接地址可以由显示文本、地址、子地址这 3 部分（也可由头两部分）组成，每两部分之间要用 "#" 号间隔开。这 3 部分组成如下所述。

（1）显示文本——这是显示在字段中的内容。

（2）地址——指向一个文件的 UNC 路径或网页的 URL。

（3）子地址——位于文件中的地址（例如，锚）。

在该超链接字段中输入具体数据时，输入的语法格式如下。

显示文本#地址#子地址#

例如：希望在一个超链接字段中显示中山大学，并且只要用户单击该字段时便可转向中山大学的网址：http://www.sysu.edu.cn。键入字段中的内容如下。

中山大学# http://www.sysu.edu.cn

10．查阅向导

用于创建这样的查阅字段，它允许用户使用组合框选择来自其他表（或查询）或来自一组静态列表中的值。在数据类型列表中选择 "查阅向导" 选项时，将会启动向导进行定义。查阅字段的数据类型只能是 "文本" 或 "数字"。存储大小与对应于查阅字段的主键大小相同。

11．计算字段

用于存放根据同一表中的其他字段计算而来的结果值，字段大小为 8 字节。计算不能引用其他表中的字段，可以使用表达式生成器创建计算。表达式例子：［周学时］*［上课周数］。

12．附件

将图像、电子表格文件、Word 文档、图表等文件附加到记录中，类似于在邮件中添加附件。它是存放任意类型的二进制文件的首选数据类型，并且使用附件字段可将多个文件附加到一条记录中。对于某些文件类型，Access 会在添加附件时对其进行压缩。压缩后的附件最大可存储 2GB，未压缩的附件约为 700KB。

3.1.3 学生管理系统数据库的表结构设计实例

在 Access 中创建表之前，要根据表模式（即关系模式）及字段的数据类型的要求，详细地设计出该表的结构。学生管理系统数据库中的所有表的表结构设计如下。

1．学系

表模式：学系（学系代码，学系名称，办公电话，学系简介，学系资料）

"学系" 表结构如表 3-2 所示。在 "学系" 表中，主键是 "学系代码"。

表 3-2　　　　　　　　　　　　　　　　"学系" 表结构

字段名	学系代码	学系名称	办公电话	学系简介	学系资料
字段类型 字段大小	文本 2	文本 30	文本 11	备注	附件

2．专业

表模式：专业（专业代码，专业名称，学制年限，学系代码，专业简介）

"专业" 表结构如表 3-3 所示。在 "专业" 表中，主键是 "专业代码"。

表 3-3   "专业" 表结构

字段名	专业代码	专业名称	学制年限	学系代码	专业简介
字段类型 字段大小	文本 3	文本 30	数字 整型	文本 2	备注

3. 班级

表模式：班级（班级号，班级名称，年级，专业代码，班主任，联系电话）

"班级" 表结构如表 3-4 所示。在 "班级" 表中，主键是 "班级号"。

表 3-4   "班级" 表结构

字段名	班级号	班级名称	年级	专业代码	班主任	联系电话
字段类型 字段大小	自动编号 长整型	文本 30	文本 4	文本 3	文本 10	文本 11

4. 学生

表模式：学生（学号，姓名，班级号，性别，出生日期，优干，高考总分，特长，相片）

"学生" 表结构如表 3-5 所示。在 "学生" 表中，主键是 "学号"。

表 3-5   "学生" 表结构

字段名	学号	姓名	班级号	性别	出生日期	优干	高考总分	特长	相片
字段类型 字段大小	文本 8	文本 30	数字 长整型	文本 1	日期/时间	是/否	数字 长整型	备注	OLE 对象

5. 课程

表模式：课程（课程代码，课程名称，周学时，上课周数，总学时，学分，课程简介）

"课程" 表结构如表 3-6 所示。在 "课程" 表中，主键是 "课程代码"。

"总学时" 计算的表达式是 "[周学时] * [上课周数]"。

表 3-6   "课程" 表结构

字段名	课程代码	课程名称	周学时	上课周数	总学时	学分	课程简介
字段类型 字段大小	文本 8	文本 30	数字 整型	数字 整型	计算	数字 整型	文本 255

6. 修课成绩

表模式：修课成绩（学年度，学期，学号，课程代码，课程类别，成绩性质，成绩）

"修课成绩" 表结构如表 3-7 所示。

在 "修课成绩" 表中，主键是 "学年度" ＋ "学期" ＋ "学号" ＋ "课程代码"。

表 3-7   "修课成绩" 表结构

字段名	学年度	学期	学号	课程代码	课程类别	成绩性质	成绩
字段类型 字段大小	文本 9	文本 1	文本 8	文本 8	文本 4	文本 2	数字 整型

3.2 创 建 表

在设计好表的结构之后，便可以使用 Access 2010 提供的功能，在打开的当前数据库中创建表。通常，要先创建表的结构，包括构造每个表中的各个字段、定义数据类型、设置字段属性、设置表的主键等，然后再在表中输入数据。

3.2.1 创建表的方法

在 Access 窗口，打开某个 Access 2010 数据库。例如，打开"学生管理系统"数据库，如图 3-2 所示。单击功能区上的"创建"选项卡，可以看到在"表格"组中有 3 个按钮用于创建表，如图 3-3 所示。

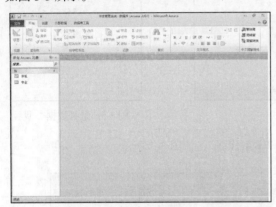 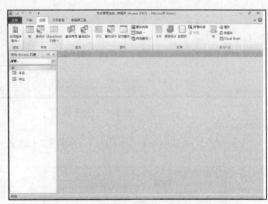

图 3-2　打开"学生管理系统"数据库　　　　图 3-3　"创建"选项卡中的"表格"组

通过以下 4 种方式，可以在数据库中创建一个新表。

（1）使用数据表视图直接插入一个表。

（2）使用设计视图创建表。

（3）使用 SharePoint 列表创建表。

（4）利用其他数据，如 Excel 工作簿、Word 文档、其他数据库等多种文件，导入表或链接到表。

与 Access 2003 相比，Access 2010 不能使用表向导创建新表，但是提供了利用 SharePoint 网站来创建表的方法。用户可以从网站上的 SharePoint 列表导入表，或者创建链接到 SharePoint 列表中的表，还可以使用预定义模板创建 SharePoint 列表。

对于利用外部数据创建表的方法将在 3.5 节中详述，下面具体介绍如何使用数据表视图和设计视图创建表。

3.2.2 使用数据表视图创建表

在数据表视图下创建表，是一种方便简单的方式，能够迅速地构造一个较简单的数据表。

例 3-1　要求按"表 3-2"所示的"学系"表结构，在"学生管理系统"中使用数据表视图创建表的方法，创建一个名为"学系"的表。

具体操作步骤如下。

（1）打开"学生管理系统"数据库，在"创建"选项卡上的"表格"组中，单击"表"按钮，系统创建一个默认名为"表 1"的新表，并以数据表视图打开，如图 3-4 所示。

（2）单击"单击以添加"下拉菜单，如图 3-5 所示。选择"文本"则添加了一个文本类型的字段，并且字段初始名称是"字段 1"，如图 3-6 所示。

图 3-4　创建新表　　　　　　　　　　　　　　　　　　图 3-5　选择数据类型

（3）修改刚添加的"字段 1"的名称，输入"学系代码"，如图 3-7 所示。

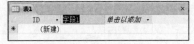

图 3-6　添加字段

图 3-7　修改字段名称

（4）在"表格工具"下的"字段"选项卡的"属性"组中，将"字段大小"改为 2，如图 3-8 所示。

（5）重复第（2）步～第（4）步，添加"学系名称""办公电话"字段，并设置字段的大小。

（6）单击"单击以添加"下拉菜单，选择"备忘录"，则添加了一个备注类型的字段，修改字段名称为"学系简介"。

（7）单击"单击以添加"下拉菜单，选择"附件"，则添加了一个附件类型的字段，修改字段名称为"学系资料"。

（8）单击"快速访问工具栏"中的■按钮，弹出"另存为"对话框。

（9）在该"另存为"对话框中，输入表的名称"学系"，如图 3-9 所示，单击"确定"按钮。

创建完表结构之后，可以直接在该视图下输入表的内容。输入时，在字段名称下面的单元格中依次录入数据，如图 3-10 所示。

图 3-8　修改字段大小

图 3-9　"另存为"对话框

图 3-10　在新建表中添加数据

在"数据表视图"中，可以在字段名处直接输入字段名（即更改字段名），还可以对表中的数据进行编辑、添加、修改、删除和对数据进行查找等各种操作。但是对于设置字段的属性有一定的局限性，例如，对于数字类型的字段，无法设置具体是字节型还是整型等。通常，使用"数据表视图"直接创建出来的表，一般都不完全符合用户的要求，因此需要通过"设计视图"来对该表的结构设计做进一步修改。值得注意的是，当新建一个空数据库时，Access 2010 自动创建一个新表，并打开如图 3-4 所示的数据表视图，用户可以从此处开始一个数据表的设计工作。

3.2.3　使用设计视图创建表

虽然在数据表视图下可以较为直观地创建表，但使用设计视图可以更加灵活地创建表。对于较复杂的表，通常在设计视图下创建。

单击如图 3-3 所示的"创建"选项卡上的"表格"组中的"表设计"按钮，显示如图 3-11 所示的表的设计视图。表的"设计视图"分为上、下两部分，上半部分是字段输入区，下半部分是字段属性区。

上半部分的字段输入区包括字段选定器、字段名称列、数据类型列和说明列。字段输入区的一行可用于定义一个字段。字段选定器用于选定某个字段（行），如单击它即可选定该字段行。字段名称列用来对字段命名。数据类型列用来对该字段指定数据类型。说明列用来对该字段进行必要的说明描述，仅起注释作用，以提高该字段含义的可读性。

图 3-11　表的设计视图

下半部分的字段属性区用于设置字段的属性。

例 3-2　在"学生管理系统"数据库中，使用设计视图的方法，创建一个名为"专业"的表。"专业"表结构如"表 3-3"所示，主键是"专业代码"。

具体的操作步骤如下。

（1）打开"学生管理系统"数据库，在"创建"选项卡上的"表格"组中，单击"表设计"按钮，显示表的设计视图。

（2）在字段输入区第 1 行的"字段名称"单元格键入"专业代码"；在"数据类型"单元格选择"文本"；在字段属性区"字段大小"单元格键入"3"。

（3）在字段输入区第 2 行的"字段名称"单元格键入"专业名称"；在"数据类型"单元格选择"文本"；在字段属性区"字段大小"单元格键入"30"。

（4）在字段输入区第 3 行的"字段名称"单元格键入"学制年限"；在"数据类型"单元格选择"数字"；在字段属性区"字段大小"单元格选择"整型"。

（5）在字段输入区第 4 行的"字段名称"单元格键入"学系代码"；在"数据类型"单元格选择"文本"，在字段属性区"字段大小"单元格键入"2"。

（6）在字段输入区第 5 行的"字段名称"单元格键入"专业简介"；在"数据类型"单元格选

择"备注"。

（7）用鼠标单击第 1 行的"专业代码"单元格，然后单击"表格工具"下"设计"选项卡上"工具"组中的"主键"按钮，在"专业代码"左边的字段选定器框格中显示出一个钥匙图案标记，表示已设置了该字段为主键。这时表的设计视图如图 3-12 所示。

（8）单击表设计视图的"关闭"按钮 ×，弹出如图 3-13 所示的消息框。

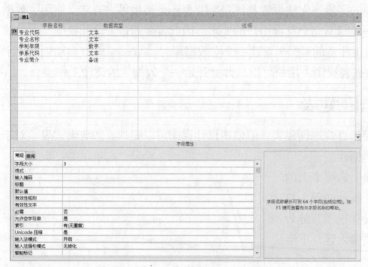

图 3-12 "专业"表的设计视图

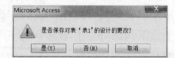

图 3-13 提示是否保存表设计的消息框

（9）在消息框中单击"是"按钮，弹出"另存为"对话框。

（10）在"另存为"对话框中键入表的名称"专业"，如图 3-14 所示。然后单击"确定"按钮，完成表的创建，关闭设计视图。此时导航窗格中添加了一个名为"专业"的表，如图 3-15 所示。

图 3-14 在"另存为"对话框键入表名"专业"

图 3-15 包含"专业"表的学生管理系统

3.2.4 修改表的结构

如果在已经创建的表中发现表结构的设计有不完善之处，则可打开该表的"设计视图"窗口，对它进行适当地修改。在该表的"设计视图"窗口，可对字段名称、字段数据类型、字段属性及主键等进行修改。但在对表结构进行修改时，应注意有两个可能会导致数据丢失的情形：一是当"字段大小"由较大的范围改为较小的范围时可能会导致原有数据部分丢失；二是当"字段类型"发生改变时可能会造成原有数据的丢失。

例 3-3　在例 3-1 中通过使用数据表视图创建出来的"学系"表，并不完全符合表 3-2 的要求，细心的读者可以看出，图 3-10 中有一个名为"ID"的字段，并且当选中该字段列，再单击"表格工具"下"字段"选项卡上"添加和删除"组中的"删除"按钮（见图 3-16）时，会弹出一个提示框，提示用户该列不能删除，如图 3-17 所示。这是由于使用数据表视图创建表时，Access 2010 自动创建一个类型为自动编号的"ID"字段，并且默认为新表的主键。现在按表 3-2 所示的"学系"表结构要求，对例 3-1 所创建的"学系"表进行修改和完善，并删除"ID"字段，设置主键为"学系代码"。

图 3-16　"添加和删除"组

图 3-17　不能删除主键字段

具体的操作步骤如下。

（1）单击"导航窗格"中的"表"对象，在展开的表对象列表中，右击"学系"表，选择"设计视图"命令，打开"学系"表的设计视图。如果在已打开表的数据表视图的情况下，还可以单击状态栏右方的"设计视图"按钮，如图 3-18 所示的第 4 个按钮，切换至设计视图。

图 3-18　视图快捷方式

（2）把光标移到"ID"字段的字段选定器上，单击可选定该字段。

（3）单击"表格工具"下"设计"选项卡上"工具"组中的"主键"按钮，如图 3-19 所示；或者右击"ID"字段行，在弹出的快捷菜单中单击"主键"命令。此时，"ID"字段的字段选定器上的钥匙图案消失。

（4）在选定"ID"字段的情况下，再单击"表格工具"下"设计"选项卡上"工具"组中的"删除行"按钮；或右击"ID"字段行，在弹出的快捷菜单中单击"删除行"命令。此时弹出一个确认是否删除该字段的消息框，如图 3-20 所示，单击"是"按钮。

图 3-19　"工具"组

图 3-20　确认是否删除字段的消息框

（5）把光标移动到"学系代码"字段的字段选定器上，单击该字段。单击"表格工具"下"设计"选项卡上"工具"组中的"主键"按钮，则在"学系代码"的字段选定器上显示出一个钥匙图案，表示已设置了该字段为主键，如图 3-21 所示。

（6）单击快速访问工具栏上的"保存"按钮，保存修改后的"学系"表，再单击该设计视图的"关闭"按钮。

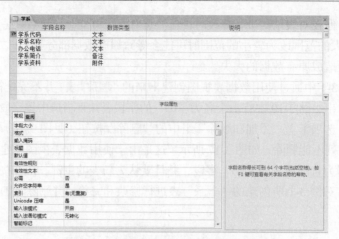

图 3-21   修改后的"学系"表的设计视图

3.2.5   字段属性的设置

字段的属性用于描述字段的特征，控制数据的存储、输入或显示方式等。对于不同数据类型的字段，它所拥有的字段属性是不同的。

1. 字段大小

字段大小属性用于定义文本、数字或自动编号数据类型字段的存储空间。对于一个"文本"类型字段，其字段大小的取值范围是 0～255，默认值是 255。对于数字类型字段，可在其对应的字段大小属性单元格自带的下拉列表中选择某一种类型，如整型、长整型等。

2. 格式

格式属性只影响数据的屏幕显示方式和打印方式，不影响数据的存储方式。不同的数据类型使用不同的格式设置。例如，对于"日期/时间"数据类型字段，可在其对应的格式单元格的下拉列表（见图 3-22）中选择某一种格式，也可以在格式单元格中直接输入自定义的格式（例如，显示"12 月 25 日 2011"日期的自定义格式为：mm\月 dd\日 yyyy）。

3. 输入掩码

输入掩码用于定义数据的输入格式。在创建输入掩码时，可以使用特殊字符来要求某些数据是必需输入的（例如，电话号码的区号），或某些数据是可选输入的（例如，电话分机号码）。这些特殊字符还可用来指定输入数据的类型（例如，输入数字或者字符）。

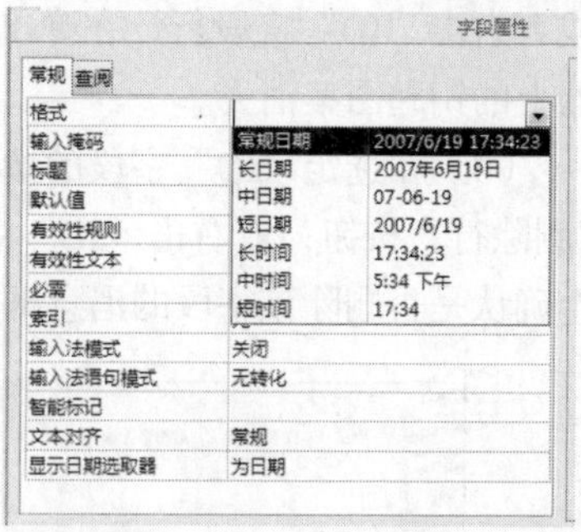

表 3-8 所示的字符可用来定义输入掩码。

图 3-22   "日期/时间"类型字段的格式
属性下拉列表

表 3-8   用于定义输入掩码的字符

字符	说明
0	数字（0 到 9，必须输入，不允许加号[+]和减号[−]）
9	数字或空格（非必须输入，不允许加号和减号）
#	数字或空格（非必须输入；在"编辑"模式下空格显示为空白，但是在保存数据时空白将删除；允许加号和减号）

字符	说明
L	字母（A 到 Z，必须输入）
?	字母（A 到 Z，可选输入）
A	字母或数字（必须输入）
a	字母或数字（可选输入）
&	任一字符或空格（必须输入）
C	任一字符或空格（可选输入）
. , : ; - /	小数点占位符及千位、日期与时间的分隔符等（实际的字符将根据 Windows "控制面板" 中 "区域和语言" 对话框中的设置而定）
<	将所有字符转换为小写
>	将所有字符转换为大写
!	使输入掩码从右到左显示，而不是从左到右显示。键入掩码中的字符始终都是从左到右填入。可以在输入掩码中的任何地方包括感叹号
\	使接下来的字符以字面字符显示（例如，\A 只显示为 A）
密码（password）	输入的字符以字面字符保存，但显示为星号（*）

如图 3-23 所示，"学号" 字段输入掩码为 "00000000"，可确保必需输入 8 个数字字符。

如图 3-24 所示，"办公电话" 字段输入掩码设置为 "###-########"。

　　如果在数据上定义了输入掩码的同时又设置了格式属性，在显示数据时格式属性将优先，而忽略输入掩码。

4. 标题

标题属性值用于在数据表视图、窗体和报表中替换该字段名，但不改变表结构中的字段名。在数据表视图中用户看到的列名显示的内容和在窗体、报表和查询的列名中显示的文本都是字段的标题，而在系统内部引用的则是字段名称。标题属性是一个最多包含 2 048 个字符的字符串表达式，在窗体和报表中超过标题栏所能显示字符数的标题部分将被截掉。

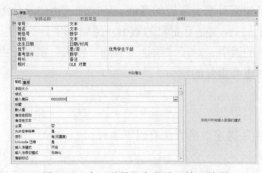

图 3-23　在 "学号" 字段设置输入掩码　　　　图 3-24　在 "办公电话" 字段设置输入掩码

5. 默认值

使用默认值属性可以为该字段指定一个默认值，在添加新记录时可以减少用户输入该字段数据的工作量。默认值在新建记录时会自动输入到字段中。默认值属性设置的最大长度是 255 个字符。

例如，在"学生"表中可以将"性别"字段的默认值设为"女"。当用户在"学生"表中添加记录时，既可以接受该默认值"女"，也可以输入"男"去替换"女"。

6. 有效性规则

使用有效性规则属性可以规定输入到记录、字段或控件中的数据应满足什么要求。当输入的数据违反了有效性规则属性的设置时，可以使用有效性文本属性指定消息显示给用户。

例如，将"学生"表"高考总分"字段的"有效性规则"设置为">0"，如图 3-25 所示。

7. 有效性文本

使用有效性文本属性可以指定当输入的数据违反了字段的有效性规则属性时，向用户显示的消息。

例如，在"学生"表中，将"高考总分"字段的"有效性文本"属性设置为"请在高考总分字段输入大于零的数！"，如图 3-25 所示。

当用户在"学生"表中添加或修改记录时，若在"高考总分"字段输入一个负数或 0 时，则弹出"请在高考总分字段输入大于零的数！"的消息框，如图 3-26 所示。

图 3-25　设置有效性规则和有效性文本　　图 3-26　当输入一个负数或 0 时弹出的消息框

8. 必需

必需属性可以确定字段中是否必须有值。如果该属性设为"是"，则在输入记录数据时，必须在该字段或绑定到该字段的任何控件中输入数据，而且该数据不能为 Null 值。

9. 索引

使用索引属性可以设置单一字段索引。索引可加速对索引字段的查询，还能加速排序及分组操作。索引有两类，一类是唯一（无重复）的索引，另一类是有重复的索引。例如，对于"学生"表的"学号"字段，在创建主键时会自动创建唯一的索引；对于"学生"表的"姓名"字段，由于可能有同名的学生，不能创建唯一的索引，可创建有重复的索引。

3.2.6　设置和取消表的主键

在 Access 数据库中，设置表的主键（也称为主关键字）的方法有以下 3 种。

1. 单字段主键

单字段主键即是一个字段的值可以确定表中的唯一记录。如"学系"表中的主键是"学系代码"字段。

在"学系"表中设置单字段主键的方法是在"学系"表的"设计视图"中，选定"学系代码"字段后，单击"设计"选项卡上的"工具"组中的"主键"按钮。

2. 多字段主键

多字段主键即是一个字段组（几个字段组合）的值才可以确定表中的唯一记录。

设置多字段主键的方法是按住 Ctrl 键，分别单击各个字段的字段选定器，在选定了需要的多个字段后单击"设计"选项卡上的"工具"组中的"主键"按钮。

3. 自动编号类型字段主键

在表的设计视图中保存新创建的表时，如果之前没有设置主键，系统将会询问"是否创建主键？"，若单击"是"按钮，则系统将创建一个自动编号类型的名为"ID"字段的主键；使用数据表视图创建新表时，用户不必回答，系统将自动创建自动编号类型的名为"ID"字段的主键。此外，选定自动编号类型字段后，单击"设计"选项卡上的"工具"组中的"主键"按钮，也可设置该自动编号类型字段为主键。要注意的是，删除记录时自动编号类型的字段值不会自动调整，此时字段值将出现空缺，变成不连续的字段值。

注意

通过上述方法选定字段后，单击"设计"选项卡上的"工具"组中的"主键"按钮，可取消已定义的主键。

3.3　表之间的关系

在 Access 数据库中为每个主题都创建一个表后，为了能同时显示来自多个表中的数据，这就需要先定义表之间的关系，然后再创建查询、窗体及报表等。在 Access 数据库中，表之间的关系类型有 3 种，即一对一关系、一对多关系和多对多关系。

3.3.1　表之间关系类型的确定

1. 确定表之间的关系类型

表之间的关系有 3 种类型。建立哪种类型的关系取决于表之间相关联字段是如何定义的。

（1）如果两个表仅有一个相关联字段是主键，则创建一对多关系。例如，"学系"与"专业"两个表都有"学系代码"字段，但仅有"学系"表中的"学系代码"是主键。

（2）如果两个表相关联字段都是主键，则创建一对一关系。例如，在一个企业的职工管理数据库中，有"职工基本情况"表和"职工工资情况"表，两个表中的"职工编号"都是主键，这两个表是一对一的关系。

（3）两个表之间的多对多关系实际上是某两个表与第三个表的两个一对多关系。第三个表的主键包含两个字段，分别是前两个表的主键。比如"学生"表与"课程"表是多对多关系，"修课成绩"表把"学生"表与"课程"表之间的多对多关系转化为两个一对多关系，即"学生"表与"修课成绩"表是一对多关系（两表相关联字段是"学号"），"课程"表与"修课成绩"表也是一对多关系（两表相关联字段是"课程代码"）。

2. 相关联字段的数据类型和字段大小

（1）创建表之间的关系时，相关联的字段不一定要有相同的名称，但必须有相同的数据类型（主键是"自动编号"类型的除外）。

（2）当主键字段是"自动编号"类型时，可以与"数字"类型并且"字段大小"属性为"长整型"的字段关联。

例如，"班级"表中的"班级号"是"自动编号"数据类型字段，"学生"表中的"班级号"是"数字"数据类型并且"字段大小"属性为"长整型"的字段，则"班级"表中的"班级号"字段与"学生"表中的"班级号"字段是可以关联的。

（3）如果分别来自两个表的两个字段都是"数字"字段，只有"字段大小"属性相同，这两个字段才可以关联。

3.3.2　建立表之间的关系

例 3-4　假定"学生管理系统"数据库，已经按"表 3-2"至"表 3-7"所示的表结构创建好"学系""专业""班级""学生""修课成绩"和"课程"等 6 个表。现在创建表之间的关系。

建立表之间关系的步骤如下。

（1）在 Access 中，打开"学生管理系统"数据库。

（2）单击"数据库工具"选项卡上的"关系"组中的"关系"按钮，打开"关系"布局窗口。注意：如果在打开某个表的设计视图的情况下，还可以在"设计"选项卡上的"关系"组中找到"关系"按钮；若在打开表的数据表视图的情况下，则在"表"选项卡上的"关系"组中可以找到"关系"按钮。

（3）如果数据库中尚未定义任何关系，则会弹出"显示表"对话框，如图 3-27 所示。注意，如果没有弹出"显示表"对话框，则通过单击"关系工具"下的"设计"选项卡上的"关系"组的"显示表"按钮，便可显示出"显示表"对话框。

（4）按住 Ctrl 键，逐个单击选定要建立关系的那些表，单击"显示表"对话框中的"添加"按钮，选定的那些表立即显示在"关系"布局窗口中，如图 3-28 所示。

图 3-27　"显示表"对话框

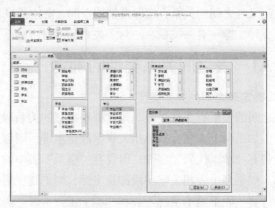

图 3-28　选定的那些表已添加到"关系"布局窗口中

（5）单击"显示表"对话框中的"关闭"按钮，关闭"显示表"对话框。

（6）将表中的主键字段（以粗体文本显示）拖到其他表的外键字段，系统将显出"编辑关系"对话框。注意，为方便起见，主键与外键通常命名为相同的名称。

例如，建立"学系"表与"专业"表之间的一对多关系。将"学系"表中的主键字段"学系代码"拖到"专业"表的外键字段"学系代码"处，显示"编辑关系"对话框。

（7）在"编辑关系"对话框中，根据需要设置关系选项。在此，选择"实施参照完整性"，如图 3-29 所示。

（8）单击"编辑关系"对话框中的"创建"按钮，则"学系"表与"专业"表之间建立了一对多关系，如图 3-30 所示。该图中的关系线两端的符号"1"和"∞"分别表示一对多关系的"一"端和"多"端。

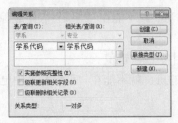

图 3-29　"编辑关系"对话框

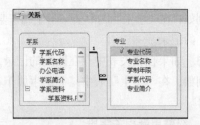

图 3-30　"学系"表与"专业"表之间的一对多关系

　注意
　　在上述"编辑关系"对话框中，只有选择了"实施参照完整性"，创建关系产生出的关系线的两端才会出现"1"和"∞"符号。通常，还习惯把一对多关系的"一"端对应的表称为"主表"，"多"端所对应的表称为"相关表"。

（9）对要建立关系的每两个表都重复第（6）步～第（8）步的操作。

按照创建"学系"表与"专业"表之间的一对多关系的步骤方法，创建"专业"表与"班级"表之间的一对多关系，"班级"表与"学生"表之间的一对多关系，"学生"表与"修课成绩"表之间的一对多关系，"课程"表与"修课成绩"表之间的一对多关系，结果如图 3-31 所示。

图 3-31　"学生管理系统"数据库 6 个表之间的关系

（10）单击"关系"布局窗口右上角的"关闭"按钮，弹出"是否保存对'关系'布局的更改？"对话框，用户可根据需要选择"是""否"或"取消"按钮。

（11）单击该对话框中的"是"按钮，保存该关系布局。

3.3.3　"编辑关系"对话框中的关系选项

在图 3-29 所示"编辑关系"对话框中，有 3 个复选框形式的关系选项可供用户选择，但必须在先选中"实施参照完整性"复选框后，其他两个复选框才可用。

1. 实施参照完整性

当满足下列全部条件时，可以设置参照完整性。

（1）主表中的匹配字段是一个主键或者具有唯一约束。

（2）相关联字段具有相同的数据类型和字段大小。

（3）两个表属于相同的数据库。

Access 使用参照完整性来确保相关表中记录之间关系的有效性，并且不会意外地删除或更改相关数据。如果设置了"实施参照完整性"，则会有如下的功效。

（1）不能在相关表的外键字段中输入不存在于主表的主键中的值。

例如，"班级"与"学生"之间的关系，如果设置了"实施参照完整性"选项，"学生"表中的"班级号"字段值必须存在于"班级"表中的"班级号"字段，或为空值。

（2）如果在相关表中存在匹配的记录，则不能从主表中删除该记录。

例如，在"学生"表中某一学生属于某个"班级号"的班，就不能在"班级"表中删除此"班级号"的记录。

（3）如果在相关表中存在匹配的记录，则不能在主表中更改主键值。

例如，在"学生"表中某一学生属于某个"班级号"的班，就不能在"班级"表中更改这个班级号。

2. 级联更新相关字段

在选中了"实施参照完整性"复选框后，如果选中"级联更新相关字段"复选项，则不管何时更改主表中记录的主键，系统都会自动在所有相关表的相关记录中，将与该主键相关的字段更新为新值。

3. 级联删除相关字段

在选中了"实施参照完整性"复选框后，如果选中"级联删除相关字段"复选项，则不管在何时删除主表中的记录，系统都会自动删除相关表中的相关记录。

3.3.4　修改表之间的关系

修改表之间的关系的步骤如下。

（1）在 Access 中，打开某个数据库。

（2）单击"数据库工具"选项卡上的"关系"组中的"关系"按钮，打开"关系"布局窗口。

（3）如果已建立的关系没有全部显示出来，可单击"关系"组中的"所有关系"按钮。

（4）如果要编辑其关系的表未显示出来，可单击"关系"组中的"显示表"按钮，弹出"显示表"对话框。

（5）在"显示表"对话框中，双击要添加的每个表，然后关闭"显示表"对话框。

（6）在"关系"布局窗口，双击要修改关系的关系连线，显示"编辑关系"对话框。

（7）在"编辑关系"对话框中，根据条件和需要设置关系选项，然后单击"确定"按钮，便会关闭"编辑关系"对话框。

（8）关闭"关系"布局窗口，保存对"关系"布局的修改。

3.3.5　删除表之间的关系

删除表之间的关系的步骤如下。

（1）在 Access 中，打开某个数据库。

（2）单击"数据库工具"选项卡的"关系"组中的"关系"按钮。

（3）如果已建立的关系没有全部显示出来，可单击"关系"组中的"所有关系"按钮。

（4）在"关系"布局窗口，单击所要删除关系的关系连线（当选中时，关系线会变成粗黑状），然后按 Delete 键。

如果要在"关系"布局窗口中删除某个表，可单击要删除的表，然后按 Delete 键。

（5）关闭"关系"布局窗口，保存对"关系"布局的修改。

3.3.6　子表

当两个表之间创建了一对多关系后，将"一"端的表称为主表，将"多"端的表称为子表或相关表。打开主表的"数据表视图",通过单击折叠按钮(+或-)可将子表展开或关闭。

　　例如,在"学系"表的数据表视图中,单击"学系代码"为"02"左边的"+"按钮,"+"变"-"并显示出"专业"子表中"学系代码"为"02"的所有专业的数据表视图,如图 3-32 所示;若单击"学系代码"为"02"左边的"-"按钮,便关闭显示的子表。

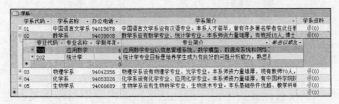

图 3-32　"学系"表中展开"专业"子表的数据表视图

3.4　表的基本操作

在表创建之后,就可打开表的"数据表视图",对表中的记录进行各种操作。

3.4.1　打开和关闭表

1. 打开表
打开表是指在"数据表视图"中打开表。

在 Access 中打开某数据库后,打开表的步骤如下。

(1)单击导航窗格上的数据库对象列表中的"表"。

(2)在展开的表对象列表中双击要打开的表,或者右击要打开的表,在弹出的快捷菜单中单击"打开"命令,如图 3-33 所示。

表打开后,以一个新的选项卡显示该表的"数据表视图"。在"数据表视图"中,以二维表格的形式显示表中的数据。如图 3-34 所示是"班级"表打开后的"数据表视图",该表还没有输入任何数据,此时可以往表中添加记录。在"数据表视图"的下方有一个记录导航条,可以将光标移动到上一条记录或下一条记录,还可以将光标移动到首记录或最后一个记录。

2. 关闭表
单击某表的"数据表视图"右上角的"关闭"按钮便可关闭该表。

图 3-33　打开快捷菜单

图 3-34　打开"班级"表的"数据表视图"

3.4.2　在表中添加记录

在表中添加记录非常简单,只要打开了某一个表,便可以在该表的"数据表视图"中直接输入数据了。例如，在"学系"表的"数据表视图"中，把表 3-1 所示的数据全部输入后，"学系"表的"数据表视图"如图 3-35 所示。

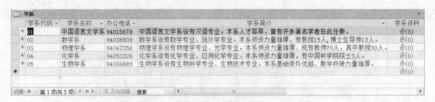

图 3-35　在"学系"表中输入记录

由于"学系代码"字段被设置为主键，因此该字段的内容不可以重复，也不可为空值。

在输入完记录后，单击"学系"表的"数据表视图"右上角的"关闭"按钮，系统将会保存该表数据，并关闭该表的"数据表视图"。

3.4.3　在表中修改记录

在表中修改记录的操作步骤如下。

（1）单击导航窗格的数据库对象列表中的"表"。

（2）在展开的表对象列表中双击要打开的表，便打开该表"数据表视图"。

（3）在该"数据表视图"中找到要修改的记录进行修改。

（4）完成修改后关闭该表的"数据表视图"。

3.4.4　在表中删除记录

在表中删除记录的操作步骤如下。

（1）单击导航窗格的数据库对象列表中的"表"。

（2）在展开的表对象列表中双击要打开的表，便打开该表"数据表视图"。

（3）在该"数据表视图"中，单击要删的记录所在行的记录选定器按钮，选定该记录，如图 3-36 所示。注意，如果要删除连续的多个记录，可通过拖曳鼠标选择多个连续记录的选定器。

图 3-36　在"数据表"视图中选择了两个记录

（4）单击"开始"选项卡上的"记录"组中的"删除"按钮，或按 Delete 键。

（5）在确认删除对话框中单击"是"按钮，确认删除操作。

3.4.5　表中记录排序

排序是根据当前数据表中的一个或多个字段的值，对整个数据表的全部记录重新排列顺序。可以按升序（从小到大）或降序（从大到小）对所有记录进行排序，排序结果可与表一起保存。

1. 排序规则

对于不同数据类型的字段，升序（或降序）的排序规则如下。

（1）英文的文本按字符的 ASCII 码顺序排序，升序是按 ASCII 码从小到大排序，降序是按 ASCII 码从大到小排序。对于英文字母，升序按 A 到 Z 排序，降序按 Z 到 A 排序。

（2）中文的文本按拼音字母的顺序排序，升序按 A 到 Z 排序，降序按 Z 到 A 排序。

（3）数字按数字的大小顺序排序，升序按从小到大排序，降序按从大到小排序。

（4）对于日期和时间类型的字段，按日期的先后顺序排序，升序按从前到后排序，降序按从后到前排序。

在"文本"字段中保存的数字将作为字符串而不是数值，对它排序是按数字字符文本的 ASCII 码顺序排序，不是按数值大小顺序排序。因此，若要按数值顺序来排序，就必须在较短的数字前面加上零，使得全部的文本字符串具有相同的长度。例如：要以升序来排序以下的文本字符串"1""3""12"和"33"，其结果将是"1""12""3""33"。必须在仅有一位数的字符串前面加上零，才能正确地排序，即"01""03""12""33"。

---

2. 只按一个字段进行排序

按一个字段进行简单排序的操作步骤如下。

（1）打开要进行排序的表的"数据表视图"。

（2）单击排序字段所在列的任意一个数据单元格。

（3）单击"开始"选项卡的"排序和筛选"组中的排序按钮 （按升序排序）或 （按降序排序），显示排序结果。还可以直接单击排序字段右侧的下拉箭头，打开下拉菜单，单击"升序"或"降序"命令。

（4）关闭该表的"数据表视图"时，可选择是否将排序结果与表一起保存。

3. 按多个字段进行排序

如果要对多个字段进行复杂排序，则要使用 Access 的"高级筛选/排序"命令，具体操作步骤如下例所述。

例 3-5　在"学生管理系统"数据库中，将"学生"表按"性别"升序和"高考总分"降序进行排序。

其操作步骤如下。

（1）打开"学生管理系统"数据库，打开"学生"表的"数据表视图"。

（2）在"开始"选项卡上的"排序和筛选"组中，单击"高级"按钮，在弹出的下拉菜单中，单击"高级筛选/排序"命令。这时打开一个排序筛选设计窗口，窗口上方显示了"学生"表的字段列表，下方是设置排序、筛选条件的设计网格。

（3）在设计网格中，在"字段"行第 1 列的单元格中选择"性别"作为第 1 排序字段，在"排序"行第 1 列的单元格中选择"升序"；在"字段"行第 2 列的单元格中选择"高考总分"作为第 2 排序字段，在"排序"行第 2 列的单元格中选择"降序"，如图 3-37 所示。

图 3-37　按"性别"升序和"高考总分"降序的
"排序筛选"设计窗口

（4）单击"排序和筛选"组中的"切换筛选"命令；或者单击"高级"按钮，在弹出的下拉菜单中单击"应用筛选/排序"命令，排序结果如图 3-38 所示。

（5）关闭该表的"数据表视图"时，可选择是否将排序结果与表一起保存。

图 3-38　按性别升序和高考总分降序进行排序后的结果

3.4.6　表中记录筛选

筛选操作实际上是查看用户想看的部分记录而不是显示整个表中的所有记录。为了能够告诉系统想看什么，用户需要指定一些条件，这些条件就是筛选条件。有时筛选条件是十分简单的，例如要查看所有男学生的记录；有时筛选条件会较为复杂，例如要查看年龄在 18 到 22 岁之间的男学生的记录。所有的筛选命令都可以通过"开始"选项卡的"排序和筛选"组中的"切换筛选"命令来取消筛选结果，恢复表的原来面貌。

1. 按选定内容筛选

按选定内容筛选实际上是每次给出一个"什么是什么"的筛选条件，例如性别是男的。而给出条件的方法就是在表中选定某个字段的一个值（或将插入点落在其中）。单击"开始"选项卡上"排序和筛选"组中的"选择"命令，在打开的下拉菜单中选择"等于"选中字段的值，便可得到筛选结果。

例 3-6　在"学生管理系统"数据库的"学生"表中，筛选出所有男学生的记录。

其操作步骤如下。

（1）打开"学生管理系统"数据库，打开"学生"表的"数据表视图"。

（2）单击"性别"字段列中任意一个性别为"男"的单元格。

（3）单击"开始"选项卡上的"排序和筛选"组中的"选择"命令，在弹出的下拉菜单中选择"等于'男'"，结果如图 3-39 所示。

如果需要进一步做筛选，则可以按上述方法重复执行筛选，但每次只能给出一个条件。此外，"选择"命令还根据字段的不同数据类型提供了多种筛选条件，例如对于文本类型，还有"包含""不包含"等设置条件。

图 3-39　筛选出所有男学生的结果

2. 按窗体筛选

使用"按窗体筛选"可以方便地执行较为复杂的筛选。该功能允许用户在一个"按窗体筛选"窗口中给出的多个条件来筛选记录，但没有对筛选结果专门排序的功能。在"按窗体筛选"窗口中，默认显示了两张选项卡，选项卡的标签（"查找"和"或"）位于窗口的下方，其中"或"选项卡可有多张。每张选项卡中均可指定若干条件，同一张选项卡中的条件与条件之间是"And"（与）

的关系，不同选项卡之间的条件是"Or"（或）的关系。

在"按窗体筛选"窗口中指定筛选条件时，如果直接在某一单元格中选择一个值，则表示选定字段等于该值。实际上，省略了等于比较运算的运算符（=）。需要指定大于或小于等比较运算时，需要直接键入">"或"<"等比较运算符，比较运算符包括">"（大于）、">="（大于或等于）、"<>"（不等于）、"="（等于）、"<"（小于）和"<="（小于或等于）。

在指定"是/否"类型字段的条件时，复选框只能包括三种状态，即选中（是）、不选中（否）和灰化（不作为筛选条件）。

"按窗体筛选"的基本步骤如下例所述。

例 3-7　打开"学生管理系统"数据库中的"学生"表，使用"按窗体筛选"功能筛选出高考总分 750 分（含 750）以上的男学生和是优干的女学生的记录，其操作步骤如下。

（1）打开"学生管理系统"数据库，打开"学生"表的"数据表视图"。

（2）单击"开始"选项卡上的"排序和筛选"组中的"高级"按钮，在打开的下拉菜单中单击"按窗体筛选"，打开"按窗体筛选"设计窗口。

（3）在"按窗体筛选"窗口中的"性别"下方单元格选择"男"。

（4）在"按窗体筛选"窗口中的"高考总分"下方单元格键入">=750"，如图 3-40 所示。

图 3-40　指定筛选条件"高考总分 750 分（含 750 分）以上的男学生"

（5）单击选项卡标签"或"，在"按窗体筛选"窗口中的"性别"下方单元格选择"女"，并选中"优干"下方单元格中的复选框，如图 3-41 所示。

图 3-41　指定"是优干的女学生"条件

（6）单击"排序和筛选"组中的"切换筛选"按钮，按窗体筛选的结果如图 3-42 所示。

图 3-42　筛选"高考总分 750 分（含 750 分）以上的男学生和是优干的女学生"的结果

3. 高级筛选

使用"高级筛选/排序"功能可以方便地执行较为复杂的筛选并可对结果进行排序。该功能允许用户在一个"筛选"窗口中同时给出多个筛选条件及排序要求来筛选记录。在"筛选"窗口中指定筛选条件时，同一"条件"行（或"或"行）中的条件与条件之间是"And"（与）的关系，不同"条件"行（即"条件"行与"或"行）之间的条件是"Or"（或）的关系。

在"筛选"窗口中指定筛选条件时，如果直接在某一单元格中输入一个值，则表示选定字段等于该值，实际上是省略了等于比较运算的运算符（=）。需要指定大于或小于等比较运算时，需要直接键入">"或"<"等比较运算符，比较运算符包括">"（大于）、">="（大于或等于）、"<>"（不等于）、"="（等于）、"<"（小于）和"<="（小于或等于）。

在指定"是/否"类型字段的条件时，需要在对应条件单元格中键入"True"或"False"，还可输入"-1"表示"True"，或者输入"0"表示"False"。

例 3-8 在"学生管理系统"数据库中，使用"高级筛选/排序"功能筛选出高考总分 780 分（含 780 分）以上的男学生和是优干的女学生的记录，并将筛选出的记录按"性别"升序和"高考总分"降序排序。

其操作步骤如下。

（1）打开"学生管理系统"数据库，打开"学生"表的"数据表视图"。

（2）单击"开始"选项卡上的"排序和筛选"组中的"高级"按钮，在打开的下拉菜单中单击"高级筛选/排序"命令。

（3）在"筛选"窗口下方的设计网格中，在"字段"行第 1 列的单元格中选择"性别"字段。在"排序"行第 1 列的单元格中选择"升序"，"性别"作为第 1 排序字段。在"条件"行第 1 列的单元格中输入"男"。在"或"行第 1 列的单元格中输入"女"。

（4）在"字段"行第 2 列的单元格中选择"高考总分"字段。在"排序"行第 2 列的单元格中选择"降序"，"高考总分"作为第二排序字段。在"条件"行第 2 列的单元格中输入">=780"。

（5）在"字段"行第 3 列的单元格中选择"优干"字段。在"或"行第 3 列的单元格中输入"True"，表示该学生是优秀学生干部，如图 3-43 所示。

（6）单击"排序和筛选"组中的"切换筛选"命令，高级筛选/排序的结果如图 3-44 所示。

图 3-43　筛选窗口

图 3-44　筛选"高考总分 780 分（含 780 分）以上的男学生和是优干的女学生"并排序的结果

3.4.7　设置表的外观

设置表的外观实际上是指设置以"数据表视图"所显示出来的二维表格的外观。设置表格外观的操作包括调整字段的显示次序、设置数据表格式、设置字体、设置隐藏列、调整字段的显示宽度和高度等。设置结果可与表一起保存。

1. 调整字段的显示次序

当以"数据表视图"方法打开某表时，Access 是按默认设置格式显示数据表。显示的数据表中的字段次序与其在表设计或查询设计中出现的次序相同。根据用户对显示的数据表字段次序外观的需求，可以重新设置字段次序，这里仅改变显示的数据表的字段次序外观，并没有改变这些字段在原来的表设计或查询设计中的次序。

例 3-9 把"学系"表中的"学系简介"字段移至"办公电话"字段前。

调整字段的显示次序的步骤如下。

（1）在"学系"表的数据表视图中，用鼠标单击字段名"学系简介"，便选定了"学系简介"字段整列，如图 3-45 所示。

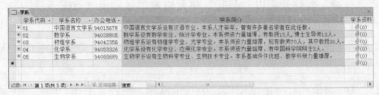

图 3-45 选定了"学系简介"字段列

（2）把光标放在字段名"学系简介"上，按下鼠标左键并拖曳光标到"办公电话"字段位置前，释放鼠标左键，重新设置字段位置后的次序效果如图 3-46 所示。

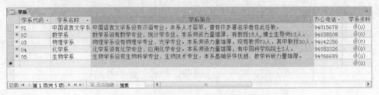

图 3-46 重新设置字段位置后的次序效果

（3）关闭该表的"数据表视图"时，可选择是否将设置更改与表一起保存。

2. 设置数据表格式

当以"数据表视图"方法打开某表时，Access 是按默认设置格式显示数据表，如显示的网格线用银色，背景用白色。根据用户对显示的数据表网格线外观的需求，可以重新进行设置。设置数据表格式的步骤如下。

（1）打开某个表的"数据表视图"。

（2）在"开始"选项卡上"文本格式"组的右下角有一个　按钮，如图 3-47 所示，单击该按钮便打开"设置数据表格式"对话框，如图 3-48 所示。此时，可根据对话框中的标签提示进行相应的操作。

图 3-47 "文本格式"组

① 如果要使单元格在显示时有"凸起"效果，可在"单元格效果"框中，单击"凸起"单选钮，如图 3-49 所示。如果要使单元格在显示时有"凹陷"效果，可在"单元格效果"框中，单击"凹陷"单选钮。

图 3-48 选择了"平面"单选钮　　　图 3-49 选择了"凸起"单选钮

② 如果在“单元格效果”框中，选定了“平面”单选钮，此时就可以对网格线显示方式、背景色、网格线颜色、边框和线型、方向等进行设置了。

（3）关闭该表的“数据表视图”时，可选择将设置更改与表一起保存。

例 3-10 使“专业”表打开后以“凸起”单元格效果显示出“数据表视图”。

（1）打开“专业”表的“数据表视图”。

（2）单击“开始”选项卡上的“文本格式”组右下角的“设置数据表格式”按钮，打开“设置数据表格式”对话框。

（3）在“设置数据表格式”对话框中的“单元格效果”框内，单击“凸起”单选钮。此时“专业”表的“数据表视图”显示出“凸起”效果，如图 3-50 所示。

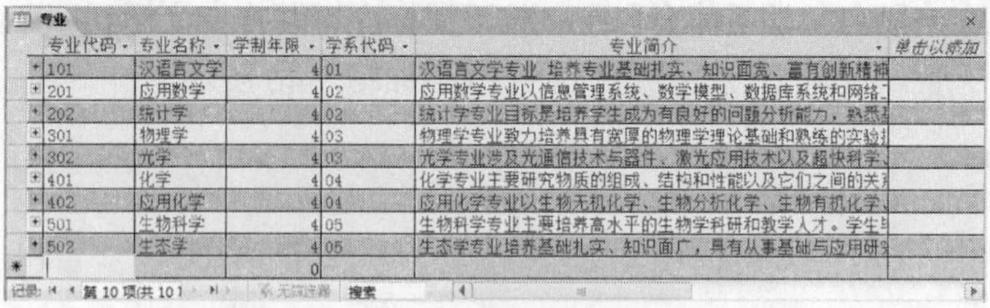
专业

专业代码	专业名称	学制年限	学系代码	专业简介	单击以添加
101	汉语言文学	4	01	汉语言文学专业 培养专业基础扎实、知识面宽、富有创新精神	
201	应用数学	4	02	应用数学专业以信息管理系统、数学模型、数据库系统和网络	
202	统计学	4	02	统计学专业目标是培养学生成为有良好的问题分析能力，熟悉	
301	物理学	4	03	物理学专业致力培养具有宽厚的物理学理论基础和熟练的实验	
302	光学	4	03	光学专业涉及光通信技术与器件、激光应用技术以及超快科学	
401	化学	4	04	化学专业主要研究物质的组成、结构和性能以及它们之间的关	
402	应用化学	4	04	应用化学专业以生物无机化学、生物分析化学、生物有机化学	
501	生物科学	4	05	生物科学专业主要培养高水平的生物学科研和教学人才。学生	
502	生态学	4	05	生态学专业培养基础扎实、知识面广，具有从事基础与应用研	
		0			

记录：第 10 项(共 10 项) 无筛选器 搜索

图 3-50 “专业”表的“凸起”显示效果

（4）关闭该表的“数据表视图”时，选择将设置更改与表一起保存。

3. 设置字体

当打开某表的“数据表视图”时，Access 是按默认设置的字体显示数据表。根据用户对显示的数据表字体外观的需求，可以重新进行设置。设置字体的步骤如下。

（1）打开某个表的“数据表视图”。

（2）单击“开始”选项卡上的“文本格式”组中的“字体”下拉按钮，弹出字体下拉列表，可选定某种字体。单击“字号”下拉按钮，弹出字号下拉列表，可选定某种字号。

（3）此外，通过单击“文本格式”组中所列出的其他按钮，还可对“字形”“下画线”“颜色”或“网络线”等重新进行设定。

（4）关闭该表的“数据表视图”时，可选择将设置更改与表一起保存。

4. 隐藏或显示数据表中的列

（1）隐藏数据表中的列。

例 3-11 把“学系”表中的“学系简介”列设置为隐藏列。

把“学系简介”列设置为隐藏列的操作步骤如下。

① 打开“学系”表的“数据表视图”。

② 单击“学系简介”字段名（即列名），选定了“学系简介”列，如图 3-45 所示。若要选定相邻的多列，请单击某一个列字段名，并拖曳光标到选定范围的末列的字段名。

③ 右击选定的字段列，在弹出的快捷菜单中单击“隐藏字段”命令，如图 3-51 所示。此时，隐藏了“学系简介”列后的显示效果如图 3-52 所示。

④ 关闭该表的“数据表视图”时，选择将设置更改与表一起保存。

（2）显示出所隐藏的一列或多列。

例 3-12 把“学系”表中的隐藏列取消，即把隐藏的“学系简介”列显示出来。

① 打开“学系”表的“数据表视图”。

② 右击任意列字段名，在弹出的快捷菜单中单击“取消隐藏字段”，显示“取消隐藏列”对话

框，如图 3-53 所示。

图 3-51　"隐藏字段"命令

图 3-52　在"学系"表中隐藏"学系简介"
列后的显示效果

③ 在"取消隐藏列"对话框中，选中要显示的列的名字左边的
复选框。若在图 3-53 所示的"取消隐藏列"对话框中选中"学系简
介"复选框，此时在该"学系"表的"数据表视图"中重新显示出
"学系简介"列。

④ 关闭该表的"数据表视图"时，选择将设置更改与表一起保存。

图 3-53　"取消隐藏列"对话框

5. 冻结和取消冻结数据表中的列

Access 提供了可以冻结数据表中的一列或多列的功能。对数据
表中的列设置了"冻结"后，无论在该表中水平滚动到何处，这些已被冻结的列都会成为最左侧
显示的列，并且始终是可见的，方便查看同一记录的左右对应的数据。

（1）冻结数据表中的列。

设置冻结列的操作步骤如下。

① 打开某个表的"数据表视图"。

② 选定要冻结的列。

③ 右击字段列，在弹出的快捷菜单中单击"冻结字段"命令。

④ 关闭该表的"数据表视图"时，可选择将设置更改与表一起保存。

（2）取消冻结数据表中的列。

设置取消冻结列的操作步骤如下。

① 打开某个表的"数据表视图"。

② 右击任意列字段名，在弹出的快捷菜单中单击"取消冻结所有字段"命令。

③ 关闭该表的"数据表视图"时，可选择将设置更改与表一起保存。

6. 调整数据表的行高

（1）利用鼠标拖曳调整行高。

操作步骤如下。

① 打开某个表的"数据表视图"。

② 将指针放在数据表左侧的任意两个记录选定器之间，此时，鼠标指针变成十字形并带有上
下双向箭头形状，然后按住鼠标左键一直拖曳到所需行高。

③ 关闭该表的"数据表视图"时，可选择将设置更改与表一起保存。

（2）指定行高。

操作步骤如下。

① 打开某个表的"数据表视图"。

② 右击某行记录选定器，弹出快捷菜单，单击该快捷菜单中的"行高"命令，弹出"行高"对话框。

③ 在该"行高"对话框中输入所需的行高值，然后单击"确定"按钮。

④ 关闭该表的"数据表视图"时，可选择将设置更改与表一起保存。

7. 调整数据表的列宽

（1）利用鼠标拖曳调整列宽。

操作步骤如下。

① 打开某个表的"数据表视图"。

② 将鼠标指针指向要调整大小的列选定器的右边缘，此时，鼠标指针变成十字形并带有左右双向箭头形状，然后按住鼠标左键一直拖曳到所需列宽。或者直接双击列标题的右边缘，可自动调整列宽以适合其中的数据。

③ 关闭该表的"数据表视图"时，可选择将设置更改与表一起保存。

（2）指定列宽。

操作步骤如下。

① 打开某个表的"数据表视图"。

② 在选定了需要调整列宽的列后，右击某选定列的字段名，弹出快捷菜单，单击该快捷菜单中的"字段宽度"命令，弹出"列宽"对话框。

③ 在该"列宽"对话框中输入所需的列宽值，然后单击"确定"按钮。

④ 关闭该表的"数据表视图"时，可选择将设置更改与表一起保存。

3.4.8 查找表中的数据

1. 查找操作

例 3-13 在"专业"表中查找"学系代码"字段值为"03"的字段。

查找操作步骤如下。

（1）打开"专业"表的"数据表视图"，把光标定位到所要查找的字段上，单击"专业"表中的"学系代码"字段。

（2）单击"开始"选项卡"查找"组中的"查找"命令，显示"查找和替换"对话框的"查找"选项卡，如图 3-54 所示。

图 3-54 "查找和替换"对话框

（3）在"查找和替换"对话框的"查找"选项卡中，在"查找内容"输入框中输入要查找的内容"03"。

注意 如果不完全知道要查找的内容，可以在"查找内容"框中使用表 3-9 所示的通配符字符来指定要查找的内容。

（4）单击"查找范围"下拉列表框（该下拉列表框中列出"当前字段"和"当前文档"两项），选择"当前字段"。

（5）单击"匹配"下拉列表框（该下拉列表框中列出"字段任何部分""整个字段"和"字段开头"3 项），选定"整个字段"。

（6）单击"搜索"下拉列表框（该下拉列表框中列出"向上""向下"和"全部"3 项），选定"全部"，如图 3-55 所示。

（7）单击"查找下一个"按钮，若查找到"学系代码"为"03"的字段值，便定位到找到的字段上。可逐次单击"查找下一个"按钮，直至查完。

另外，打开表的数据表视图之后，直接在记录导航条后部的搜索栏中，输入要查找的内容，光标则定位到找到的位置上，按回车键可查找到下一个位置，直至查完，如图 3-56 所示。要注意的是，这种简单的查找是对当前表从上往下进行"字段任何部分"的匹配查找。

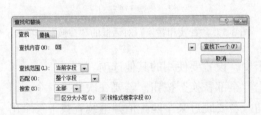

图 3-55 "查找和替换"对话框的"查找"选项卡

图 3-56 在记录导航条的搜索栏中做查找操作

2. 关于使用通配符

在指定要查找的内容时，如果仅知道要查找的部分内容，或者要查找以指定字符打头或符合某种模式的内容时，均可以使用通配符作为其他字符的占位符。

在"查找和替换"对话框的"查找"选项卡中，可以使用表 3-9 所示的通配符字符。

表 3-9 通配符字符

字符	说明	示例
*	与任何个数的字符匹配。在字符串中，它可以当作第一个或最后一个字符使用	数* ——可以找到数码、数学系和数字电视
?	与任何单个字符的字符匹配	b?ll ——可以找到 ball、bell 和 bill
[ ]	与方括号内任何单个字符匹配	b[ae]ll ——可以找到 ball 和 bell，但找不到 bill
!	匹配任何不在方括号之内的字符	b[!ae]ll ——可以找到 bill 和 bull，但找不到 ball 或 bell
-	与某个范围内的任意一个字符匹配。必须按升序指定范围（A 到 Z，而不是 Z 到 A）	b[a-c]d ——可以找到 bad、bbd 和 bcd
#	与任何单个数字字符匹配	5#8 ——可以找到 508、518、528

使用通配符搜索其他通配符，如星号（*）、问号（?）、数字符（#）、左方括号（[）或连字符（-）时，必须将要搜索的字符放在方括号内；如果搜索感叹号（!）或右方括号（]），则不必将其放在方括号内。

例如，若要搜索问号（?），请在"查找"对话框内键入"[?]"。如果要同时搜索连字符和其他字符，请将连字符放在方括号内所有其他字符之前或之后。如果要搜索非连字符和其他非括号里的字符，请将连字符放在感叹号之后。

必须将左、右方括号放在下一层方括号内（[[ ]]），才能同时搜索一对左、右方括号（[ ]），否则 Access 会将这种组合作为空字符串（""）处理。

3.4.9　替换表中的数据

替换操作步骤如下。

（1）打开某个表的"数据表视图"，把光标定位到所要替换的字段上，单击"开始"选项卡上"查找"组中的 图标，显示"查找和替换"对话框的"替换"选项卡，如图 3-57 所示。

（2）在"查找内容"框中输入要查找的内容，然后在"替换为"框中输入要替换的内容。如果不完全知道要查找的内容，可以在"查找内容"框中使用表 3-9 所示的通配符字符来指定要查找的内容。

图 3-57　"查找和替换"对话框的"替换"选项卡

（3）在"查找和替换"对话框的"替换"选项卡中，设置要使用的其他选项。

（4）若要一次性替换出现的全部指定值，请单击"全部替换"按钮。若要一次替换一个，请单击"查找下一个"按钮，然后再单击"替换"按钮。若要跳过某个匹配值并继续查找下一个出现的值，请单击"查找下一个"按钮。

3.4.10　表的重命名

表的重命名操作步骤如下。

（1）打开某数据库，在导航窗格中，单击"表"，展开表对象的列表。

（2）右击该列表中要重命名的表名，弹出快捷菜单。

（3）单击快捷菜单中的"重命名"命令，进入表名的编辑状态，输入新表名，然后按 Enter 键。

3.4.11　删除表

表的删除操作步骤如下。

（1）打开某数据库，在导航窗格中单击"表"，展开表对象的列表。

（2）右击该列表中要删除的表名，弹出快捷菜单。

（3）在打开的快捷菜单中单击"删除"命令，弹出"是否删除表"的对话框，如图 3-58 所示。

（4）若单击该对话框中的"是"按钮，便会删除该表。注意，如果该表受到"实施参照完整性"约束，暂时不能删除时，系统会显示如图 3-59 所示的"只有删除了与其他表的关系之后才能删除该表"的对话框，这时只能按对话框的提示要求去操作了。

图 3-58 "是否删除表"的对话框   图 3-59 "只有删除了与其他表的关系
之后才能删除该表"对话框

3.4.12 复制表

复制表结构或将数据追加到已有的表的操作步骤如下。

（1）打开某数据库，在导航窗格中，单击要复制其结构或数据的表。

（2）单击"开始"选项卡上"剪贴板"组中的"复制"按钮。

（3）单击"开始"选项卡上"剪贴板"组中的"粘贴"按钮，弹出"粘贴表方式"对话框，如图 3-60 所示。

（4）在"粘贴表方式"对话框的"表名称"文本框中，输入随后要做相应操作的表名称。

（5）若仅要粘贴表的结构，请单击"粘贴选项"下的"仅结构"单选钮；若要粘贴表的结构和数据，请单击"粘贴选项"下的"结构和数据"单选钮；若要将数据追加到已有的表中，

图 3-60 "粘贴表方式"对话框

请单击"粘贴选项"下的"将数据追加到已有的表"单选钮（注意，此时"表名称"文本框中已输入的表的名称应该在表对象列表中存在）。

3.5 导入表、导出表与链接表

导入表是将数据导入数据库中已有的表或新建的表中。表导出是将 Access 数据库中的表中的数据，导出到其他 Access 数据库、Excel 电子表格或文本文件等文件中。链接表是将 Access 数据库中的表链接到其他应用程序（如电子表格 Excel 文件）中的数据，但不将数据导入表中。导入、导出、链接表操作在"外部数据"选项卡中实现。

3.5.1 导入表

导入功能可以将外部数据源数据导入本数据库中已有的表或新建立的表中。导入表是创建表的方法之一。导入的外部数据源可以是 Access 数据库、Excel 电子表格、文本文件等。

导入的操作步骤如下例所示。

例 3-14 将 Excel 文件"学生.xls"中的数据导入到"学生管理系统"数据库中的"学生"表中。

导入的操作步骤如下。

（1）打开"学生管理系统"数据库。

（2）单击"外部数据"选项卡上的"导入并链接"组中的"Excel"按钮，打开"选择数据源和目标"对话框，如图 3-61 所示。

（3）单击"浏览"按钮，指定"学生.xls"文件的路径。

（4）单击"向表中追加一份记录的副本"单选钮，并在其右侧的下拉列表框中选定"学生"，如图 3-62 所示。

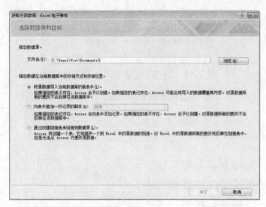

图 3-61　"选择数据源和目标"对话框　　　　　　　图 3-62　设定数据源和目标

（5）单击"确定"按钮，弹出"导入数据表向导"对话框，如图 3-63 所示。

（6）单击"下一步"按钮，显示如图 3-64 所示对话框，选中"第一行包含列标题"复选框（默认已选中）。

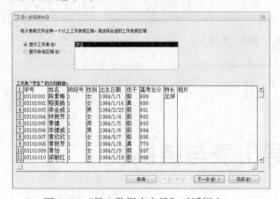

图 3-63　"导入数据表向导"对话框之一　　　　　　图 3-64　"导入数据表向导"对话框之二

（7）单击"下一步"按钮，显示如图 3-65 所示对话框。

（8）在"导入到表:"下边的文本框中已默认输入表名"学生"，单击"完成"按钮，显示"保存导入步骤"对话框，如图 3-66 所示。

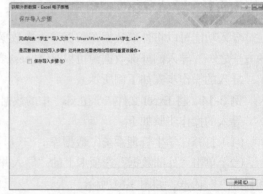

图 3-65　"导入数据表向导"对话框之三　　　　　　图 3-66　"保存导入步骤"对话框

（9）如果经常进行重复导入同样文件的操作，那么可以选中"保存导入步骤"复选框。本例中不选中该复选框，单击"关闭"按钮。

本例实现将一个.xls 文件导入到数据库已存在的一个表中，那么将外部数据源数据导入数据库中并创建一个新表的操作与例 3-14 类似。区别在于，第（4）步需要选中"将源数据导入当前数据库的新表中"单选项，在后面的"导入数据表向导"中可以对每个字段的信息做简单的设置（见图 3-67），还可选择设置新表的主键（见图 3-68）。详细操作这里不再介绍。

图 3-67　指定导入的每一字段信息　　　　图 3-68　设置新表的主键

3.5.2　导出表

导出表是将 Access 数据库中表的数据导出到其他 Access 数据库、Excel 电子表格或文本文件中。导出操作步骤如下例所述。

例 3-15　将"学生管理系统"数据库中的"学系"表中的数据导出到"学系.xlsx"中。

导出的操作步骤如下。

（1）打开"学生管理系统"数据库。

（2）单击导航窗格中的"学系"表。

（3）单击"外部数据"选项卡上的"导出"组中的"Excel"按钮，打开"选择数据导出操作的目标"对话框，如图 3-69 所示。

（4）单击"浏览"按钮可指定导出目标文件存放的路径并显示在该对话框中的"文件名"文本框里，在路径后边给定导出目标文件名。单击"文件格式"右边组合框的下拉按钮，弹出下拉列表，可以在该下拉列表中选定导出文件的格式类型，如 Excel 2010 版本的.xlsx 格式、97-2003 版本的.xls 格式等。这里不更改其他设置，单击"确定"按钮，显示"保存导出步骤"对话框，如图 3-70 所示。

图 3-69　"选择数据导出操作的目标"对话框　　　图 3-70　"保存导出步骤"对话框

（5）如果经常进行重复导出同样文件的操作，可以选中"保存导出步骤"对话框中的"保存导出步骤"复选框。本例不选中该复选框，单击"关闭"按钮。

以文本文件形式导出表的操作与例 3-15 相似，但在导出向导中还可以设置导出格式（见图 3-71）、设定字段分隔符（见图 3-72）。此外，Access 2010 还提供导出表为 PDF 文件、XML 文件的操作，具体步骤请按相应的导出向导提示操作，这里不再介绍。

图 3-71　设置导出格式

图 3-72　设定字段分隔符

3.5.3　链接表

链接表是创建表的方法之一。链接数据是将表链接到其他应用程序（如电子表格 Excel 文件）中的数据，但不将数据导入表中。

链接表的操作步骤如下例所述。

例 3-16　在"学生管理系统"数据库中，通过对 Excel 文件"学生 2.xls"的链接表操作，创建出一个"学生 2"表。

链接表操作步骤如下。

（1）打开"学生管理系统"数据库。

（2）单击"外部数据"选项卡上的"导入并链接"组中的"Excel"按钮，弹出"选择数据源和目标"对话框。

（3）单击该对话框中的"浏览"按钮，指定"学生 2.xls"文件的路径。

（4）选中该对话框中的"通过创建链接表来链接到数据源"单选项，如图 3-73 所示。

（5）单击该对话框中的"确定"按钮，弹出含有"请选择合适的工作表或区域"信息的"链接数据表向导"对话框，本例使用默认的"学生 2"工作表，如图 3-74 所示。

图 3-73　"选择数据源和目标"对话框

图 3-74　使用默认的"学生 2"工作表

（6）单击"下一步"按钮，弹出含有"请确定指定的第一行是否包含列标题"信息的向导对话框，本例选中"第一行包含列标题"复选框，如图 3-75 所示。

（7）单击"下一步"按钮，弹出含有"链接表名称"信息的向导对话框，在"链接表名称"文本框中输入链接表名，本例用默认名"学生 2"，如图 3-76 所示。

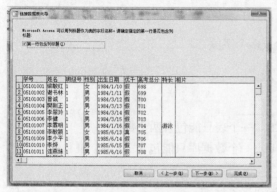 

图 3-75　选中"第一行包含列标题"复选框　　　　图 3-76　链接表名称

（8）单击"完成"按钮，显示完成的"链接数据表向导"对话框，如图 3-77 所示。

（9）单击该对话框中的"确定"按钮。此时，在导航窗格中的表对象列表中添加了新创建的链接表"学生 2"，如图 3-78 所示。

图 3-77　"链接数据表向导"对话框　　　　图 3-78　导航窗格添加"学生 2"链接表对象

习　题　3

单选题

1. 表"设计视图"包括两个区域：字段输入区和_____。

　　A. 格式输入区　　　B. 数据输入区　　　C. 字段属性区　　　D. 页输入区

2. 在 Access 2010 中，数据表有两种常用的视图：设计视图和_____。

　　A. 报表视图　　　　B. 宏视图　　　　C. 数据表视图　　　D. 页视图

3. 在 Access 2010 中，"开始"选项卡上的"排序与筛选"组中用于筛选的按钮包括"筛选器""选择"和_____。

　　A. 升序　　　　　　B. 低级　　　　　C. 高级　　　　　　D. 降序

4. Access 2010 中有两种数据类型：文本型和_____型，它们可以保存文本或文本和数字组合的数据。

　　A. 是/否　　　　　　B. 备注　　　　　C. 数字　　　　　　D. 日期/时间

5. 输入掩码是给字段输入数据时设置的_____。

    A. 初值　　　　　　B. 当前值　　　　　C. 输出格式　　　　D. 输入格式

6. 子表的概念是相对主表而言的，它是嵌在_____中的表。

    A. 从表　　　　　　B. 主表　　　　　　C. 子表　　　　　　D. 大表

7. 关于表的说法正确的是_____。

    A. 表是数据库

    B. 表是记录的集合，每条记录又可划分成多个字段

    C. 在表中可以直接显示图形记录

    D. 在表中的数据中不可以建立超级链接

8. 在 Access 2010 中表和数据库的关系是_____。

    A. 一个数据库可以包含多个表　　　　　B. 一个表只能包含两个数据库

    C. 一个表可以包含多个数据库　　　　　D. 一个数据库只能包含一个表

9. 下面对数据表的叙述有错误的是_____。

    A. 数据表是 Access 2010 数据库中的重要对象之一

    B. 表的"设计视图"的主要工作是设计表的结构

    C. 表的"数据表视图"只用于显示数据

    D. 可以将其他数据库的表导入当前数据库中

10. 在 Access 2010 的数据类型中，不能建立索引的数据类型是_____。

    A. 文本型　　　　　　　　　　　B. 备注型

    C. OLE 对象　　　　　　　　　　D. 超链接

11. 在数据表视图中，不可以_____。

    A. 设置表的主键　　　　　　　　B. 修改字段的名称

    C. 删除一个字段　　　　　　　　D. 删除一条记录

12. 将表中的字段定义为_____，其作用可使字段中的每一个记录都必须是唯一的。

    A. 索引　　　　　　　　　　　　B. 主键

    C. 必填字段　　　　　　　　　　D. 有效性规则

13. 定义字段的默认值是指_____。

    A. 不得使字段为空

    B. 不允许字段的值超出某个范围

    C. 在未输入数值之前，系统自动提供数值

    D. 系统自动把小写字母转换为大写字母

14. 在下列数据类型中，可以设置"字段大小"属性的是_____。

    A. 备注　　　　　　B. 文本　　　　　　C. 日期/时间　　　　D. 货币

15. 自动编号类型的字段，其字段大小可以是_____。

    A. 字节　　　　　　B. 整型　　　　　　C. 长整型　　　　　D. 单精度型

16. 关于主关键字的说法正确的是_____。

    A. 作为主关键字的字段，它的数据能够重复

    B. 主关键字字段中不许有重复值和空值

    C. 在每个表中，都必须设置主关键字

    D. 主关键字是一个字段

17. 对于一个数据类型的字段，如果想对该字段数据输入范围添加一定的限制，可以通过对_____字段属性的设定来完成。

  A. 字段大小   B. 格式

  C. 有效性规则   D. 有效性文本

18. 设置主关键字是在_____中实现的。

  A. 表设计视图   B. 表的数据表视图

  C. 查询设计视图   D. 报表的设计视图

上机实验 3

1. 打开用户盘（如 G:\）"上机实验"文件夹中的"成绩管理系统"数据库，创建如下的表。

（1）根据表 3-2 所示的"学系"表结构，创建一个表名为"学系"的表，主键是"学系代码"。"学系"表中包含学系代码、学系名称、办公电话、学系简介和学系资料等字段。

（2）根据表 3-3 所示的"专业"表结构，创建一个表名为"专业"的表，主键是"专业代码"。"专业"表中包含专业代码、专业名称、学制年限、学系代码和专业简介字段。

（3）根据表 3-4 所示的"班级"表结构，创建一个表名为"班级"的表，主键是"班级号"。"班级"表中包含班级号、班级名称、年级、专业代码，班主任和联系电话字段。

（4）根据表 3-5 所示的"学生"表结构，创建一个表名为"学生"的表，主键是"学号"。"学生"表中包含学号、姓名、班级号、性别、出生日期、优干、高考总分、特长和相片字段。

（5）根据表 3-6 所示的"课程"表结构，创建一个表名为"课程"的表，主键是"课程代码"。"课程"表中包含课程代码、课程名称、周学时、上课周数、总学时、学分和课程简介字段。

（6）根据表 3-7 所示的"修课成绩"表结构，创建一个表名为"修课成绩"的表，主键是"学年度"+"学期"+"学号"+"课程代码"。"修课成绩"表中包含学年度、学期、学号、课程代码、课程类别、成绩性质和成绩字段。

（7）根据表 3-5 所示的"学生"表结构，创建一个表名为"临时学生"的表，主键是"学号"。该表包含学号、姓名、班级号、性别、出生日期、优干、高考总分、特长和相片字段。

2. 在"成绩管理系统"数据库中，使用"外部数据"选项卡上"导入并链接"组中的"Excel"按钮的功能，分别进行如下操作，向表中导入数据。注：假定电子表格 Excel 文件放在 J 盘上。

  如果在导入数据时显示"下标越界"对话框，则取消当前操作，关闭 Access，然后，重新启动 Access，打开原数据库，重做该导入操作即可。

（1）将电子表格"学系.xlsx"文件中的全部数据导入"学系"表。

（2）将电子表格"专业.xlsx"文件中的全部数据导入"专业"表。

（3）将电子表格"班级.xlsx"文件中的全部数据导入"班级"表。

（4）将电子表格"学生.xlsx"文件中的全部数据导入"学生"表。

（5）将电子表格"课程.xlsx"文件中的全部数据导入"课程"表。

（6）将电子表格"修课成绩.xlsx"文件中的全部数据导入"修课成绩"表。

（7）将电子表格"临时学生.xlsx"文件中的全部数据导入"临时学生"表。

3. 在"成绩管理系统"数据库中，设置字段属性。

（1）设置输入掩码。

在"学生"表"设计视图"中，设置"学号"字段必须输入 8 个数字字符的输入掩码。

（2）设置格式。

在"学生"表"设计视图"中，设置"出生日期"字段的自定义格式类似于"12 月 28 日 1994"。

mm\月 dd\日 yyyy

（3）设置默认值。

在"临时学生"表"设计视图"中，设置"出生日期"字段的默认值为上 18 年的 5 月 26 日。

Date()、Year()和 DateSerial()分别是 Access 的三个内置函数。

Date() 函数返回当前系统日期值（如当前日期：2012-10-1）。

Year(Date())返回当前系统日期的年数值（如当前年：2012）。

Year(Date())–10 的值是（当前年）上 10 年的年数值（如（2012–10）为 2002）。

DateSerial(年数值，月数值，日数值) 函数返回由参数指定的一个日期型值。

DateSerial(Year(Date())–1,8,30)返回上 1 年 8 月 30 日的日期值（2011–8–30）。

在"修课成绩"表"设计视图"中，设置"课程类别"字段的默认值为 "全校必修"，设置"成绩性质"字段的默认值为"期末"。

（4）设置有效性规则和有效性文本。

在"修课成绩"表"设计视图"中，设置"成绩"字段的有效性规则为">=0 And<=100"，设置"成绩"字段的有效性文本为"输入的成绩超出了[0,100]范围，请重输！"。

4. 在学生管理系统数据库中，创建查阅字段。

（1）在"修课成绩"表的"设计视图"中，创建"课程类别"字段的查阅字段的值列表，课程类别有"全校必修""专业必修""专业选修""任意选修"。

在"课程类别"字段的"数据类型"列表框中，单击"查阅向导..."项，显示"查阅向导"对话框。在该对话框中，单击"自行键入所需的值"单选钮，单击"下一步"按钮，显示含有"请确定在查阅字段中显示哪些值"信息的"查阅向导"对话框。在该对话框中，保持"列数"为 1，在第一行单元格中键入"全校必修"，在同一列的在第二行单元格中键入"专业必修"，在同一列的第三行单元格中键入"专业选修"，在同一列的第四行单元格中键入"任意选修"。然后，单击"完成"按钮。

（2）参照上题的操作提示，在"修课成绩"表的"设计视图"中，创建"成绩性质"字段的查阅字段的值列表，成绩性质有"期末""补考""重修"。

5. 在"成绩管理系统"数据库中，做如下操作。

（1）使用"外部数据"选项卡上"导入并链接"组的"文本文件"命令按钮的功能，将"勤工助学.txt"文件中的全部数据导入"成绩管理系统"数据库并新建一个"勤工助学"表。

（2）打开"勤工助学"表的"设计视图"，修改该表的结构为：字段分别为学号（文本类型，字段大小为 8），岗位名称（文本类型，字段大小为 30），工资（数字类型，字段大小为单精度），上班时间段（文本类型，字段大小为 20）；主键是"学号"字段。

6. 在"成绩管理系统"数据库中，打开"学生"表的"数据表视图"。

（1）设置单元格效果为"凸起"显示。

 提示　单击"开始"选项卡上的"文本格式"组中右下角的"设置数据表格式"按钮。

（2）利用"开始"选项卡上的"排序和筛选"组中的"升序"或"降序"按钮，依次进行如下操作。

① 按"性别"升序操作并观察该数据表视图的显示效果。

② 按"高考总分"降序操作并观察该数据表视图的显示效果。

③ 按"学号"升序操作并观察该数据表视图的显示效果。

（3）利用"开始"选项卡上"排序和筛选"组中的"高级"按钮下拉菜单中的"高级筛选/排序"命令，设置按"性别"降序、"出生日期"升序，然后使用"高级"按钮下拉菜单中的"应用筛选/排序"命令，观察该数据表视图的显示效果。此外，可使用"排序和筛选"组中的"取消排序"命令，取消刚才由"应用筛选/排序"命令所产生的结果。

（4）同理，可自行练习"高级"按钮下拉菜单中的"按窗体筛选"，观察该数据表视图的显示效果，并取消刚才由"应用筛选/排序"命令所产生的结果。

7. 建立表之间的关系。

在"成绩管理系统"数据库中，建立表之间的关系，如图 3-79 所示。

图 3-79　"成绩管理系统"数据库中表之间的关系

8. 在"学生"表的"数据表视图"中，插入前面 3 个学生的相片，相片文件自备。

 提示　右键单击某学生"相片"字段单元格，弹出快捷菜单，单击快捷菜单中"插入对象…"，显示对话框，单击"由文件创建"单选钮，再单击"浏览…"按钮去找相片，按提示做下去。

9. 将"成绩管理系统"数据库"学系"表导出到上机实验文件夹并命名为"学系数据.txt"文本文件。

 提示　单击"外部数据"选项卡上"导出"组中的"文本文件"按钮，按提示做下去，要求第 1 行要包括字段名称。

10. 将"成绩管理系统"数据库"专业"表导出到上机实验文件夹并命名为"专业数据.xlsx"文件。

 提示　单击"外部数据"选项卡上"导出"组中的"Excel"按钮，按提示做下去。

第4章
查询

查询是 Access 数据库的对象之一，使用查询对象可以将查询命令预先保存，在需要时运行查询对象即可自动执行查询中规定的查询命令，从而大大方便用户进行查询操作。本章将介绍在数据库中如何创建和使用查询对象。

4.1 查 询 概 述

在 Access 数据库中，表是存储数据的最基本的数据库对象，而查询则是对表中的数据进行检索、统计、分析、查看和更改的一个非常重要的数据库对象。

一个查询对象就是一个查询命令，实质上它是一个 SQL 语句。运行一个查询对象实质上就是执行该查询中规定的 SQL 命令。

简单来说，表是根据规范化的要求将数据进行了分割，而查询则是从不同的表中抽取数据并组合成一个动态数据表。查询可以从多个表中查找到满足条件的记录组成一个动态数据表，并以数据表视图的方式显示。虽然这个动态数据表在 Access 数据库中并不存在，但是当运行一个查询对象时，Access 立即从数据源表中抽取数据临时创建一个动态数据表，便于用户进行查询操作。

一般来说，查询结果仅仅是一个临时的动态数据表，当关闭查询的数据表视图时，保存的是查询的结构，并不保存该查询结果的动态数据表。

表和查询都是查询的数据源，也是窗体、报表的数据源。

建立查询之前，一定要先建立表与表之间的关系。

4.1.1 查询的类型

使用查询可以按照不同的方式查看、更改和分析数据。Access 提供了选择查询、参数查询、交叉表查询、操作查询和 SQL 查询等五种类型的查询。

1. 选择查询

选择查询是最常见的查询类型，它从一个或多个表中检索数据，并且在"数据表视图"中显示结果；也可以使用选择查询对记录进行分组，并且对记录进行合计、计数、平均值等计算。查询结果仅仅是一个临时的动态数据表。

例 4-1 在"学生管理系统"数据库的"学生"表里，查找出 1986 年后（含 1986 年）出生的女学生的姓名、性别和出生日期。使用查询的"设计视图"创建该查询（该查询名为"例 4-1"），其设计视图如图 4-1 所示。当运行该查询时，以"数据表视图"显示该查询的结果，如图 4-2 所示。

图 4-1　选择查询的"设计视图"　　　　　　　　　　　图 4-2　查询结果

2. 参数查询

参数查询在运行时先显示"输入参数值"对话框，提示用户在该对话框中输入查询条件的值，然后根据用户输入的条件去执行查询命令，检索出满足条件的记录。

例 4-2　在"学生管理系统"数据库的"修课成绩"表里，根据临时输入的"学号"查找出该学生各门课程的成绩。使用查询的"设计视图"创建该查询（该查询名为"例 4-2"），当运行"例 4-2"查询时，显示出"输入参数值"对话框，并在该对话框中显示"请输入要查成绩的学号"的提示信息，用户在该对话框中的文本框内输入一个要查找的学生的学号，如图 4-3 所示。

3. 交叉表查询

使用交叉表查询可以计算并重新组织数据的结构，这样可以更加方便地分析数据。交叉表查询可以对记录进行合计、平均值、计数等计算，这种数据可分为两类信息：一类在数据表左侧排列，另一类在数据表的顶端。

例 4-3　在"学生管理系统"数据库的"学生"表中，统计出各班男、女学生的人数。使用查询的"设计视图"创建该查询，该查询名为"例 4-3"。当运行"例 4-3"交叉表查询时，以"数据表视图"方式显示出该交叉表查询的结果，如图 4-4 所示。

图 4-3　参数查询的"输入参数值"对话框　　　　　　　图 4-4　交叉表查询结果

4. 操作查询

使用操作查询只需进行一次操作就可对多条记录进行更改和移动。操作查询分为四种类型，即生成表查询、追加查询、更新查询和删除查询。

5. SQL 查询

SQL 查询是用户使用 SQL 语句创建的查询，可以用结构化查询语言（SQL）来查询、更新和管理 Access 这样的关系数据库。当用户在"设计视图"中创建查询时，Access 将在后台构造等效的 SQL 语句。实际上，在查询"设计视图"的属性表中，大多数查询属性在 SQL 视图中都有等效的可用子句和选项。如果需要，可以在 SQL 视图中查看和编辑 SQL 语句。但是，在对 SQL 视图中的查询做更改之后，查询可能无法以之前在"设计视图"中所显示的方式进行显示。有一些 SQL 查询，称为"SQL 特定查询"，无法在"设计视图"的设计网格中进行创建，如传递查询、数据定义查询和联合查询，都必须直接在"SQL 视图"中创建 SQL 语句。

例如，打开"例 4-1"查询的设计视图，单击"设计"选项卡上"结果"组中的"视图"下拉按钮，弹出其下拉菜单，单击下拉菜单中的"SQL 视图"命令，显示出"例4-1"查询的"SQL 视图"，如图 4-5 所示。

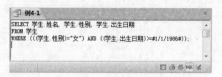

图 4-5 "例 4-1"查询的"SQL 视图"

4.1.2 创建查询的方法

在 Access 2010 窗口，打开某个 Access 数据库。例如，打开"学生管理系统"数据库。

在"创建"选项卡上的"查询"组中有"查询向导"和"查询设计"两个按钮，如图 4-6 所示，可用于创建查询。单击"查询向导"按钮，则弹出"新建查询"对话框，在该对话框中显示出了四种创建查询的向导，如图 4-7 所示。

图 4-6 "创建"选项卡上的"查询"组

图 4-7 "新建查询"对话框中 4 种创建查询向导

4.2 创建选择查询

选择查询的功能是从一个或多个表中检索数据，并且在"数据表视图"中显示结果。查询结果仅仅是一个临时的动态数据表。

4.2.1 使用向导创建查询

Access 提供了向导功能以帮助用户方便、快速地创建简单的查询对象。使用向导创建查询对象的基本步骤如例 4-4 和例 4-5 所述。

例 4-4 在"学生管理系统"数据库中，用"学生"表创建一个名为"例 4-4 学生高考总分查询"的查询。该查询只要求显示学号、姓名、性别和高考总分四个字段。

具体操作步骤如下。

（1）打开"学生管理系统"数据库，单击"创建"选项卡上的"查询"组中的"查询向导"按钮，弹出"新建查询"对话框。

（2）在"新建查询"对话框中，单击"简单查询向导"，然后单击"确认"按钮。

（3）在"简单查询向导"对话框中的"表/查询"下拉组合框中单击"表：学生"。

（4）在"简单查询向导"对话框的"可用字段"列表框中依次单击"学号"并单击按钮，单击"姓名"并单击按钮，单击"性别"并单击按钮，单击"高考总分"并单击按钮，便分别将这四个选定的字段移到了右边的"选定字段"列表中，如图 4-8 所示。

（5）单击"下一步"按钮，显示提示"请确定采用明细查询还是汇总查询"信息的"简单查询向导"对话框。

（6）单击"明细"单选钮，如图 4-9 所示，然后单击"下一步"按钮。

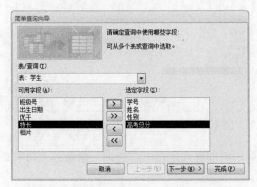

图 4-8　选择"学生"表和指定查询的字段

图 4-9　确定选择"明细"查询

（7）在"请为查询指定标题"文本框中键入"例 4-4 学生高考总分查询"，在"请选择是打开查询还是修改查询设计"标签下，选定"打开查询查看信息"单选钮，如图 4-10 所示。

（8）单击"完成"按钮完成查询的创建，并以"数据表视图"方式显示查询结果，如图 4-11 所示。

图 4-10　指定标题为"例 4-4 学生高考总分查询"

图 4-11　查询的运行结果

查看完毕后，关闭该"数据表视图"。此时，在"导航窗格"上的"查询"对象的列表中添加了"例 4-4 学生高考总分查询"。

例 4-5　在"学生管理系统"数据库中，用"学生"表创建一个名为"例 4-5 男女学生平均高考总分查询"的查询。具体操作步骤如下。

（1）打开"学生管理系统"数据库，单击"创建"选项卡上的"查询"组中的"查询向导"按钮，弹出"新建查询"对话框。

（2）在"新建查询"对话框中，单击"简单查询向导"，然后单击"确定"按钮。

（3）在"简单查询向导"对话框中的"表/查询"下拉组合框中单击"表：学生"，如图 4-12 所示。

（4）在"简单查询向导"对话框的"可用字段"列表框中单击"性别"并单击按钮 ，单击"高考总分"并单击按钮 ，便分别将这两个选定的字段移到了右边的"选定字段"列表中，如

图 4-13 所示。

图 4-12 选定"学生"表　　　　　　　图 4-13 选定"学生"表中的两个字段

（5）单击"下一步"按钮，显示提示"请确定采用明细查询还是汇总查询"信息的"简单查询向导"对话框。

（6）单击"汇总"单选钮，如图 4-14 所示，然后单击"汇总选项"按钮。

（7）在"汇总选项"对话框中选中"平均"复选框，如图 4-15 所示，然后单击"确定"按钮返回刚才的"简单查询向导"对话框。

 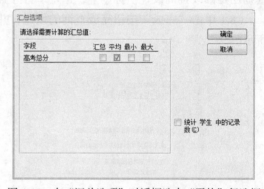

图 4-14 确定选择"汇总"查询　　　图 4-15 在"汇总选项"对话框选中"平均"复选框

（8）单击"简单查询向导"对话框中的"下一步"按钮，在"请为查询指定标题"文本框中键入"例 4-5 男女学生平均高考总分查询"，在"请选择是打开查询还是修改查询设计"下单击"打开查询查看信息"单选钮，如图 4-16 所示。

（9）单击"完成"按钮，以"数据表视图"方式显示出查询结果，如图 4-17 所示。

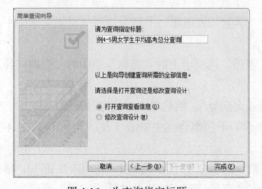 

图 4-16 为查询指定标题　　　　　　　图 4-17 查询的运行结果

查看完毕后，关闭该"数据表视图"。此时，在"导航窗格"上的"查询"对象的列表中，添加了"例 4-5 男女学生平均高考总分查询"。

4.2.2　在设计视图中创建查询

使用查询向导创建查询只能用于简单查询的创建。如果要建立复杂的查询，就需要借助设计视图。使用设计视图创建查询不仅可以设计创建单个表或多个表的查询，还可指定复杂的查询条件以及排序的准则。

单击"创建"选项卡上的"查询"组中的"查询设计"按钮，打开查询"设计视图"。

查询的"设计视图"分为上、下两部分，上半部分称为"字段列表"区，显示所选定的数据源表或查询（注意：查询也可作为查询的数据源）的所有字段。下半部分称为"设计网格"区，用于确定查询结果动态集所拥有的字段、排序和检索条件等，如图 4-18 所示。

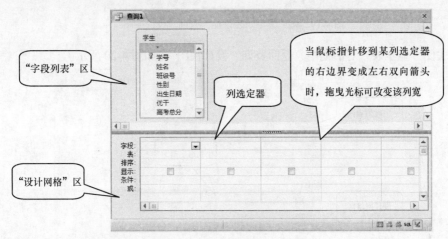

图 4-18　查询"设计视图"示例

一般来说，在"设计网格"中需要设置如下内容。

（1）字段：设置查询所涉及的字段。

（2）表：字段所属的表。

（3）排序：查询的排序准则（如升序或降序）。

（4）显示：当复选框选中时，字段将在查询结果中显示，否则不显示。

（5）条件：设置检索记录的条件（也称为准则）。

（6）或：设置检索记录的条件（也称为准则）。

使用设计视图创建查询的基本步骤如下例所述。

例 4-6　在"学生管理系统"数据库中，使用"设计视图"创建一个名为"例 4-6 查询高考总分 750 分以上的女生"的查询。查询要求：对"学生"表检索高考总分在 750 分以上（含 750分）的女学生的记录，并要求按高考总分降序进行排序，仅显示学号、姓名、班级号、性别和高考总分五个字段。

具体操作步骤如下。

（1）打开"学生管理系统"数据库，单击"创建"选项卡上的"查询"组中的"查询设计"按钮，显示查询"设计视图"和"显示表"对话框。（注意：单击"查询工具"下的"设计"选项卡的"查询设置"组中的"显示表"按钮，可显示"显示表"对话框。）

（2）在"显示表"对话框中，选中"表"选项卡中的"学生"表，单击"添加"按钮，将"学生"表添加到查询设计视图，如图4-19所示。

图4-19 将"学生"表添加到查询"设计视图"

（3）关闭"显示表"对话框中，返回查询"设计视图"，如图4-20所示。

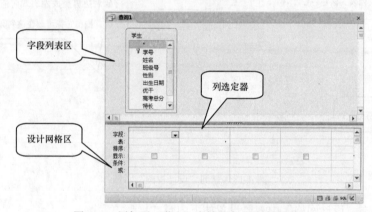

图4-20 添加了"学生"表的查询"设计视图"

（4）在查询"设计视图"上半部的"字段列表"区的"学生"表中，分别双击"学号""姓名""班级号""性别"和"高考总分"五个字段，这五个字段依次显示在该查询"设计视图"下半部的"设计网格"区的左边五列中，如图4-21所示。

图4-21 在"设计网格"区指定了五个字段

也可以不用"双击"字段名的方法，用拖曳的方法从字段列表中将字段拖至"设计网格"区中要插入这些字段的列，或者直接从"设计网格"区中"字段"行单元格的下拉列表框中选择字段。

（5）在"性别"字段的"条件"行的单元格中键入"女"，在"高考总分"字段的"条件"行的单元格中键入"＞=750"。

（6）单击"高考总分"字段的"排序"行的单元格，显示出下拉按钮，单击该下拉按钮，在下拉列表中选择"降序"。

（7）在"显示"行，学号、姓名、班级号、性别和高考总分这五个字段各自对应的单元格中都已默认"选中"，表示这五个字段均会在查询结果中显示出来，如图 4-22 所示。如果某字段不需要显示出来，可通过单击该"复选框"来取消"选中"。

图 4-22　在查询"设计视图"中设置查询条件

（8）保存该查询（名称为"例 4-6 查询高考总分 750 分以上的女生"）。

（9）关闭该查询"设计视图"。

此时，在"导航窗格"的查询对象列表中，双击"例 4-6 查询高考总分 750 分以上的女生"，运行该查询后的结果如图 4-23 所示。

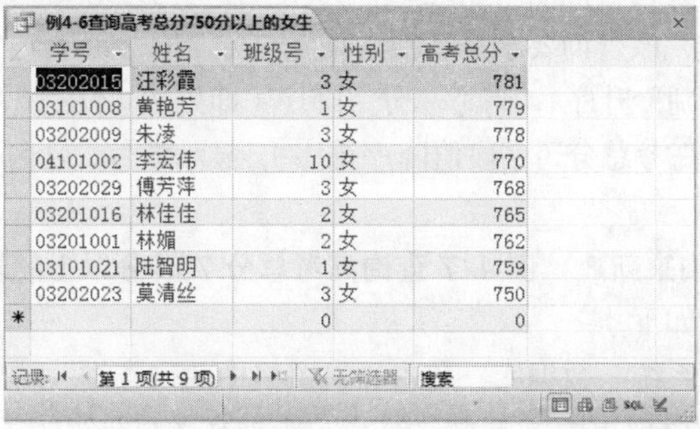

图 4-23　运行"例 4-6 查询高考总分 750 分以上的女生"的查询结果

4.3　查询的运行和修改

一般来说，运行查询实际上就是打开该查询的"数据表视图"，以表格形式显示该查询结果的动态集记录数据。修改查询实际上就是打开该查询的"设计视图"，对查询所涉及的字段及条件等进行设计修改。

4.3.1　运行查询的基本方法

运行查询有以下 5 种基本方法。

（1）打开某查询的"设计视图"，单击"查询工具"下的"设计"选项卡的"结果"组中的"运行"按钮。

（2）打开某查询的"设计视图"，单击"查询工具"下的"设计"选项卡的"结果"组中的"视图"（默认是"数据表视图"）按钮。

（3）打开某查询的"设计视图"，右击该"设计视图"中的空白处，弹出快捷菜单，单击该快捷菜单中的"数据表视图"命令。

（4）双击"导航窗格"上的查询对象列表中要运行的查询名称。

（5）右击"导航窗格"上的查询对象列表中要运行的查询名称，弹出快捷菜单，单击该快捷菜单中的"打开"命令。

除了上述五种运行查询的基本方法之外，还有其他的运行查询方法，如在"宏"中运行查询的方法，在此不详述。

4.3.2　修改查询设计

修改查询设计即是打开某个查询的"设计视图"，对该查询的结构设计进行各种更改。如果所需的数据不在查询中，可以添加表或查询；如果决定不需要某个表或查询，也可以将其删除。添加了所需的表或查询后，就可以在"设计网格"中添加要使用的字段，若决定不需要这些字段时可以将其删除。如果查询结果需要按某些字段排序，可对这些字段分别进行排序设置。把鼠标指针移到某字段"列选定器"的右边界，当鼠标指针变成双箭头时拖曳光标，可以调整查询的列宽。

例 4-7　在"学生管理系统"数据库中，对已经创建好的名为"例 4-6 查询高考总分 750 分以上的女生"的查询对象进行"复制"和"粘贴"操作，产生出一个新的名为"例 4-7 查询高考总分 750 分以上的学生"查询。然后对新建的"例 4-7 查询高考总分 750 分以上的学生"查询的设计按如下要求进行修改，该查询要求是：检索高考总分 750 分以上（含 750 分）的学生记录，对查询结果的记录按"性别"升序、"高考总分"降序（即先按"性别"字段值升序排序，当"性别"字段值相同时再按"高考总分"字段值降序排序），显示学号、姓名、班级名称、性别和高考总分五个字段。

1. 通过"复制"查询来新建"例 4-7 查询高考总分 750 分以上的学生"查询

复制查询的操作步骤如下。

（1）打开"学生管理系统"数据库，单击导航窗格中的"查询"对象。

（2）在展开的查询对象列表中，单击"例 4-6 查询高考总分 750 分以上的女生"查询，如图 4-24 所示。

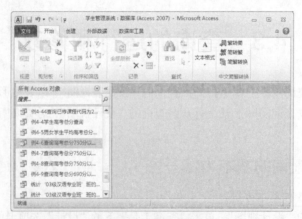

图 4-24　选定查询

（3）单击"开始"选项卡中"剪贴板"组上的 按钮，再单击"粘贴"按钮，弹出"粘贴为"对话框。

（4）在"查询名称"标签下的文本框中输入"例 4-7 查询高考总分 750 分以上的学生"，如图 4-25 所示。

图 4-25 输入"例 4-7 查询高考总分 750 分以上的学生"

（5）单击"粘贴为"对话框中的"确定"按钮。此时，"例 4-7 查询高考总分 750 分以上的学生"查询已添加到"导航窗格"的查询对象列表中。

2. 修改"例 4-7 查询高考总分 750 分以上的学生"查询的设计

按照题目查询要求修改该查询设计的操作步骤如下。

（1）单击"导航窗格"上的"查询"对象，展开查询对象列表。

（2）右击查询对象列表中的"例 4-7 查询高考总分 750 分以上的学生"，弹出快捷菜单，单击该快捷菜单中的"设计视图"命令，显示该查询的"设计视图"，如图 4-26 所示。

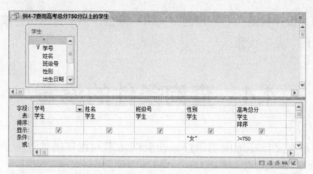
图 4-26 "例 4-7 查询高考总分 750 分以上的学生"设计视图

（3）在"查询工具"下的"设计"选项卡上，单击"查询设置"组中的"显示表"按钮，弹出"显示表"对话框，如图 4-27 所示。

（4）在"显示表"对话框中双击"表"选项卡中的"班级"表，将"班级"表添加到该查询"设计视图"。关闭"显示表"对话框，返回"设计视图"，如图 4-28 所示。

图 4-27 "显示表"对话框

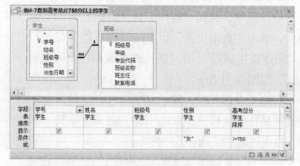
图 4-28 添加"班级"表后的查询"设计视图"

（5）在该查询"设计视图"的"设计网格"区，单击"班级号"字段列的"表"行单元格下拉按钮，弹出表名的下拉列表框，如图 4-29 所示。

（6）选中该下拉列表框中的"班级"，即将原来的"学生"表更改为"班级"表。

（7）单击"班级号"字段所在单元格的下拉按钮，弹出含有"班级"表所有字段的下拉列表框，选中"班级名称"。

（8）删除"性别"字段列的"条件"行单元格中的"女"。单击"性别"字段列的"排序"行单元格中的下拉按钮，在弹出的下拉列表中选择"升序"，如图 4-30 所示。

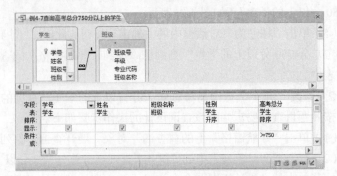

图 4-29　表名下拉列表框　　　　　　　　　图 4-30　修改后的查询"设计视图"窗口

（9）单击该查询"设计视图"右上角的"关闭"按钮，弹出提示保存该查询设计的更改消息框，单击该消息框中的"是"按钮。

4.4　查询条件的设置

创建查询时，通过对字段添加限制条件，使查询结果只包含满足查询条件的数据。

4.4.1　表达式

在查询的"设计视图"中，若要对"设计网格"区中的某个字段指定条件，可在该字段的"条件"单元格中直接输入一个表达式。

表达式是运算符、常数、函数和字段名称等的任意组合。表达式可执行计算，其计算结果为单个值。对于较复杂的表达式，当光标处于该字段的"条件"单元格时，找到"查询工具"下的"设计"选项卡，单击"查询设置"组上的"生成器"按钮打开"表达式生成器"，在"表达式生成器"中构造表达式，如图 4-31 所示。

在输入表达式时，除了汉字以外，其他所有字符必须是在英文输入法状态下输入的英文字符。例如，在表达式中，像 "." "<" "=" ">" "(" ")" "["
"]" """ "'" "%" "#" "*" "?" 和 "!" 等字符必须是英文字符。

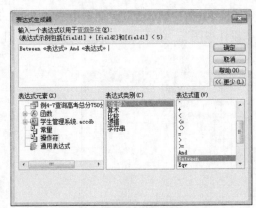

图 4-31　"表达式生成器"示例

 　　　在表达式中，字符串常量要用两个英文的双引号括起来，也可用两个英文的单引号括起来，例如"男" '李*'。日期常量要用两个英文的#号括起来，例如#1985-12-31#。

此外，在查询的"设计视图"中，找到"查询工具"下的"设计"选项卡，单击"结果"组上的"视图"下拉按钮，弹出其下拉菜单，单击"SQL 视图"命令，可以显示该查询的"SQL 视图"。在"SQL 视图"中，查询条件是通过 Where 子句中的条件表达式来描述。从设计视图的"设计网格"中的查询条件设置转换到"SQL 视图"中的查询条件设置的工作,是由 Access 数据库管理系统自动翻译完成的。

例 4-8　查询 1986 年出生的学生的学号、姓名、性别和出生日期。在该查询的"设计网格"中"出生日期"字段的"条件"单元格,设置的表达式是 Between #1986-1-1# And #1986-12-31#,如图 4-32 所示。

 注意　由于"出生日期"字段是"日期"数据类型的字段,当输入 Between#1986-1-1# And#1986-12-31#后,光标一离开该单元格,Access 立即将输入的"−"号更换成"/"号。

图 4-32　在"条件"单元格中直接输入一个表达式示例

4.4.2　比较运算符

对于比较运算符来说,要比较的数据的数据类型必须匹配。也就是说,文本只能与文本比较,数字只能与数字比较。可以使用函数临时将数据转换为其他数据类型,然后再进行比较。比较运算符的含义、示例等信息如表 4-1 所示。

表 4-1　比较运算符

运算符	含义	设计网格区示例	SQL 视图示例
=	等于	"女"（注: = "女"的等号可省略）	SELECT 学号, 姓名, 性别 FROM 学生 WHERE 性别="女";
< >	不等于	<>"男"	SELECT 学号, 姓名, 性别 FROM 学生 WHERE 性别<>"男";
>	大于	>#1985-12-31#	SELECT 学号, 姓名, 性别 FROM 学生 WHERE 出生日期 >#1985-12-31#;
<	小于	<60	SELECT 学号, 课程代码, 成绩 FROM 修课成绩 WHERE 成绩<60;
>=	大于或等于	>=#1986-1-1#	SELECT 学号, 姓名, 性别 FROM 学生 WHERE 出生日期 >=#1986-1-1#;
<=	小于或等于	<="03"	SELECT 学系代码, 学系名称 FROM 学系 WHERE 学系代码 <="03";

4.4.3 逻辑运算符

使用下表中列出的标准逻辑运算符，可以组合或修改搜索条件。逻辑运算符的优先级从高到低依次是 NOT、AND、OR。逻辑运算符的含义、示例等信息如表 4-2 所示。

表 4-2　　　　　　　　　　　　　　　　逻辑运算符

运算符	含义	SQL 视图示例
NOT	条件的逻辑：否	SELECT * FROM 学生 WHERE NOT(性别="女");
AND	必须同时满足两个条件	SELECT * FROM 学生 WHERE 性别="女"AND 班级号=3;
OR	满足一个条件即可	SELECT 学号，课程代码，成绩 FROM 修课成绩 WHERE 成绩<60 OR 成绩>90;

4.4.4 特殊运算符

特殊运算符的含义、示例等信息如表 4-3 所示。

表 4-3　　　　　　　　　　　　　　　　特殊运算符

运算符	含义	设计网格区示例	SQL 视图示例
IN	测试某值是否出现在值的列表中或测试某值是否出现在一个子查询的结果集内	In("足球"，"篮球") In(SELECT 学号 FROM 修课成绩 WHERE 成绩 < 60)	SELECT * FROM 学生 WHERE 特长 In("足球"，"篮球"); SELECT 姓名 FROM 学生 WHERE 学号 In(SELECT 学号 FROM 修课成绩 WHERE 成绩 < 60);
BETWEEN…AND	测试值的范围	BETWEEN #1986-1-1#AND#1987-12-31#	SELECT 学号，姓名，性别 FROM 学生 WHERE 出生日期 BETWEEN #1986-1-1# AND #1987-12-31#;
IS NULL	测试列内容或表达式的值是否为空值	IS NULL	SELECT 学号，姓名，性别 FROM 学生 WHERE 姓名 IS NULL;
IS NOT NULL	测试内容或表达式值是否不为空值	IS NOT NULL	SELECT 学号，姓名，性别 FROM 学生 WHERE 姓名 IS NOT NULL;
LIKE	执行模式匹配（通常限于字符型数据类型）	LIKE "李*" LIKE '? 金*' （注：也可用'代替"） LIKE "*平"	SELECT 学号，姓名，性别 FROM 学生 WHERE 姓名 LIKE "李*" SELECT 学号，姓名，性别 FROM 学生 WHERE 姓名 LIKE '? 金*' SELECT 学号，姓名，性别 FROM 学生 WHERE 姓名 LIKE "*平";
NOT LIKE	执行模式不匹配（限于字符型）	NOT LIKE "李*"	SELECT 学号，姓名，性别 FROM 学生 WHERE 姓名 NOT LIKE "李*";

注意 在设计网格区的条件单元格中，表达式 BETWEEN #1986-1-1# AND #1987-12-31#等价于表达式>=#1986-1-1# AND <=#1987-12-31#

4.4.5 常用字符串函数

常用字符串函数的含义、示例等信息如表 4-4 所示。

表 4-4   常用字符串函数

函数	含义	设计网格区示例	SQL 视图示例
Left（字符串表达式，数值表达式）	返回从字符串左侧算起的指定数量的字符	Left（[姓名]，1）="李"	SELECT 学号，姓名，性别 FROM 学生 WHERE Left（[姓名]，1）="李";
Right（字符串表达式，数值表达式）	返回从字符串右侧算起的指定数量的字符	Right（[姓名]，2）="文辉"	SELECT 学号，姓名，性别 FROM 学生 WHERE Right（[姓名]，2）="文辉";
Mid（字符串表达式，开始字符位置[, 数值表达式]）	返回某个字符串中从指定位置开始、指定数量的字符	Mid（[姓名]，2，2）="小平"	SELECT 学号，姓名，性别 FROM 学生 WHERE Mid（[姓名]，2，2）="小平";
Len（字符串表达式）	返回该字符串中包含的字符数	Len（Trim（[姓名]））=2	SELECT 学号，姓名，性别 FROM 学生 WHERE Len（Trim（[姓名]））=2;
LenB（字符串表达式）	返回该字符串中包含的字节数		
Ltrim（字符串表达式）	删除字符串前面的空格		
Rtrim（字符串表达式）	删除后面的空格		
Trim（字符串表达式）	删除前、后的空格		

4.4.6 常用日期时间函数

常用日期时间函数的含义、示例等信息如表 4-5 所示。

表 4-5   常用日期时间函数

函数	含义	设计网格区示例	SQL 视图示例
Day（date）	返回介于 1 与 31 之间的整数（含 1 和 31），代表月中的日期	Day（[出生日期]）=8	SELECT 学号，姓名，性别，出生日期 FROM 学生 WHERE Day（[出生日期]）=8;
Month（date）	返回介于 1 到 12 之间的整数（包括 1 和 12），表示一年内的月份	Month（[出生日期]）=2	SELECT 学号，姓名，性别，出生日期 FROM 学生 WHERE Month（[出生日期]）=2;
Year（date）	返回一个表示年的整数	Year（[出生日期]）=1986	SELECT 学号，姓名，性别，出生日期 FROM 学生 WHERE Year（[出生日期]）=1986;

续表

函数	含义	设计网格区示例	SQL 视图示例
Weekday（date）	返回一个整数，表示一周内的某天。1 表示星期天，2 表示星期一，……，7 表示星期六	Weekday（[出生日期]）=7	SELECT 学号，姓名，性别，出生日期 FROM 学生 WHERE weekday（[出生日期]）=7;
Date()	返回当前系统日期	Year（Date()）-Year（[出生日期]）>=18	SELECT 学号，姓名，性别，出生日期 FROM 学生 WHERE Year（Date()）-Year（[出生日期]）>=18;
Time()	返回当前系统时间		
Hour（time）	返回 0 和 23 之间（包括 0 和 23）的整数（表示一天中某个小时）		

4.4.7　设置查询的组合条件

在查询的"设计视图"窗口中的"设计网格"区，"条件"行、"或"条件行以及"或"行下边紧接着的若干空白行的单元格，均可用来设置查询条件的表达式。

在查询的"设计网格"区，用户可以在多个字段的"条件"单元格（包括"条件"行的单元格和"或"条件行的单元格等）中设置查询条件的表达式。对于多个字段的"条件"单元格中的表达式，Access 数据库管理系统会自动使用 AND 运算符或者 OR 运算符去组合这些不同单元格中的表达式，构成一个组合条件，以满足复杂查询的需要。

1. 用 AND 运算符组合条件

在查询的"设计网格"区，如果仅在同一条件行的不同单元格中设置了条件的表达式，表示这些在不同单元格中设置的条件都要同时满足。Access 使用 AND 运算符去组合这一条件行中不同单元格的条件表达式，构成一个组合条件，表示要筛选满足该条件行所有（设置了条件的）单元格的条件的记录。

例 4-9　查询高考总分 750 分以上（含 750 分）的男学生的学号、姓名、性别和高考总分。

使用"设计视图"创建查询，在"性别"字段的"条件"单元格中，输入"男"，Access 自动在该男字两边补上一对英文的双引号（因为"性别"字段的数据类型是"文本"，所以 Access 才会自动补上英文的双引号）。在"高考总分"字段的"条件"单元格中，输入">=750"。此时，"条件"单元格的设置如图 4-33 所示。在其对应的"SQL 视图"中，Access 自动用 AND 运算符去组合这两个单元格中的条件表达式，构成一个组合条件，即：((学生.性别)="男") AND ((学生.高考总分)>=750)，如图 4-34 所示。

图 4-33　在"设计网格"中设置了同一行两个字段的
查询条件

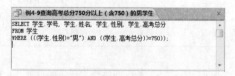

图 4-34　"SQL 视图"中 AND 运算符
所组合的条件

上述组合条件中的 (学生.性别) 是表示"学生"表的"性别"字段, (学生.高考总分)是表示"学生"表的"高考总分"字段。

2. 用 OR 运算符组合条件

在查询"设计视图"的"设计网格"区, 如果在每一条件行中仅有一个字段的"条件"单元格(包括"条件"行的单元格和"或"条件行的单元格等)设置了查询条件的表达式, 那么对于这些条件行来说, Access 数据库管理系统会自动使用(一个或多个) OR 运算符去组合这些不同条件行的表达式, 构成一个组合条件, 表示筛选只要满足任意一个条件行的"条件"单元格条件的记录。

在查询的"设计视图"的"设计网格"区, 可以在任意一个字段的"条件"行单元格设置条件的表达式, 也可以在任意一个字段的"或"条件行单元格设置条件的表达式, 还可以在任意一个字段的"或"行下边紧接着的若干空白行的单元格设置条件的表达式。

例 4-10 查询高考总分 690 分以下以及 780 分以上(含 780 分)的学生的学号、姓名、性别和高考总分。

使用"设计视图"创建查询, 在"高考总分"字段的"条件"单元格中输入"<690"。在"高考总分"字段的"或"条件单元格中输入">=780"。此时, "条件"单元格的设置如图 4-35 所示。在其对应的"SQL 视图"中, Access 自动用 OR 运算符组合这两行两个单元格的条件表达式, 构成一个组合条件。

图 4-35　在同一个字段不同条件行的条件单元格中设置查询条件

例 4-11 查询高考总分 750 分以上(含 750 分)的学生以及全部女学生的学号、姓名、性别和高考总分。

打开该查询的"设计视图", 在"性别"字段的"条件"单元格中输入"女"。在"高考总分"字段的"或"条件单元格中输入">=750"。此时, "条件"单元格的设置如图 4-36 所示。在其对应的"SQL 视图"中, Access 自动用 OR 运算符去组合这两行中两个单元格中的条件表达式, 构成一个组合条件, 如图 4-37 所示。

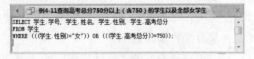

图 4-36　在两个不同字段的不同条件行(一字段一条件行) 　　　　图 4-37　"SQL 视图"中 OR 运算符
　　　　的条件单元格中设置查询条件 　　　　　　　　　　　　　　所组合的条件

3. 用 AND 和 OR 两个运算符组合条件

在查询的"设计网格"区, 如果对若干不同字段的不同条件行的"条件"单元格(包括"条件"行的单元格和"或"条件行的单元格)设置了查询条件的表达式, Access 数据库管理系统会自动使用（一个或多个）AND 运算符和（一个或多个）OR 运算符去组合这些不同字段的不同条件行的"条件"单元格的表达式，构成一个组合条件，表示筛选只要满足任何一条件行的所有"条件"单元格条件的记录。

例 4-12　查询高考总分 690 分以下的男学生以及 780 分以上（含 780 分）的女学生的学号、姓名、性别和高考总分。

使用"设计视图"创建查询，在"性别"字段的"条件"单元格中输入"男"；在"高考总分"字段的"条件"单元格中输入"<690"。在"性别"字段的"或"条件单元格中输入"女"；在"高考总分"字段的"或"条件单元格中输入">=780"。此时，"条件"单元格的设置如图 4-38 所示。在其对应的"SQL 视图"中，Access 自动用 AND 运算符和 OR 运算符组合这两行中各两个字段单元格中的条件表达式，构成一个组合条件，如图 4-39 所示。

图 4-38　在两个字段的两个条件行的　　　　图 4-39　"SQL 视图"中的 And 和 Or 运算符所组合的条件
　　　　条件单元格中设置查询条件

4.5　设置查询的计算

为了利用数据库中的数据产生出一些用户需要的分析结果，例如查看某门课程的平均成绩，在查询中可设置相应的计算。当运行查询时，便会执行这些已设置的计算，而且在字段中显示计算结果。该计算结果实际上并不存储在基础表中，仅是临时计算出来的。例如，计算某门课程的平均成绩，计算一个字段值的个数、合计或平均值，计算某两个数字类型字段的乘积等。要在查询中执行计算，可以在查询设计中使用"预定义计算"或"自定义计算"形式进行相应的设置。

预定义计算是 Access 通过聚合函数对查询中的分组记录或全部记录进行"总计"计算，比如求合计、平均值、计数、最小值、最大值、标准偏差或方差等。

计算中可用的聚合函数全都可以在查询"设计视图"的"设计网格"区中，"总计"行的任意一个单元格的下拉列表中找到。

4.5.1　设置查询的总计计算

例 4-13　在"学生管理系统"数据库中创建一个查询，统计全校学生人数。

分析：本查询的运行结果实际上就是要统计出"学生"表中的全部记录个数。

简要操作步骤如下。

（1）在该查询的"设计视图"的"设计网格"区，添加"学生"表的"姓名"字段。

（2）单击"查询工具"下的"设计"选项卡的"显示/隐藏"组中的"Σ汇总"按钮，在"设计网格"区显示"总计"行，如图 4-40 所示。

（3）单击"设计网格"区"姓名"字段的"总计"行"Group By"单元格，在该单元格右侧显示下拉按钮，再单击该下拉按钮，显示出聚合函数的下拉列表框，如图 4-41 所示。

（4）单击该下拉列表框中的"计数"，此时的"设计网格"如图 4-42 所示。

图 4-40 在"设计网格"区中显出"总计"行　　　图 4-41 在"设计网格"区显示出聚合函数的下拉列表框

（5）此时如果运行该查询，将显示出图 4-43 所示的查询结果，查询结果中的默认字段名是"姓名之计数"。这个字段名不符合平常的习惯，其含义也不够明确，因此 Access 提供了修改该字段名的功能。看完查询结果后，单击"开始"选项卡上"视图"组中的"视图"按钮，返回该查询的"设计视图"。

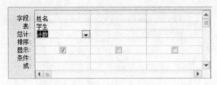

图 4-42 在"设计网格"区选定"计数"　　　　　　图 4-43 查询结果

（6）修改字段"标题"。在该查询的"设计视图"窗口，单击"姓名"字段单元格，单击"设计"选项卡的"显示/隐藏"组中的"属性表"按钮，弹出"姓名"字段的"属性表"窗口。在"标题"右侧单元格中输入"全校学生人数"，如图 4-44 所示。然后关闭"属性表"窗口，返回该查询的"设计视图"。

（7）此时运行该查询，其查询结果如图 4-45 所示。

图 4-44 "姓名"字段的"属性表"窗口　　　　　图 4-45 字段改标题后的查询结果

4.5.2 设置查询的分组总计计算

例 4-14 在"学生管理系统"数据库中创建一个查询，统计全校男学生高考总分的平均分和女学生高考总分的平均分。

分析：本查询的运行结果就是要分别统计出"学生"表中的"性别"字段的值为"男"的高考总分的平均分和"性别"字段的值为"女"的高考总分的平均分。实际上就是要把"学生"表中的全部记录按"性别"字段的值进行分组，将全部"性别"为"男"的学生记录分为一组并统计出该组的高考总分平均分，将全部"性别"为"女"的学生记录分为一组并统计出该组的高考总分平均分。

简要操作步骤如下。

（1）在该查询的"设计视图"的"设计网格"区，添加"学生"表的"性别"字段和"高考总分"字段。

（2）单击"设计"选项卡的"显示/隐藏"组上的"Σ汇总"按钮，在"设计网格"区显示出"总计"行。"性别"字段的"总计"行单元格和"高考总分"字段的"总计"行单元格都默认选定了"Group By"。

（3）单击"设计网格"区"高考总分"字段的"总计"行单元格，在该单元格右侧显示出下拉按钮，再单击该下拉按钮，显示出聚合函数的下拉列表框。

（4）选中该下拉列表框中的"平均值"，此时的"设计网格"如图 4-46 所示。

（5）运行该查询，将显示如图 4-47 所示的查询结果。

图 4-46　在"设计网格"区设置"总计"行

图 4-47　查询结果

例 4-15　在"学生管理系统"数据库中创建一个查询，统计每一个学生已修的学分数。对于每个学生来说，某门课程的成绩大于等于 60 分才计算该门课程的学分（若不及格，就不计算该门课程的学分数）。要求在查询结果中显示"学号""姓名"和"学分"。

分析："学生"表有"学号"和"姓名"两个字段，"修课成绩"表中有"成绩"字段，"课程"表中有"学分"字段，因此要添加"学生""修课成绩"和"课程"三个表。

简要操作步骤如下。

（1）在该查询的"设计视图"，添加"学生""修课成绩"和"课程"三个表。

（2）在该查询的"设计视图"的"设计网格"区，添加"学生"表的"学号"字段，添加"学生"表的"姓名"字段，添加"课程"表的"学分"字段，添加"修课成绩"表的"成绩"字段。

（3）单击"设计"选项卡的"显示/隐藏"组上的"Σ汇总"按钮，在"设计网格"区显示出"总计"行。在"学号"字段、"姓名"字段、"学分"字段和"成绩"字段的"总计"行单元格中都默认选定了"Group By"，如图 4-48 所示。

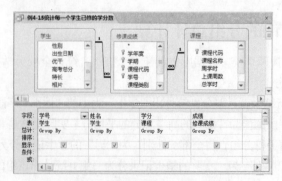

图 4-48　查询"设计视图"添加了"总计"行

（4）单击"设计网格"区"姓名"字段的"总计"行单元格，在该单元格右侧显示出下拉按钮，再单击该下拉按钮，显示出聚合函数的下拉列表框，选择该下拉列表框中的"First"项。

（5）单击"设计网格"区"学分"字段的"总计"行单元格，在该单元格右侧显示出下拉按钮，再单击该下拉按钮，显示出聚合函数的下拉列表框，选择该下拉列表框中的"合计"项。

（6）单击"设计网格"区"成绩"字段的"总计"行单元格，在该单元格右侧显示出下拉按钮，再单击该下拉按钮，显示出聚合函数的下拉列表框，选择该下拉列表框中的"Where"项。

（7）单击"设计网格"区"成绩"字段的"显示"行单元格中（默认选中）的复选框，取消"选中"该复选框。因为"成绩"字段不用显示，所以不选中该复选框。

（8）在"设计网格"区"成绩"字段的"条件"行单元格中输入">=60"。

（9）此时的"设计网格"如图 4-49 所示。

（10）运行该查询，将显示如图 4-50 所示的查询结果。

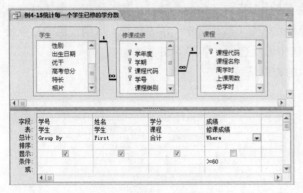

图 4-49　查询的"设计视图"

图 4-50　查询的运行结果

　　　在该查询的运行结果的"数据表视图"中，看到"姓名之 First"和"学分之合计"两个新的字段名。如果用户想对某个字段名进行重命名，可在该查询的"设计视图"中，打开某字段的"属性表"窗口，并在该属性表的"标题"右侧单元格中输入新名字，然后关闭该"属性表"窗口。

4.5.3　设置查询的自定义计算

自定义计算是指使用一个或多个字段中的数据在每个记录上执行数值、日期或文本计算。在"设计视图"中，对于自定义计算，可直接在设计网格中创建新的计算字段。

创建计算字段的方法：将表达式输入查询设计网格中的空"字段"单元格中。

例 4-16　在"学生管理系统"数据库中创建一个查询，计算每一个学生每一门已修课程成绩的绩点数。对于每个学生来说，某一课程的成绩大于等于 60 分才能计算该门课程成绩的绩点数（若不及格，就不计算该门课程成绩的绩点数）。要求在查询结果中显示"学号""课程名称""成绩"和"绩点"，并按学号、课程代码排序。绩点计算公式：[成绩]/10-5。

分析：在"修课成绩"表中有"学号"字段、"课程代码"字段和"成绩"字段。在"课程"表中有"课程名称"字段，任何表中都没有"绩点"字段，故要添加一个计算字段，即在"设计网格"区的空白的"字段"单元格中输入"绩点:[成绩]/10-5"。

另外，"课程代码"字段不需显示，在此例中添加进来仅是用于排序。

在"绩点:[成绩]/10-5"中的[成绩]是表示"修课成绩"表的"成绩"字段，冒号前面的"绩点"就是要新添加的计算字段的名称。

简要操作步骤如下。

（1）在该查询的"设计视图"窗口添加"修课成绩"表和"课程"表。

（2）在"设计网格"区的第 1 列"字段"行单元格中添加"学号"字段，第 2 列"字段"行单元格添加"课程名称"字段。

（3）在第 3 列"字段"行单元格添加"成绩"，在"条件"行单元格中输入">=60"。

（4）在第 4 列的"字段"行的单元格中输入"绩点:[成绩]/10-5"。

（5）在第 5 列"字段"行单元格添加"课程代码"。

（6）在"设计网格"区，单击"学号"字段列的"排序"行单元格的右侧，从其下拉列表框中选择"升序"。单击"课程代码"字段列的"排序"行单元格的右侧，从其下拉列表中选择"升序"。单击"课程代码"字段列的"显示"行单元格中（默认选中）的复选框，取消"选中"该复选框。因"课程代码"字段不显示，所以不选中该复选框，如图 4-51 所示。

（7）运行该查询，将显示如图 4-52 所示的查询结果。

图 4-51 查询的"设计视图"中添加了"绩点"计算字段

图 4-52 查询的运行结果

4.6 交叉表查询

使用交叉表查询可以计算并重新组织数据的结构，这样可以更加方便地分析数据。交叉表查询可以按分类对记录数据做合计、平均值、计数等计算。这些数据可分为两类信息：一类在数据表左侧排列，另一类在数据表的顶端。

4.6.1 使用向导创建交叉表查询

使用向导创建交叉表查询的方法如下例所述。

例 4-17 在"学生管理系统"数据库中，对"学生"表创建交叉表查询，计算各班级的男、女学生的人数。该查询的名称为"例 4-17 班级男女学生人数—交叉表查询"。

分析：在"学生"表中有"班级号"字段和"性别"字段。

使用向导创建交叉表查询的操作步骤如下。

（1）打开"学生管理系统"数据库，单击"创建"选项卡的"查询"组上的"查询向导"按钮，弹出"新建查询"对话框。

（2）在"新建查询"对话框中，单击"交叉表查询向导"，再单击"确定"按钮，显示出"交叉表查询向导"对话框。

（3）在"交叉表查询向导"对话框中，单击"视图"框中的"表"单选钮。在上方的表名列表框中选择"表：学生"，如图4-53所示。

（4）单击"下一步"按钮，显示提示"请确定用哪些字段的值作为行标题"的"交叉表查询向导"对话框。

（5）在该对话框中的"可用字段"列表框中，单击"班级号"，并单击按钮"＞"，便把"班级号"字段从"可用字段"的列表框移到"选定字段"列表框，如图4-54所示。

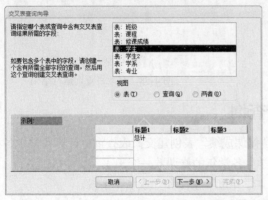

图4-53 在"交叉表查询向导"对话框指定表名

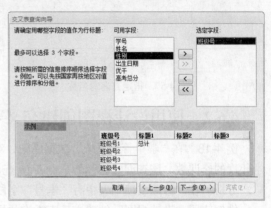

图4-54 选定行标题

（6）单击"下一步"按钮，显示提示"请确定用哪个字段的值作为列标题："的"交叉表查询向导"对话框。在字段列表框中单击"性别"，如图4-55所示。

（7）单击"下一步"按钮，显示提示"请确定为每个列和行的交叉点计算出什么数字："的"交叉表查询向导"对话框。

（8）在该对话框的"字段"列表框中选择"学号"。在"函数"列表框中选择"Count"。在"请确定是否为每一行做小计："标签下，单击复选框（默认是选中的），取消选中该复选框，即不为每一行做小计，如图4-56所示。

（9）单击"下一步"按钮，显示提示"请指定查询的名称："的"交叉表查询向导"对话框。

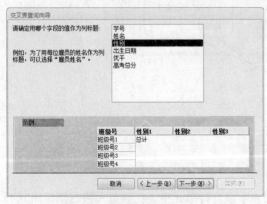

图4-55 选定列标题

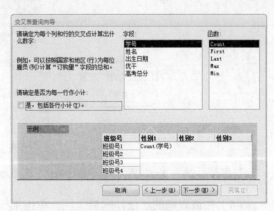

图4-56 指定计数函数"Count"

（10）在该对话框的"请指定查询的名称："文本框中，输入"例4-17班级男女学生人数—交叉表查询"，其他设置不变，如图4-57所示。

（11）单击"完成"按钮，显示出该查询结果的"数据表视图"，如图4-58所示。

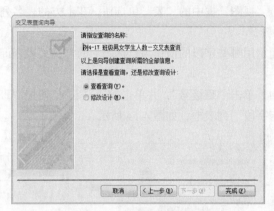

图4-57　指定查询的名称

图4-58　交叉表查询运行结果

4.6.2　使用设计视图创建交叉表查询

例4-18　在"学生管理系统"数据库中，对"修课成绩"表创建交叉表查询，计算各学生各学年度的修课数。该查询的名称为"例4-18查询学生各学年的修课数—交叉表"。

分析：在"修课成绩"表中有"学号"字段、"学年度"字段和"成绩"字段。

本例使用"设计视图"创建交叉表查询的操作步骤如下。

（1）打开"学生管理系统"数据库，单击"创建"选项卡的"查询"组上的"查询设计"按钮，显示查询的"设计视图"和"显示表"对话框。

（2）在"显示表"对话框中，单击"表"选项卡中的"修课成绩"表，单击"添加"按钮，将"修课成绩"表添加到查询设计视图窗口，关闭"显示表"对话框。

（3）单击"查询工具"下的"设计"选项卡中的"查询类型"组上的"交叉表"按钮，立即在该查询的"设计网格"区添加上了"总计"行和"交叉表"行，如图4-59所示。

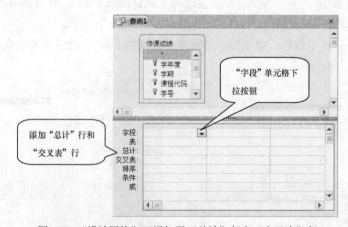

图4-59　"设计网格"区添加了"总计"行和"交叉表"行

（4）在该查询的"设计网格"区，单击第一列"字段"行单元格，在该单元格右侧显出其下拉按钮，单击该下拉按钮显示"字段"列表框，选择该字段列表框中的"学号"字段。

（5）单击第一列（即"学号"字段）的"交叉表"行单元格，在该单元格右侧显出其下拉按钮，单击该下拉按钮显示"交叉表"列表框，如图 4-60 所示，选择"行标题"。

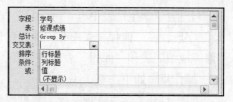

图 4-60 "交叉表"行单元格的下拉列表

（6）单击第二列的"字段"行单元格，在该单元格右侧显示其下拉按钮，单击该下拉按钮显示"字段"列表框，选择该字段列表框中的"学年度"字段。

（7）单击第二列（即"学年度"字段）的"交叉表"行单元格，在该单元格右侧显出其下拉按钮，单击该下拉按钮，弹出"交叉表"列表框，选择"列标题"。

（8）单击第三列的"字段"行单元格，在该单元格右侧显示其下拉按钮，单击该下拉按钮显示"字段"列表框，选择"成绩"字段。

（9）单击第三列（即"成绩"字段）的"总计"行单元格，在该单元格右侧显示其下拉按钮，单击该下拉按钮显示"聚合函数"列表框，选择"计数"。

（10）单击第三列（即"成绩"字段）"交叉表"行单元格，在该单元格右侧显示其下拉按钮，单击该下拉按钮显示"交叉表"列表框，选择"值"。此时，该查询的"设计视图"如图 4-61 所示。

（11）保存该查询（名为：例 4-18 查询学生各学年的修课数—交叉表），返回该查询"设计视图"。

（12）运行该查询，将显示如图 4-62 所示的交叉表查询结果。

图 4-61 交叉表查询的"设计视图"

图 4-62 交叉表查询的运行结果

4.7 参 数 查 询

参数查询是这样一种查询，它在运行时显示"输入参数值"的对话框，提示用户输入信息，用户可在该对话框中输入不同的条件参数值，即可检索到满足条件的记录内容。

可以设计参数查询来提示输入条件，检索要满足该条件值的记录，例如可设计参数查询提示用户输入一个"班级号"，检索该班级的所有学生信息。还可以设计多个参数查询来提示更多的内容，例如设计两个参数的查询提示输入两个日期，运行时检索出这两个日期之间的所有记录。

4.7.1 在设计视图中创建单个参数的查询

例 4-19 在"学生管理系统"数据库中，创建一个单个参数的查询，根据提示输入某一个"班级号"，检索出该班级的成绩不及格的"班级号""学号""姓名""课程名称"和"成绩"字段。该查询的名称为"例 4-19 按班级号查询成绩不及格的学生名单"。

分析："学生"表中有"班级号""学号"和"姓名"三个字段，在"修课成绩"表中有"成绩"字段，在"课程"表中有"课程名称"字段，因此在创建该查询时一定要添加"学生"表、"修课成绩"表和"课程"表这三个表。

操作步骤如下。

（1）打开"学生管理系统"数据库，单击"创建"选项卡的"查询"组上的"查询设计"按钮，显示查询"设计视图"和"显示表"对话框。

（2）在该"设计视图"中添加"学生"表、"修课成绩"表和"课程"表三个表，关闭"显示表"对话框。

（3）在"设计网格"区，添加"学生"表的"班级号"字段、"学生"表的"学号"字段、"学生"表的"姓名"字段；添加"课程"表的"课程名称"字段；添加"修课成绩"表的"成绩"字段。

（4）在"设计网格"区"成绩"字段的"条件"行单元格中输入"<60"，如图4-63所示。

图4-63　含单个参数查询的"设计视图"的设置

（5）在"班级号"字段的"条件"行单元格中输入"[请输入要查询的班级号]"。

 其中"[请输入要查询的班级号]"就是一个参数的设置。在输入"[请输入要查询的班级号]"时，除了汉字以外，其他字符必须在英文输入法状态下输入。

（6）保存该查询（名称为"例4-19按班级号查询成绩不及格的学生名单"），返回该查询"设计视图"。

（7）运行该查询，弹出"输入参数值"对话框，在"请输入要查询的班级号"标签下的文本框中输入"2"，如图4-64所示。

（8）单击"输入参数值"对话框中的"确定"按钮，显示出班级号为"2"的成绩不及格的学生名单，如图4-65所示。

图4-64　"输入参数值"对话框

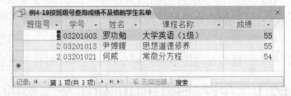

图4-65　参数查询结果

4.7.2　在设计视图中创建多个参数的查询

例4-20　在"学生管理系统"数据库中，创建一个含有两个参数的查询，提示输入两个日期，然后检索在这两个日期之间出生的所有学生的学号、姓名、性别、出生日期、班级名称、课程名称及成绩。该查询的名称为“例 4-20 查询两个日期之间出生学生的成绩”。

提示　创建本查询要添加“班级”表、“学生”表、“修课成绩”表和“课程”表。

操作步骤如下。

（1）打开“学生管理系统”数据库，单击“创建”选项卡的“查询”组上的“查询设计”按钮，显示查询“设计视图”和“显示表”对话框。

（2）往“设计视图”中添加“班级”表、“学生”表、“修课成绩”表和“课程”表。

（3）在“设计网格”区，添加“班级”表的“班级名称”字段，添加“学生”表的“学号”“姓名”“性别”“出生日期”四个字段，添加“课程”表的“课程名称”字段，添加“修课成绩”表的“成绩”字段。

（4）在“设计网格”区“出生日期”字段的“条件”行单元格中输入如下内容：

Between [请输入开始日期] And [请输入终止日期]

（5）单击“设计网格”区“学号”字段的“排序”行单元格右侧，从其下拉列表框中选择“升序”，如图 4-66 所示。

（6）保存该查询（名为“例 4-20 查询两个日期之间出生学生的成绩”）。

（7）单击“查询工具”下的“设计”选项卡上“结果”组中的“运行”按钮，运行该查询，弹出第一个“输入参数值”对话框，在“请输入开始日期”标签下的文本框中输入“1986-1-1”，如图 4-67 所示。单击该对话框中的“确定”按钮，弹出第二个“输入参数值”对话框。在“请输入终止日期”标签下的文本框中输入“1986-12-31”，如图 4-68 所示。

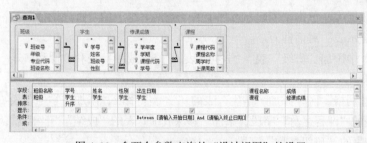

图 4-66　含两个参数查询的“设计视图”的设置

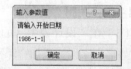

图 4-67　第一个“输入参数值”对话框

（8）单击第二个“输入参数值”对话框中的“确定”按钮，显示出 1986-1-1 至 1986-12-31 两个日期之间出生的学生的成绩，如图 4-69 所示。

图 4-68　第二个“输入参数值”对话框

例4-20查询两个日期之间出生学生的成绩

班级名称	学号	姓名	性别	出生日期	课程名称	成绩
03级统计学专业班	03202001	李蓓	女	1986/1/31	几何代数	71
03级统计学专业班	03202001	李蓓	女	1986/1/31	大学英语（1级）	91
03级统计学专业班	03202001	李蓓	女	1986/1/31	思想道德修养	71
03级统计学专业班	03202001	李蓓	女	1986/1/31	计算机应用基础	82
03级统计学专业班	03202001	李蓓	女	1986/1/31	数学分析	94
03级统计学专业班	03202001	李蓓	女	1986/1/31	常微分方程	90
03级统计学专业班	03202001	李蓓	女	1986/1/31	线性规划	85
03级统计学专业班	03202001	李蓓	女	1986/1/31	大学英语（2级）	78
03级统计学专业班	03202003	刘炳坤	男	1986/2/23	几何代数	73
03级统计学专业班	03202003	刘炳坤	男	1986/2/23	线性规划	75
03级统计学专业班	03202003	刘炳坤	男	1986/2/23	常微分方程	93
03级统计学专业班	03202003	刘炳坤	男	1986/2/23	数学分析	87

记录：第 1 项(共 40 项)　无筛选器　搜索

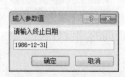

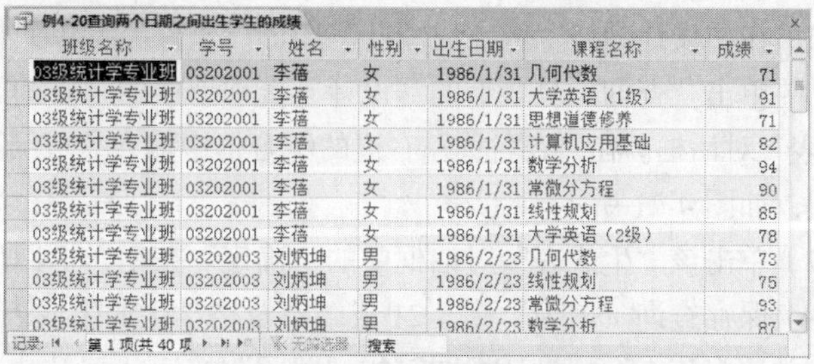

图 4-69　两个日期参数的查询结果

4.8 操作查询

操作查询是仅在一个操作中就可以追加、更改或删除许多记录的查询，操作查询共有四种类型：生成表查询、追加查询、更新查询与删除查询。

4.8.1 生成表查询

生成表查询利用一个或多个表中的全部或部分数据创建新表。

利用生成表查询建立新表时，如果数据库中已有同名的表，则新表将覆盖该同名的表。

利用生成表查询建立新表时，新表中的字段从生成表查询的源表中继承字段名称、数据类型以及"字段大小"属性，但是不继承其他的字段属性以及表的主键。

例 4-21 在"学生管理系统"数据库中，创建一个生成表查询，将 2003—2004 学年度成绩"不及格"的学生相关内容（包括"学号""姓名""课程名称""成绩""学年度""学期""班级名称"字段）生成到一个新表，该新表名为"成绩不及格的学生"，该查询名为"例 4-21 成绩不及格学生的生成表查询"。

在创建本查询时要添加"班级"表、"学生"表、"修课成绩"表和"课程"表。

1. 创建本例的生成表查询的步骤

（1）打开"学生管理系统"数据库，单击"创建"选项卡的"查询"组上的"查询设计"按钮，显示查询"设计视图"和"显示表"对话框。

（2）往该查询的"设计视图"中添加"班级"表、"学生"表、"修课成绩"表和"课程"表等四个表，关闭"显示表"对话框。

（3）在"设计视图"的"设计网格"区，添加"学生"表的"学号"字段，添加"学生"表的"姓名"字段，添加"课程"表的"课程名称"字段，添加"修课成绩"表的"成绩""学年度""学期"三个字段，添加"班级"表的"班级名称"字段。

（4）在"设计网格"区"学年度"字段的"条件"行单元格中输入"2003—2004"。

由于"学年度"字段是"文本"数据类型的字段，故当输入"2003-2004"后光标一离开该单元格，Access 立即自动在该"2003-2004"的前后添加上一对英文双引号。

（5）在"设计网格"区"成绩"字段的"条件"行单元格中输入"<60"，如图 4-70 所示。

（6）单击"查询工具"下的"设计"选项卡中的"查询类型"组上的"生成表"按钮，弹出"生成表"对话框。在"表名称"右边的组合框中输入"成绩不及格的学生"，单击"当前数据库"单选钮，如图 4-71 所示。

（7）单击该"生成表"对话框中的"确定"按钮，返回该生成表查询的"设计视图"。

（8）保存查询（名为"例 4-21 成绩不及格学生的生成表查询"）。

（9）单击该查询"设计视图"的"关闭"按钮。

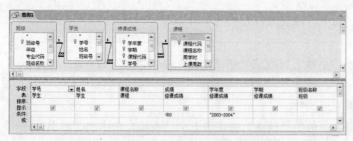

图 4-70　生成表查询的"设计视图"的设置　　　　　　图 4-71　"生成表"对话框

2. 运行本例的生成表查询的步骤

（1）双击导航窗格"查询"对象列表中的"例 4-21 成绩不及格学生的生成表查询"，弹出提示"确实要执行这种类型的动作查询吗？"对话框，如图 4-72 所示。

（2）单击该对话框中的"是"按钮，弹出提示"确实要用选中的记录来创建新表吗？"对话框，如图 4-73 所示。

图 4-72　确认执行生成表查询的对话框　　　　　　图 4-73　确认创建新表的对话框

（3）单击该对话框中的"是"按钮。此时，在导航窗格中的"表"对象的列表中，已经添加了"成绩不及格的学生"表。

（4）在导航窗格中的"表"对象列表中双击"成绩不及格的学生"，打开"成绩不及格的学生"表的"数据表视图"，该表当前有 16 条记录，如图 4-74 所示。

图 4-74　"成绩不及格的学生"表的"数据表视图"

4.8.2　追加查询

追加查询是将一个或多个表中的一组记录添加到另一个已存在的表的末尾。

要被追加记录的表必须是已经存在的表。这个表可以是当前数据库中的表，也可以是另外一个数据库中的表。

例 4-22　在"学生管理系统"数据库中，创建一个追加查询，将 2004-2005 学年度成绩"不及格"的学生相关内容（包括"学号""姓名""课程名称""成绩""学年度""学期""班级名称"

字段）追加到"成绩不及格的学生"表中。该查询名为"例 4-22 成绩不及格学生的追加查询"。

在创建本查询时要添加"班级""学生""修课成绩"和"课程"四个表。

1．创建本例的追加查询的步骤

（1）打开"学生管理系统"数据库，单击"创建"选项卡上的"查询"组中的"查询设计"按钮，显示查询"设计视图"和"显示表"对话框。

（2）在"设计视图"中添加"班级"表、"学生"表、"修课成绩"表和"课程"表。

（3）在该查询的"设计视图"的"设计网格"区，添加"学生"表的"学号"字段，添加"学生"表的"姓名"字段，添加"课程"表的"课程名称"字段，添加"修课成绩"表的"成绩""学年度""学期"三个字段，添加"班级"表的"班级名称"字段。

（4）在"设计网格"区"学年度"字段的"条件"行单元格中输入"2004-2005"。

由于是文本类型，Access 自动在该"2004-2005"的前后添加上一对英文双引号。

（5）在"设计网格"区"成绩"字段的"条件"行单元格中输入"<60"，如图 4-75 所示。

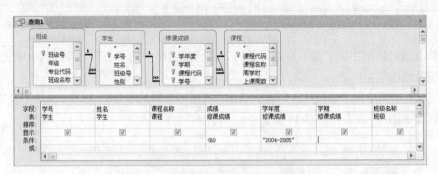

图 4-75　追加查询的"设计视图"的设置

（6）单击"查询工具"下的"设计"选项卡中的"查询类型"组上的"追加"按钮，弹出"追加"对话框。

（7）在"追加"对话框中，单击"当前数据库"单选钮，单击"表名称"右边组合框中的下拉按钮，显示表名列表框，单击该列表框中的"成绩不及格的学生"表，如图 4-76 所示。

（8）单击该"追加"对话框中的"确定"按钮，返回"设计视图"。

（9）保存该查询（名称为"例 4-22 成绩不及格学生的追加查询"），关闭追加查询"设计视图"。

图 4-76　"追加"对话框

2．运行本例的追加查询的步骤

（1）双击"导航窗格"中"查询"对象列表中的"例 4-22 成绩不及格学生的追加查询"，弹出提示"确实要执行这种类型的动作查询吗？"对话框，如图 4-77 所示。

（2）单击该对话框中的"是"按钮，弹出提示"确实要追加选中行吗？"对话框，如图 4-78 所示。

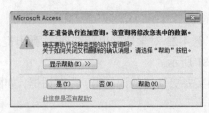

图 4-77　确认执行追加查询的对话框

图 4-78　"确实要追加选中行?"的对话框

（3）单击该对话框中的"是"按钮。

（4）在"导航窗格"中的"表"对象列表中双击"成绩不及格的学生"，打开"成绩不及格的学生"表的"数据表视图"，该表当前的 19 条记录如图 4-79 所示。

注意

此次追加之前，"成绩不及格的学生"表有 16 条记录，此次追加 3 条记录，因此当前该表共有 19 条记录。

学号	姓名	课程名称	成绩	学年度	学期	班级名称
03101005	黄健	大学英语（2级）	55	2003-2004	二	03级汉语专业班
03101025	杨飞凤	中国现代文学史	55	2003-2004	二	03级汉语专业班
03101030	张翔	大学英语（2级）	54	2003-2004	二	03级汉语专业班
03202023	莫清丝	几何代数	54	2003-2004	二	03级统计学专业班
03202031	温敏婷	大学英语（2级）	54	2003-2004	二	03级统计学专业班
03101001	陈素梅	计算机应用基础	59	2003-2004	一	03级汉语专业班
03101007	黄欣欣	大学英语（1级）	54	2003-2004	一	03级汉语专业班
03101015	李健	文学概论	55	2003-2004	一	03级汉语专业班
03101022	吴瑞清	思想道德修养	55	2003-2004	一	03级汉语专业班
03201003	罗功勉	大学英语（1级）	55	2003-2004	一	03级应用数学专业班
03201013	尹婵媛	思想道德修养	55	2003-2004	一	03级应用数学专业班

记录：第 1 项（共 19 项）　无筛选器　搜索

图 4-79　追加后"成绩不及格的学生"表的"数据表视图"

4.8.3　更新查询

更新查询可以对表中的部分记录或全部记录做更改。更新查询适用于一次更新一批数据的操作。

例 4-23　在"学生管理系统"数据库中，创建一个更新查询，将"修课成绩"表中的"学期"字段值为"1"的所有记录的"学期"字段值更改为"一"。该查询名为"例 4-23 学期的更新查询"。

分析："修课成绩"表有"学期"字段，因此在创建该更新查询时要添加"修课成绩"表。

1．创建本例的更新查询的步骤

（1）打开"学生管理系统"数据库，单击"创建"选项卡的"查询"组上的"查询设计"按钮，显示查询"设计视图"和"显示表"对话框。

（2）在该查询的"设计视图"中添加"修课成绩"表，关闭"显示表"对话框。

（3）单击"查询工具"下的"设计"选项卡中的"查询类型"组上的"更新"命令，显示"更新查询"的"设计视图"。

（4）在"设计网格"区"学期"字段的"更新到"行的单元格中输入"一"。

（5）在"设计网格"区"学期"字段的"条件"行的单元格中输入"1"，如图 4-80 所示。

（6）保存该查询（名为"例 4-23 对学期的更新查询"）。

（7）关闭该更新查询"设计视图"。

图 4-80　更新查询的"设计视图"

2. 运行本例的更新查询的步骤

（1）双击"导航窗格"上"查询"对象列表中的"例 4-23 对学期的更新查询"，弹出提示"确实要执行这种类型的动作查询吗？"对话框，如图 4-81 所示。

（2）单击该对话框中的"是"按钮，弹出提示"确实要更新这些记录吗？"对话框，如图 4-82 所示。

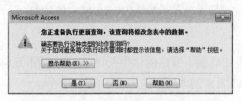

图 4-81　确认执行更新动作查询的对话框

图 4-82　"确实要更新这些记录吗？"对话框

（3）单击该对话框中的"是"按钮。

4.8.4　删除查询

删除查询可以从一个或多个表中删除一组记录。使用删除查询，将删除整个记录，而不是只删除记录中所选的字段。

如果启用级联删除，则可以用删除查询从单个表中、从一对一关系的多个表中或一对多关系的多个表中删除相关的记录。

例 4-24　在"学生管理系统"数据库中，创建一个删除查询，从"成绩不及格的学生"表中将"学年度"字段值为"2004-2005"的所有记录删除。该查询名为"例 4-24 成绩不及格学生的删除查询"。

1. 创建本例的删除查询的步骤

（1）打开"学生管理系统"数据库，单击"创建"选项卡的"查询"组上的"查询设计"按钮，显示查询"设计视图"和"显示表"对话框。

（2）在"设计视图"中添加"成绩不及格的学生"表，关闭"显示表"对话框。

（3）单击"查询工具"下的"设计"选项卡中的"查询类型"组上的"删除"按钮，显示"删除查询"的"设计视图"。

（4）在"设计网格"区中，在第一列的"字段"行的单元格中添加"成绩不及格的学生"表的"*"字段（注：通配符 * 代表该"成绩不及格的学生"表的全部字段），此时在第一列的"删除"行的单元格中默认显示"From"。当然，也可从该单元格中的下拉列表中（该列表只有"From"和"Where"两项）选择"From"。

（5）在"设计网格"区中，在第二列的"字段"行的单元格，添加"成绩不及格的学生"表的"学年度"字段，此时，在第二列的"删除"行的单元格中默认显示"Where"。当然，也可从该单元格的下拉列表中选择"Where"。

（6）在"设计网格"区"学年度"字段的"条件"行的单元格中输入"2004-2005"，如图 4-83 所示。

（7）保存该查询（名为"例 4-24 成绩不及格学生的删除查询"）。

图 4-83　删除查询的"设计视图"的设置

（8）关闭该查询"设计视图"。

2．运行本例的删除查询的步骤

（1）双击"导航窗格"上"查询"对象列表中的"例 4-24 成绩不及格学生的删除查询"，弹出提示"确实要执行这种类型的动作查询吗？"对话框，如图 4-84 所示。

（2）单击该对话框中的"是"按钮，弹出提示"确实要删除选中的记录吗？"对话框，如图 4-85 所示。

图 4-84　确认执行删除查询的对话框

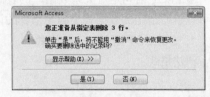

图 4-85　"确实要删除选中的记录吗？"对话框

（3）单击该对话框中的"是"按钮。

4.9　SQL 查询

SQL（Structure Query Language）的中文名称为结构化查询语言。SQL 是一种专门针对数据库操作的计算机语言。SQL 查询是使用 SQL 语句创建的查询。

在 Access 数据库中，查询对象本质上是一个 SQL 语言编写的命令。当使用查询的"设计视图"用可视化的方式创建一个查询对象后，系统便自动把它转换为相应的 SQL 语句保存起来。运行一个查询对象实质上就是执行该查询中指定的 SQL 命令。

在查询"设计视图"中，为了能够看到查询对象相应的 SQL 语句或直接编辑 SQL 语句，用户可以从"设计视图"切换到"SQL 视图"。在"设计"选项卡中的"结果"组上的"视图"按钮下方有一个下拉按钮，单击该下拉按钮，在弹出的下拉菜单中单击"SQL 视图"命令打开"SQL视图"，如图 4-86 所示，在其中便可直接编辑 SQL 语句。保存"SQL 视图"所创建查询，在"导航窗格"上的"查询"对象列表中即添加了该 SQL查询的名称。

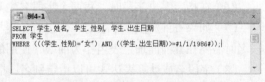

图 4-86　查询的"SQL 视图"示例

SQL 查询是使用 SQL 语句创建的查询。可以使用 SQL 来查询、更新和管理 Access 这样的关系数据库。

在查询"设计视图"中创建查询时，Access 将在后台构造等效的 SQL 语句。事实上，在查询"设计视图"中所设置的属性，在"SQL 视图"中都有对应的等效子句和选项。如果愿意，可以在"SQL 视图"中查看和编辑 SQL 语句，在"SQL 视图"中更改查询后查询的显示方式可能不同于以前在"设计视图"中的显示方式。

某些 SQL 查询称为 SQL 特定查询，不能在查询"设计视图"的"设计网格"中创建。对于传递查询、数据定义查询和联合查询，必须直接在"SQL 视图"中创建 SQL 语句。对于子查询，要在查询"设计网格"的"字段"行或"条件"行中输入 SQL 语句。

在输入 SQL 语句时，除了汉字以外，其他所有字符必须是在英文输入法状态下输入的英文字符。例如，在 SQL 语句中，像"."">""<""="">""("")""[""]""""""""%""#""*""?"和"!"等字符必须是英文字符。

4.9.1 SELECT 语句

SELECT 语句是对关系数据库的表做选择运算的一个命令，同时该命令也支持表的投影运算。它可以返回指定的数据表中满足条件的记录。

1. SELECT 语句的一般格式

语法格式：

SELECT [ALL | DISTINCT | TOP n] * | <字段 1> | <计算表达式 1> [AS 别名 1][,<字段 2> | <计算表达式 2> [AS 别名 2]][, …]

FROM <表名 1>[,<表名 2>][, …]

[WHERE <条件表达式 1>]

[GROUP BY <字段 i>[,<字段 j>][, …] [HAVING <条件表达式 2>]]

[ORDER BY <字段 m> [ASC | DESC][, <字段 n> [ASC | DESC]] [, …[ASC | DESC]]];

功能：从 FROM 子句所指定的表中返回一个满足 WHERE 子句所指定的条件的记录集，该记录集中只包含 SELECT 语句中所指定的字段。

语法格式的具体说明如下。

（1）语法格式中的方括号"[　　]"表示可选项。

（2）"|"符号表示（由"|"符号所分隔的前、后）两项任选其一。

（3）ALL 表示输出全部记录（包括重复记录）。DISTINCT 表示输出无重复记录，TOP n 表示输出结果的前 n 个记录（其中 n 为正整数）。当省略它们时，默认是 ALL。

（4）当选择表中的全部字段时可以使用"*"号通配符来表示。

（5）在指定多个表时，每两个表名之间要用英文逗号分隔开。

（6）在指定多个字段时，每两个字段名之间要用英文逗号分隔开。

（7）如果查询涉及多个表时，为了避免表与表之间使用相同的字段名而产生歧义，在指定字段名时需要在其前面加上表名作为前缀，使用的格式为：表名.字段名。

（8）字段名或计算表达式可以指定别名，指定别名的格式是在 SELECT 后边紧跟着的字段名或计算表达式之后加上"As 别名"。在产生的记录集中，将使用别名来作为该列的字段名。

（9）如果有 GROUP BY 子句，则将按照指定字段的值进行分组。

（10）如果 GROUP BY 子句后有 HAVING 子句，则只输出满足 HAVING 条件的查询结果。

（11）如果有 ORDER BY 子句，查询结果将按从左到右指定字段顺序并按字段值进行排序，ASC 表示升序，DESC 表示降序。若某指定字段后边省略了 ASC 和 DESC，则该字段默认为升序。

（12）SELECT 命令的语句末尾以英文分号结束。

2. SELECT 语句的简单查询实例

例 4-25 在数据库"学生管理系统"中使用 SQL 视图，创建一个名为"例 4-25 查询学生全部信息"的查询对象，查看"学生"表的所有记录。

在该查询的"SQL 视图"中应键入的 SQL 语句是：

SELECT * FROM 学生;

或者键入 SQL 语句：

```
SELECT  ALL * FROM 学生；
```

上述的两个 SELECT 语句是等价的。

例 4-26 在数据库"学生管理系统"中使用 SQL 视图，创建一个名为"例 4-26 查询学生部分信息"的查询对象，查看"学生"表的所有学生的学号、姓名、性别和出生日期的信息。

在该查询的"SQL 视图"中应键入的 SQL 语句是：

```
SELECT 学号, 姓名, 性别, 出生日期 FROM 学生；
```

例 4-27 在数据库"学生管理系统"中使用 SQL 视图，创建一个名为"例 4-27 查询学生全部成绩"的查询对象，查看所有学生的学号、课程代码、课程名称和成绩的信息，并按课程代码升序、学号升序排序。查询的运行结果如图 4-87 所示。

分析："修课成绩"表中有"学号"字段、"课程代码"字段和"成绩"字段，"课程"表中有"课程名称"字段，因此在创建该 SQL 查询的 SELECT语句时，一定要在 FROM 子句中指定"修课成绩"和"课程"两个表。

图 4-87 查询的运行结果

在该查询的"SQL 视图"中应键入的 SQL 语句是：

```
SELECT 修课成绩.学号, 修课成绩.课程代码, 课程.课程名称, 修课成绩.成绩
FROM 修课成绩, 课程
WHERE 修课成绩.课程代码=课程.课程代码
ORDER BY 修课成绩.课程代码, 修课成绩.学号；
```

3. SELECT 语句中的条件查询实例

例 4-28 在数据库"学生管理系统"中使用 SQL 视图，创建一个名为"例 4-28 查询女学生的基本信息"的查询对象，要求查找"学生"表中的所有女学生的学号、姓名、性别和出生日期的信息。

在该查询的"SQL 视图"中应键入的 SQL 语句是：

```
SELECT 学号, 姓名, 性别, 出生日期 FROM 学生 WHERE 性别="女"；
```

例 4-29 在数据库"学生管理系统"中使用 SQL 视图，创建一个名为"例 4-29 查询 1986年出生的男学生的基本信息"的查询对象，要求查找"学生"表中的所有 1986 年出生的男学生的学号、姓名、性别和出生日期的信息。

在该查询的"SQL 视图"中应键入的 SQL 语句是：

```
SELECT 学号, 姓名, 性别, 出生日期  FROM 学生
WHERE 性别="男" AND 出生日期>=#1986-01-01# AND 出生日期<=#1986-12-31#；
```

或者键入 SQL 语句：

```
SELECT 学号, 姓名, 性别, 出生日期  FROM 学生
WHERE 性别="男" AND YEAR(出生日期)=1986；
```

或者键入 SQL 语句：

```
SELECT 学号, 姓名, 性别, 出生日期  FROM 学生
WHERE 性别="男" AND 出生日期 BETWEEN #1986-01-01# AND #1986-12-31#;
```

本例的三个 SELECT 语句是等价的。

例 4-30　在数据库"学生管理系统"中使用 SQL 视图，创建一个名为"例 4-30 查询成绩不及格的学生"的查询对象，查看有不及格成绩的学生的学号、课程代码、课程名称和成绩的信息，并按课程代码升序、成绩降序排序。

分析："修课成绩"表中有"学号"字段、"课程代码"字段和"成绩"字段，"课程"表中有"课程名称"字段。

在该查询的"SQL 视图"中应键入的 SQL 语句是：

```
SELECT 修课成绩.学号, 修课成绩.课程代码, 课程.课程名称, 修课成绩.成绩
FROM 修课成绩, 课程
WHERE 修课成绩.课程代码=课程.课程代码 AND 修课成绩.成绩<60
ORDER BY 课程.课程代码 ASC, 修课成绩.成绩 DESC;
```

4. SELECT 语句中的函数计算和分组计算实例

使用 SQL 聚合函数，例如 SUM、AVG、MAX、MIN 和 COUNT 等，可用于计算各种统计信息。其中的函数 SUM 和 AVG 只能对数字型字段进行数值计算。在使用 SQL 聚合函数进行统计时，常常需要进行分组统计，这时要用上 GROUP BY 子句。

例 4-31　在数据库"学生管理系统"中使用 SQL 视图，创建一个名为"例 4-31 统计全校学生总人数"的查询对象。

在该查询的"SQL 视图"中应键入的 SQL 语句是：

```
SELECT COUNT(*)  AS 全校学生总人数 FROM 学生;
```

例 4-32　在数据库"学生管理系统"中使用 SQL 视图，创建一个名为"例 4-32 统计全校男学生和女学生的人数"的查询对象。该查询的运行结果如图 4-88 所示。

在该查询的"SQL 视图"中应键入的 SQL 语句是：

```
SELECT 性别, Count(学号)  AS 学生人数  FROM 学生  GROUP BY 性别;
```

例 4-33　在数据库"学生管理系统"中，使用 SQL 视图，创建一个名为"例 4-33 统计每个学生已修课程的总学分"的查询对象，查询结果要按学号升序排序。对于每个学生来说，某一课程的成绩大于等于 60 分才能统计该门课程成绩的学分（若不及格，就不统计该门课程成绩的学分）。该查询的运行结果如图 4-89 所示。

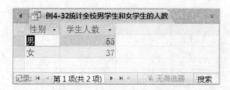

图 4-88　查询的运行结果

图 4-89　查询的运行结果

在该查询的“SQL 视图”中应键入的 SQL 语句是：

```
SELECT 修课成绩.学号, COUNT(课程.学分) AS 课程数, SUM(课程.学分) AS 总学分
FROM 修课成绩, 课程
WHERE 修课成绩.课程代码=课程.课程代码 AND 修课成绩.成绩>=60
GROUP BY 修课成绩.学号
ORDER BY 修课成绩.学号;
```

例 4-34 在数据库“学生管理系统”中，使用 SQL 视图，创建一个名为“例 4-34 统计每门课程的平均分、最高分和最低分”的查询对象，查询结果要按课程代码升序排序。该查询的运行结果如图 4-90 所示。

例4-34统计每门课程的平均分、最高分和最低分

课程名称	平均分	最高分	最低分
常微分方程	82.7627118644068	97	54
大学英语（1级）	82.1348314606742	97	54
大学英语（2级）	78.1011235955056	97	54
几何代数	83.0677966101695	97	54
计算机应用基础	78.0561797752809	95	59
数学分析	81.6101694915254	97	55
思想道德修养	83.0561797752809	97	55
文学概论	81.2	97	55
现代汉语	76.5	91	62
线性规划	80.7796610169491	96	63
中国当代文学史	80.1	97	54

记录: 第 1 项(共 12 项 无筛选器 搜索

图 4-90 查询的运行结果

在该查询的“SQL 视图”中应键入的 SQL 语句是：

```
SELECT 课程.课程名称, AVG(修课成绩.成绩) AS 平均分,
MAX(修课成绩.成绩) AS 最高分, MIN(修课成绩.成绩) AS 最低分
FROM 修课成绩, 课程  WHERE 修课成绩.课程代码=课程.课程代码
GROUP BY 课程.课程名称
ORDER BY 课程.课程代码;
```

5. SELECT 语句中使用 HAVING 子句实例

例 4-35 在数据库“学生管理系统”中，使用 SQL 视图创建一个名为“例 4-35 查询两科以上成绩不及格的学生”的查询对象。

在该查询的“SQL 视图”中应键入的 SQL 语句是：

```
SELECT 学号, COUNT(*) AS 不及格的课程数
FROM 修课成绩
WHERE 成绩<60
GROUP BY 学号 HAVING COUNT(*)>=2;
```

4.9.2 INSERT 语句

INSERT 语句是用于向表中添加记录的语句，该语句有两种基本的用法，一种是用于添加一个记录，另一种是从其他表向目标表添加一个或多个记录。

其语法格式如下：

```
语法格式 1：添加单个记录
INSERT INTO <目标表> [(字段 1[, 字段 2[, …]])] VALUES (值 1[, 值 2[, …]]);
```

语法格式 2：添加多个记录

```
INSERT INTO <目标表> [(字段1[, 字段2[, …]])]
SELECT [源表.]字段1[, [源表.]字段2[, …]]
FROM <源表>;
```

功能：在数据库表中添加记录。

语法格式的具体说明如下。

（1）第一种语法格式是直接用值 1，值 2 等参数指定的值在表中添加一个新记录。

（2）第二种语法格式是从其他表向指定的表添加记录。

（3）<目标表>参数指定要添加记录的表名。

（4）跟在<目标表>参数后的字段 1，字段 2 等参数指定要添加数据的字段。跟在 SELECT 参数后的字段 1，字段 2 等参数指定要提供数据的源表字段。

（5）<源表>指定提供记录来源的表。

例 4-36　在数据库"学生管理系统"中，使用 SQL 视图创建一个名为"例 4-36 添加一个新记录"的查询对象。使用 INSERT 语句在数据库"学生管理系统"中的"学生"表中添加一个记录。添加记录的内容为："03202038"，"梁惠芬"，3，"女"，#1984-11-28#，True，752，"舞蹈"。

1．创建本例 SQL 查询的步骤

（1）打开"学生管理系统"数据库，单击"创建"选项卡的"查询"组上的"查询设计"按钮，弹出查询"设计视图"和"显示表"对话框。单击"显示表"的"关闭"按钮。

（2）单击"查询工具"下的"设计"选项卡中的"结果"组上的"视图"按钮下方的下拉按钮，弹出其下拉菜单，单击下拉菜单中的"SQL 视图"命令。

（3）在该查询设计的"SQL 视图"中，键入下面的 SQL 语句：

```
INSERT INTO 学生(学号, 姓名, 班级号, 性别, 出生日期, 优干, 高考总分, 特长)
VALUES ("03202038", "梁惠芬", 3, "女", #1984-11-28#, True, 752, "舞蹈");
```

（4）保存该查询（名为"例 4-36 添加一个新记录"）。

（5）关闭该查询的"SQL 视图"。

2．运行本例查询的步骤

（1）双击"导航窗格"中"查询"对象列表中的"例 4-36 添加一个新记录"，弹出提示"确实要执行这种类型的动作查询吗？"对话框，如图 4-91 所示。

（2）单击该对话框中的"是"按钮，弹出提示"确实要追加选中行吗？"对话框，如图 4-92 所示。

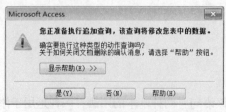

图 4-91　确认执行追加查询的对话框

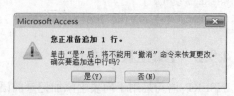

图 4-92　"确实要追加选中行"的对话框

（3）单击该对话框中的"是"按钮。

（4）在"导航窗格"中的"表"对象列表中，双击"学生"，打开"学生"表的"数据表视图"，可看到追加了一条记录，如图 4-93 所示。

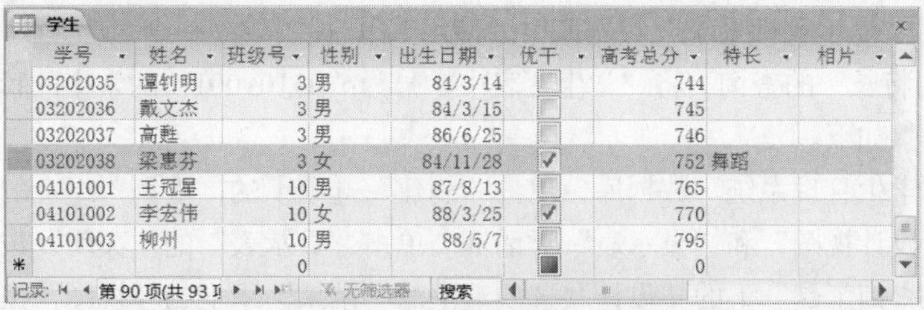

学号	姓名	班级号	性别	出生日期	优干	高考总分	特长	相片
03202035	谭钊明	3	男	84/3/14		744		
03202036	戴文杰	3	男	84/3/15		745		
03202037	高甦	3	男	86/6/25		746		
03202038	梁惠芬	3	女	84/11/28	✓	752	舞蹈	
04101001	王冠星	10	男	87/8/13		765		
04101002	李宏伟	10	女	88/3/25	✓	770		
04101003	柳州	10	男	88/5/7		795		
*		0				0		

图 4-93 追加后“学生”表的“数据表视图”

例 4-37 在数据库“学生管理系统”中，假定有一个其结构与“学生”表结构完全相同的“临时学生”表，在“临时学生”表中已有 3 条记录，如图 4-94 所示。使用 SQL 视图创建一个名为“例 4-37 往学生表添加一组新记录”的查询对象。使用 INSERT 语句将“临时学生”表中的所有记录添加到“学生”表中。运行该查询的结果如图 4-95 所示。

在该查询的“SQL 视图”中应键入的 SQL 语句是：

```
INSERT INTO 学生 SELECT * FROM 临时学生;
```

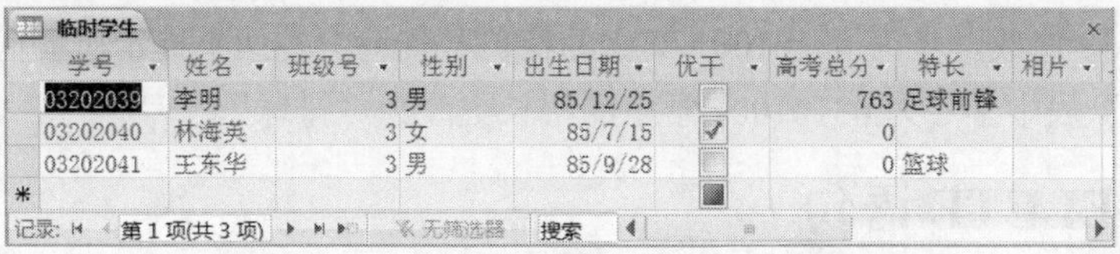

学号	姓名	班级号	性别	出生日期	优干	高考总分	特长	相片
03202039	李明	3	男	85/12/25		763	足球前锋	
03202040	林海英	3	女	85/7/15	✓	0		
03202041	王东华	3	男	85/9/28		0	篮球	
*								

图 4-94 “临时学生”表中已有 3 条记录

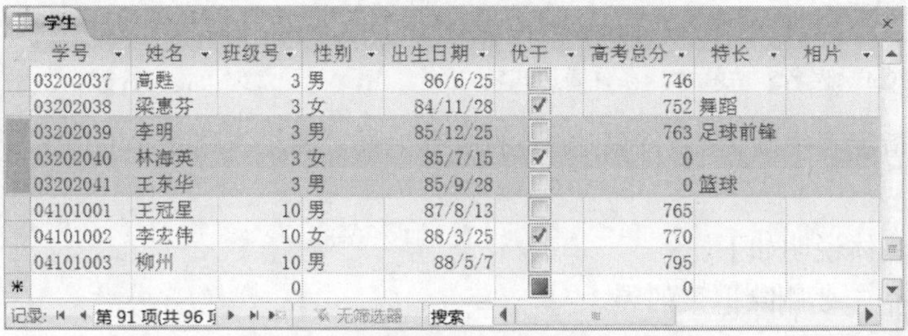

学号	姓名	班级号	性别	出生日期	优干	高考总分	特长	相片
03202037	高甦	3	男	86/6/25		746		
03202038	梁惠芬	3	女	84/11/28	✓	752	舞蹈	
03202039	李明	3	男	85/12/25		763	足球前锋	
03202040	林海英	3	女	85/7/15	✓	0		
03202041	王东华	3	男	85/9/28		0	篮球	
04101001	王冠星	10	男	87/8/13		765		
04101002	李宏伟	10	女	88/3/25	✓	770		
04101003	柳州	10	男	88/5/7		795		
*		0				0		

图 4-95 运行“例 4-37 往学生表添加一组新记录”查询后“学生”表记录

4.9.3 UPDATE 语句

UPDATE 语句用于修改、更新数据表中记录的内容。它的语法格式如下：

语法格式：

```
UPDATE <表名> SET <字段 1=值 1[, 字段 2=值 2, …]> WHERE <条件表达式>;
```

功能：对指定的表中满足<条件表达式>的记录进行修改。如果省略了 WHERE 子句，则对该指定表的全部记录进行修改。

语法格式的具体说明如下。

（1）<表名>指定要修改的表。

（2）“字段 1=值 1”表示将<字段 1>的值修改为<值 1 >，涉及多个字段的修改时需要用逗号分隔各个字段修改部分。

（3）<条件表达式>用于指定要修改的记录需要满足的条件。

例 4-38 在"学生管理系统"数据库中，使用 SQL 视图建立一个名为"例 4-38 修改学号为 03101001 学生的特长"的查询，将"学生"表中学号为"03101001"的学生的特长改为"排球"。

具体操作步骤如下。

（1）打开"学生管理系统"数据库，单击"创建"选项卡的"查询"组上的"查询设计"按钮，显示查询"设计视图"和"显示表"对话框。单击"显示表"的"关闭"按钮。

（2）单击"查询工具"下的"设计"选项卡中的"结果"组上的"视图"按钮下方的下拉按钮，弹出下拉菜单，单击下拉菜单中的"SQL 视图"命令。

（3）在"SQL 视图"中键入下面的 SQL 语句：

```
UPDATE 学生 SET 特长= "排球"
WHERE 学号= "03101001";
```

（4）单击 Access 窗口快速访问工具栏中的 按钮，弹出"另存为"对话框。在"另存为"对话框中键入查询名称"例 4-38 修改学号为 03101001 学生的特长"。

（5）单击"另存为"对话框中的"确定"按钮。

（6）单击"SQL 视图"的"关闭"按钮。

运行"例 4-38 修改学号为 03101001 学生的特长"查询，在两个提示对话框中单击"是"按钮，此时"学生"表中学号为 03101001 学生的特长更改为"排球"。

4.9.4 DELETE 语句

DELETE 语句用于删除数据表中的一个或多个记录。它的语法格式如下：

语法格式：

```
DELETE * FROM <表名> WHERE <条件表达式>;
```

功能：删除指定表中满足<条件表达式>的所有记录。如果省略了 WHERE 子句，则删除该指定表的所有记录。

语法格式的具体说明如下。

（1）<表名>指定要删除记录的表。

（2）<条件表达式>指定要删除的记录需要满足的条件。

例 4-39 在"学生管理系统"数据库中建立一个名为"例 4-39 删除一个记录"的查询，从"学生"表中删除学号为"03202038"的记录。

具体操作步骤如下。

（1）打开"学生管理系统"数据库，单击"创建"选项卡的"查询"组上的"查询设计"按钮，显示查询"设计视图"和"显示表"对话框。单击"显示表"的"关闭"按钮。

（2）单击"查询工具"下的"设计"选项卡中的"结果"组上的"视图"按钮下方的下拉按钮，弹出下拉菜单，单击下拉菜单中的"SQL 视图"命令。

（3）在"SQL 视图"中键入下面的 SQL 语句：

```
DELETE * FROM 学生 WHERE 学号="03202038";
```

（4）单击 Access 窗口快速访问工具栏中的 按钮，弹出"另存为"对话框。在"另存为"对话框中键入查询名称"例 4-39 删除一个记录"。

（5）单击"另存为"对话框中的"确定"按钮，返回该查询的"SQL 视图"。

（6）单击"SQL 视图"的"关闭"按钮。

运行"例 4-39 删除一个记录"查询，在两个提示消息框中单击"是"按钮，便从"学生"表中删除学号为"03202038"的记录。

4.9.5　SQL 特定查询

对于数据定义查询、传递查询、联合查询，不能在设计网格中创建，必须直接在"SQL 视图"中创建 SQL 语句。

除了前面介绍的打开"SQL 视图"方法之外，在打开查询的"设计视图"后，单击"查询工具"下的"设计"选项卡的"查询类型"组中的"联合"按钮、"传递"按钮或"数据定义"按钮，也可以打开"SQL 视图"。

1. 数据定义查询

数据定义查询可以创建、删除或修改表，也可以在数据库表中创建索引。

（1）创建表 CREATE TABLE。

简单的语法格式：

```
CREATE TABLE <表名>(<字段名1> <数据类型>,<字段名2> <数据类型>[,…]);
```

例 4-40　在"学生管理系统"数据库中，使用 SQL 视图创建一个名为"例 4-40 创建'勤工助学'表"的查询对象。"勤工助学"表结构如表 4-6 所示。

表 4-6　　　　　　　　　　　　　　　"勤工助学"表结构

字段名	学号	岗位名称	工资
字段类型	文本	文本	数字
字段大小	8	20	

在该查询的"SQL 视图"中应键入的 SQL 语句是：

```
CREATE TABLE 勤工助学(学号 TEXT(8), 岗位名称 TEXT(20), 工资 NUMERIC);
```

（2）修改表 ALTER TABLE。

通过 ALTER TABLE 语句可以用多种方式修改一个现有的表。

① 在 ALTER TABLE 语句中，使用 ADD COLUMN 子句向表中添加新字段。可以指定字段名称、数据类型和可选字段大小。

例 4-41　在数据库"学生管理系统"中，使用 SQL 视图创建一个名为"例 4-41 往勤工助学表添加字段"查询对象。添加的字段名为"上班时间段"，字段类型为文本数据类型，字段大小为160。

在该查询的"SQL 视图"中应键入的 SQL 语句是：

```
ALTER TABLE 勤工助学 ADD COLUMN 上班时间段 TEXT(160);
```

② 在 ALTER TABLE 语句中，使用 ALTER COLUMN 可更改现有字段的数据类型。可以指定字段名称、新的数据类型及可选字段大小。

例 4-42　在数据库"学生管理系统"中，使用 SQL 视图创建一个名为"例 4-42 更改勤工助学表中的字段"查询对象。将"勤工助学"表中称为"岗位名称"的文本数据类型字段的字段大小由原来的 20 更改为 30。

在该查询的“SQL 视图”中应键入的 SQL 语句是：

```
ALTER TABLE 勤工助学 ALTER COLUMN 岗位名称 TEXT(30);
```

（3）删除表 DROP TABLE。

简单的语法格式：

```
DROP TABLE <表名>;
```

例 4-43 在数据库“学生管理系统”中，假定已经创建了“临时勤工助学”表。使用 SQL 视图创建一个名为“例 4-43 删除临时勤工助学表”的查询对象。

在该查询的“SQL 视图”中应键入的 SQL 语句是：

```
DROP  TABLE 临时勤工助学;
```

（4）创建索引 CREATE INDEX 语句。

对现有表创建一个新索引，如下例所述。

例 4-44 在数据库“学生管理系统”中，使用 SQL 视图创建一个名为“例 4-44 对勤工助学表创建一个新索引和主键”的查询对象。要对“勤工助学”表的“学号”字段创建一个索引，并把“学号”字段设置为主键。

在该查询的“SQL 视图”中应键入的 SQL 语句是：

```
CREATE INDEX 学号 ON 勤工助学(学号) WITH PRIMARY;
```

2. 子查询

子查询由包含在另一个选择查询或操作查询之内的 SQL SELECT 语句组成。可以在查询“设计视图”的“设计网格”中的“字段”行输入这些语句来定义新字段，或在“条件”行来定义字段的条件。

在子查询中还可创建子查询（嵌套子查询）。

在 SELECT 语句中使用的子查询，是指嵌套于 SELECT 语句的 WHERE 子句中的 SELECT 语句这种类型的子查询。

例 4-45 在数据库“学生管理系统”中，使用 SQL 视图创建一个名为“例 4-45 查询已修课程代码为 20000005 课程的学生情况”的查询对象。

在该查询的“SQL 视图”中应键入的 SQL 语句是：

```
SELECT  *  FROM 学生
WHERE 学号 IN (SELECT 学号 FROM 修课成绩 WHERE 课程代码="20000005");
```

3. 联合查询

联合查询将两个或更多个表或查询中的字段合并到查询结果的一个字段中。使用联合查询可以合并两个表中的数据。

例 4-46 在数据库“学生管理系统”中，使用 SQL 视图创建一个名为“例 4-46 联合查询 1986 年出生的学生情况”的查询对象。查询要求：显示“例 4-29 查询 1986 年出生的男学生的基本信息”查询中的所有记录和显示“例 4-28 查询女学生的基本信息”查询中的所有 1986 年出生的女学

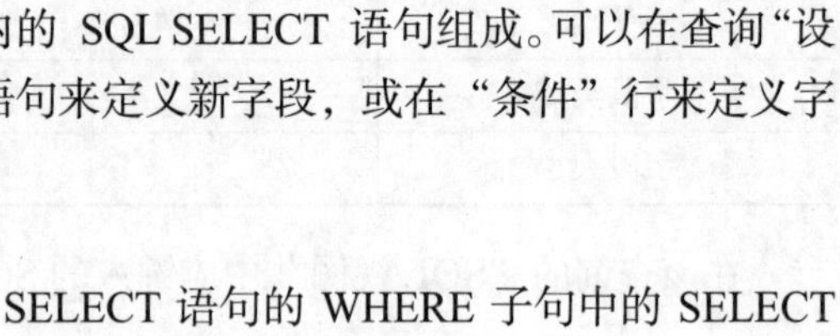

学号	姓名	性别	出生日期
03202003	刘炳坤	男	86/2/23
03202033	雷杰	男	86/8/12
03202037	高甦	男	86/6/25
03202001	李蓓	女	86/1/31
03202031	温敏婷	女	86/1/10

图 4-96　查询运行结果

生记录，查询结果按"性别"排序。该查询的运行结果如图 4-96 所示。

在该查询的"SQL 视图"中应键入的 SQL 语句是：

```
SELECT 学号, 姓名, 性别, 出生日期
FROM [例4-29查询1986年出生的男学生的基本信息]
UNION SELECT 学号, 姓名, 性别, 出生日期
      FROM [例4-28查询女学生的基本信息]
      WHERE YEAR(出生日期)=1986
ORDER BY 性别;
```

4. 传递查询

传递查询用于直接向支持开放式数据库连接（ODBC）标准的数据库服务器发送命令。传递查询在不涉及 Access 数据库引擎的情况下处理服务器上的表。在 Access2010 中，通过传递查询，可直接使用其他数据库管理系统中的表。

一般来说，在 Access2010 中，创建传递查询需要完成如下两项工作：

（1）设置要连接的数据库。打开 SQL 视图，单击"查询类型"组中的"传递"按钮，然后，打开"属性表"对话框，在"ODBC 连接字符串"框中输入指定要连接的数据库位置。在此不作实例详述。

（2）在 SQL 视图中键入 SQL 语句。

习 题 4

单选题

1. Access 数据库系统提供四种查询向导，分别是＿＿＿＿、交叉表查询向导、查找重复项查询向导、查找不匹配项查询向导。

  A. 字段查询向导　　　　　　　　B. 简单查询向导

  C. 记录查询向导　　　　　　　　D. 数据查询向导

2. 在 Access 中，可以对数据表中原有的数据内容进行修改的查询类型是＿＿＿＿。

  A. 选择查询　　　　　　　　　　B. 交叉表查询

  C. 操作查询　　　　　　　　　　D. 参数查询

3. Access 查询的"设计视图"分为两个部分，上部是字段列表区，下部是＿＿＿＿区。

  A. 数据表设计网格　　　　　　　B. 查询设计网格

  C. 报表设计网格　　　　　　　　D. 窗体设计网格

4. Access 查询的结果总是与数据源中的数据保持＿＿＿＿。

  A. 不一致　　　　B. 同步　　　　C. 无关　　　　D. 不同步

5. 在 Access 中，参数查询是利用"输入参数值"＿＿＿＿来提示用户输入条件的查询。

  A. 状态栏　　　　B. 对话框　　　　C. 工具栏　　　　D. 菜单栏

6. 在 Access 查询准则中，日期值要用＿＿＿＿括起来。

  A. %　　　　　　B. $　　　　　　C. #　　　　　　D. &

7. 特殊运算符"Is Null"用于指定一个字段为＿＿＿＿。

  A. 0　　　　　　B. 空格　　　　C. 空值　　　　D. False

8. SQL 语句中的 DROP 关键字的功能是从数据库中_____。

    A. 修改表   B. 删除表   C. 插入表   D. 新建表

9. 数据表中有一个"姓名"字段，查找姓名为"刘星"或"李四"的记录的准则是_____。

    A. Like ("刘星","李四")   B. Like ("刘星和李四")

    C. In ("刘星和李四")   D. In ("刘星","李四")

10. 不属于 Access 查询的是_____。

    A. 更新查询   B. 交叉表查询   C. SQL 查询   D. 连接查询

11. 操作查询不包括_____。

    A. 生成表查询   B. 删除查询   C. 追加查询   D. 选择查询

12. 用表"学生名单"创建新表"学生名单 2"，所使用的查询方式是_____。

    A. 删除查询   B. 生成表查询   C. 追加查询   D. 交叉表查询

13. 条件中"Between 20 and 100"的意思是_____。

    A. 数值 20 到 100 之间（包含 20 和 100）的数字

    B. 数值 20 和 100 这两个数字

    C. 数值 20 和 100 这两个数字之外的数字

    D. 数值 20 和 100 包含这两个数字，并且除此之外的数字

14. 在查询中对一个字段指定的多个条件的取值之间满足_____关系。

    A. AND   B. OR   C. NOT   D. LIKE

15. 关于删除查询，叙述正确的是_____。

    A. 每次只能删除一条记录

    B. 每次只能删除单个表中的记录

    C. 删除过的记录能用"撤销"命令恢复

    D. 每次删除整个记录，并非是指定字段中的数据

16. 数据表中有一个"地址"字段，查找地址最后两个字为"2 楼"的记录准则是_____。

    A. Right([地址],2)="2 楼"   B. Right([地址],3)= "2 楼"

    C. Right("地址",2)="2 楼"   D. Right("地址",3)= "2 楼"

17. 查找"姓名"字段中姓名的第二字是"宏"字的所有记录的准则是_____。

    A. LIKE"*宏"   B. LIKE "?宏"   C. LIKE"?宏?"   D. LIKE "?宏*"

18. 有一"人事档案"表，该表中有职工编号、姓名、性别、年龄和职位五个字段的信息，要查询所有年龄在 50 岁以上（含 50 岁）的女职工，且只显示其职工编号、姓名、年龄三个字段的信息，应使用_____SQL 语句。

    A. SELECT 职工编号, 姓名, 年龄 FROM   人事档案

        WHERE 年龄>=50   性别="女"

    B. SELECT 职工编号, 姓名, 年龄 FROM   人事档案

        WHERE 年龄>=50 and   性别="女" and 职位="职工"

    C. SELECT 职工编号, 姓名, 年龄 FROM   人事档案

        WHERE 年龄>=50 and   性别="女"

    D. SELECT 职工编号,姓名,年龄 FROM   人事档案

        WHERE 年龄>=50, 性别="女"

19. 有一"人事档案"表，该表中有职工编号、姓名、性别、年龄和职位五个字段的信息，

要将所有职工的年龄增加 1，应用＿＿＿＿＿＿SQL 语句。

    A. UPDATE 人事档案 年龄 ＝ 年龄 ＋1

    B. UPDATE 人事档案 SET 年龄 WITH 年龄 ＋1

    C. UPDATE 人事档案 SET 年龄 ＝ 年龄 ＋1

    D. UPDATE 人事档案 LET 年龄 ＝ 年龄 ＋1

20. 有一"人事档案"表，该表中有职工编号、姓名、性别、出生日期和职位五个字段的信息，对所有的职工先按性别的升序排序，在性别相同的情况下再按出生日期的降序排序。能完成这一功能的 SQL 语句是＿＿＿＿＿＿。

    A. SELECT * FROM 人事档案 ORDER BY 性别 ASC 出生日期 DESC

    B. SELECT * FROM 人事档案 ORDER BY 性别 ASC AND 出生日期 DESC

    C. SELECT * FROM 人事档案 ORDER BY 性别 ASC, 出生日期 DESC

    D. SELECT * FROM 人事档案 ORDER BY 性别, 出生日期

21. 有一"人事档案"表，该表中有职工编号、姓名、性别、年龄和职位五个字段的信息，现要求显示所有职位不是部门经理的职工的信息。能完成该功能的 SQL 语句是＿＿＿＿＿＿。

    A. SELECT * FROM 人事档案 WHERE NOT"部门经理"

    B. SELECT * FROM 人事档案 WHERE 职位 NOT"部门经理"

    C. SELECT * FROM 人事档案 WHERE NOT 职位="部门经理"

    D. SELECT * FROM 人事档案 WHERE 职位="部门经理"

22. 某工厂数据库中使用表"产品"记录生产信息，该表包括小组编号、日期、产量等字段，每个记录保存了一个小组一天的产量等信息。现需要统计每个小组在 2008 年 9 月份的总产量，则使用的 SQL 命令是＿＿＿＿＿＿。

    A. SELECT 小组编号, SUM(产量) AS 总产量 FROM 产品
       WHERE 日期=#2008-09# GROUP BY 小组编号

    B. SELECT 小组编号, SUM(产量) AS 总产量 FROM 产品
       WHERE 日期>=#2008-09-01# AND 日期<=#2008-09-30# GROUP BY 日期

    C. SELECT 小组编号, SUM(产量) AS 总产量 FROM 产品
       WHERE 日期>=#2008-09-01# AND 日期<#2008-10-01# GROUP BY 小组编号

    D. SELECT 小组编号, SUM(产量) AS 总产量 FROM 产品
       WHERE 日期=9 月 GROUP BY 小组编号, 日期

上机实验 4

1. 创建选择查询

（1）在"成绩管理系统"数据库中，创建一个名为"查询学系专业的班级情况"的查询，要求该查询包含学系名称、专业名称、班级号、年级、班级名称等字段。

（2）在"成绩管理系统"数据库中，创建一个名为"查询专业的学生情况"的查询，要求该查询包含专业名称、班级名称、学号、姓名、性别、出生日期、优干等字段。

（3）在"成绩管理系统"数据库中，创建一个名为"查询 1985 年出生的男学生基本情况"的查询，要求该查询包含"学生"表中的所有字段。

（4）在"成绩管理系统"数据库中，创建一个名为"查询 1985 年之前出生的女学生和 1986 年出生的男学生基本情况"的查询，要求该查询包含学号、姓名、性别、出生日期、优干等字段。

（5）在"成绩管理系统"数据库中，创建一个名为"统计全校 2003 年级的男、女学生人数"的查询。

 其中的"2003"是"班级"表中的"年级"字段值。

（6）在"成绩管理系统"数据库中，创建一个名为"统计'03 级汉语专业班'的各课程期末考试的平均成绩"的查询。要求显示出"课程名称"和"期末平均成绩"两列。

 其中的"03 级汉语专业班"是"班级"表中的"班级名称"字段值，"期末"是"修课成绩"表中的"成绩性质"字段值。本题查询需要添加"班级""学生""修课成绩"和"课程"四个表。

2. 创建参数查询

（1）在"成绩管理系统"数据库中，创建一个名为"按照学号查询学生的成绩情况"的参数查询，要求该查询包含学号、姓名、学年度、学期、课程名称和成绩等字段。参数格式是：[请输入要查询的学号]。运行该查询示例学号：03101001。

（2）在"成绩管理系统"数据库中，创建一个名为"按照班级名称及课程名称查询学生不及格成绩情况"的参数查询，要求该查询包含班级名称、学号、姓名、学年度、学期、课程名称和成绩等字段。注意，不及格是指成绩<60。两个参数格式分别是：[请输入要查询的班级名称]和[请输入要查询的课程名称]。运行该查询示例班级名称为"03 级汉语专业班"；示例课程名称为"文学概论"。

3. 创建交叉表查询

在"成绩管理系统"数据库中，创建一个名为"交叉表统计各班的男、女学生人数"的交叉表查询。其设计网格如图 4-97 所示。

图 4-97　交叉表查询的设计网格

4. 创建生成表查询

在"成绩管理系统"数据库中，创建一个名为"成绩不及格学生的生成表查询"的查询。该查询包含学号、姓名、课程代码、课程名称、班级名称、成绩、学年度和学期等字段。要求该查询将 2003-2004 学年度第二学期成绩不及格（即成绩<60）的学生的相关字段生成一个新表，该表名为"不及格学生名单"。运行该查询后，在"导航窗格"中选择"表"对象，查看"表"对象列表中是否添加了"不及格学生名单"表。再打开"不及格学生名单"表的"数据表视图"去观察效果。

其中的"2003-2004"是"修课成绩"表中的"学年度"字段值，"二"是"修课成绩"表中的"学期"字段值。

5. 创建追加查询

　　在"成绩管理系统"数据库中，创建一个名为"成绩不及格学生的追加查询"的查询。要求该查询将 2004-2005 学年度第一学期成绩不及格（即成绩<60）的学生的相关字段追加到"不及格学生名单"表中，该查询包含学号、姓名、课程代码、课程名称、班级名称、成绩、学年度和学期等字段。运行该查询后，再打开"不及格学生名单"表的"数据表视图"去观察效果。

　　　　其中的"2004-2005"是"修课成绩"表中的"学年度"字段值，"一"是"修课成绩"表中的"学期"字段值。

6. 创建 SQL 查询

　　（1）创建一个名为"SQL1"的查询，利用"专业"表查询每个专业的所有信息。

　　（2）创建一个名为"SQL2"的查询，利用"学生"表查询 1985 年出生的男学生的学号、姓名、性别和出生日期的信息，并要求按"性别"降序及"出生日期"升序排序查询结果。

　　（3）创建一个名为"SQL3"的查询，利用"班级"表和"学生"表统计各班男、女学生的人数。要求查询结果含有"班级名称""性别"字段和一个标题为"学生人数"的计算字段。

　　　　按"班级名称"和"性别"分组，使用 Count 函数统计人数。

第5章 窗体

窗体是一种主要用于在数据库中输入和显示数据的数据库对象。窗体也可以用作切换面板来打开数据库中的其他窗体和报表，或者用作自定义对话框来接受用户的输入及根据输入执行操作。窗体是用户与 Access 数据库之间的一个交互界面，用户可以通过窗体显示信息，进行数据的输入和编辑，还可根据录入的数据执行相应命令，对数据库进行各种操作的控制等。

5.1 窗 体 概 述

在 Access 数据库中，窗体是用户与数据库系统之间进行交互操作的主要对象。窗体本质上就是一个 Windows 的窗口，只是在进行可视化程序设计时将其称为窗体。

由于窗体的功能与数据库中的数据密切相关，故在建立一个窗体时，往往需要指定与该窗体相关的表或查询对象，也就是需要指定窗体的记录源。

窗体的记录源可以是表或查询对象，还可以是一个 SQL 语句。窗体中显示的数据将来自记录源指定的基础表或查询。窗体的记录源引用基础表和查询中的字段，但窗体无须包含每个基础表或查询中的所有字段。窗体上的其他信息（如标题、日期和页码）存储在窗体的设计中。

在窗体中，通常需要使用各种窗体元素，例如标签、文本框、选项按钮、复选框、命令按钮、图片框等，在术语上把这些窗体元素称为控件。对于负责显示记录源中某个字段数据的控件，需要将该控件的"控件来源"属性指定为记录源中的某个字段。

一旦完成了窗体"记录源"属性和所有控件的"控件来源"属性的设置，窗体就具备了显示记录源中记录的能力。在打开窗体对象时，通常系统会自动在窗体中添加导航条，用户便可以浏览和编辑"记录源"中的记录了。

5.1.1 窗体的组成

窗体的构成包括窗体页眉、页面页眉、主体、页面页脚和窗体页脚五个部分，每个部分称为一个"节"。窗体中的信息可以分布在多个节中。每个节都有特定的用途，并且按窗体中预见的顺序打印。

在窗体的"设计视图"中，节表现为区段形式，如图 5-1 所示，并且窗体包含的每个节最多出现一次。在打印窗体中，页面页眉和页面页脚可以每页重复一次。通过在某个节中放置控件（如标签和文本框等），可确定该节中信息的显示位置。

默认情况下窗体"设计视图"只显示主体节，若要添加其他节，可右击节中空白的地方，在弹出的快捷菜单中单击"页面页眉/页脚"命令，可显示或隐藏页面页眉节和页面页脚节；单击"窗体页眉/页脚"，可显示或隐藏窗体页眉节和窗体页脚节。

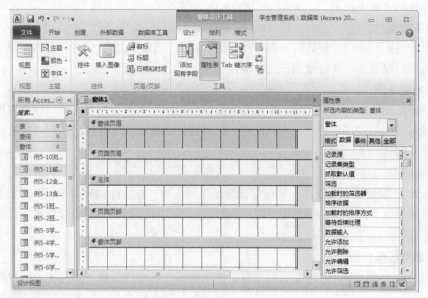

图 5-1　窗体的"设计视图"

1. 窗体页眉节

窗体页眉节显示对每条记录都一样的信息，如窗体的标题。窗体页眉出现在"窗体视图"中屏幕的顶部，以及打印时首页的顶部。

2. 页面页眉节

页面页眉节在每个打印页的顶部显示诸如标题或列标题等信息。页面页眉只出现在打印预览中或打印页纸上。

3. 主体节

主体节显示明细记录。可以在屏幕或页上显示一条记录，也可以显示尽可能多的记录。

4. 页面页脚节

页面页脚节在每个打印页的底部显示诸如日期或页码等信息。页面页脚只出现在打印预览中或打印页纸上。

5. 窗体页脚节

窗体页脚节显示对每条记录都一样的信息，如命令按钮或有关使用窗体的指导。打印时，窗体页脚出现在最后一个打印页的最后一个主体节之后，最后一个打印页的页面页脚之前。

5.1.2　窗体的视图类型

在 Access 数据库中，窗体的视图类型通常有如下几种。

1. 设计视图

若要创建或修改一个窗体的布局设计，可在窗体"设计视图"中进行。

在"设计视图"中，可以使用"窗体设计工具"下的"设计"选项卡上的按钮添加控件，如标签、文本框、按钮等，可以设置窗体或各个控件的属性。可使用"窗体设计工具"下的"格式"选项卡上的按钮更改字体或字体大小、对齐文本、更改边框或线条宽度、应用颜色或特殊效果。

可以使用"窗体设计工具"下的"排列"选项卡上相应按钮对齐控件等。

在"设计视图"中，单击"设计"选项卡上"视图"组中的"视图"按钮可切换到另一个视图（默认切换到"窗体视图"）。

2. 窗体视图

在"设计视图"中创建窗体后，即可在"窗体视图"中进行查看。在"窗体视图"中，显示来自记录源的记录数据，并可使用记录导航按钮在记录之间进行快速切换。

3. 数据表视图

在"设计视图"中创建窗体后，即可在"数据表视图"中进行查看。在"数据表视图"中，可以查看以行与列格式显示的记录，因此可同时看到许多条记录，并可使用记录导航按钮在记录之间进行快速切换。

4. 布局视图

Access 2010 新增了布局视图，它比设计视图更加直观，在设计的同时可以查看数据。在布局视图中，窗体中每个控件都显示了记录源中的数据，因此可以更加方便地根据实际数据调整控件的大小、位置等。

5. 数据透视表视图

在数据透视表视图中，可以动态地更改窗体的版面，从而以各种不同方法分析数据。可以重新排列行标题、列标题和筛选字段，直到形成所需的版面布置为止。每次改变版面布置时，窗体会立即按照新的布置重新计算数据。在数据透视表视图中，通过排列筛选行、列和汇总或明细区域中的字段，可以查看明细数据或汇总数据。

6. 数据透视图视图

在数据透视图视图中，可以动态地更改窗体的版面，从而以各种不同方法分析数据。可以重新排列横坐标轴标题、纵坐标轴标题和筛选字段，直到形成所需的版面布置为止。每次改变版面布置时，窗体会立即按照新的布置重新计算数据并显示对应的图表。在数据透视图视图中，通过选择一种图表类型并排列筛选系列、类别和数据区域中的字段，可以直观地以图表形式显示数据。

5.1.3 窗体的类型

一般来说，Access 提供了五种类型的窗体，分别是纵栏表窗体、表格式窗体、数据表窗体、数据透视表窗体和数据透视图窗体。

1. 纵栏表窗体

在纵栏表窗体中，一次只显示一个记录，每个字段都显示在一个独立的行上，并且左边带有一个该字段名标签。

2. 表格式窗体

在表格式窗体中，每条记录的所有字段显示在一行上，每个窗体只有一个标签，显示在窗体的顶端。

3. 数据表窗体

在数据表窗体中，每条记录的字段以行与列的格式显示，即每个记录显示为一行，每个字段显示为一列。字段的名称显示在每一列的顶端。

4. 数据透视表窗体

在数据透视表窗体中，可以动态地改变数据透视表窗体的版式布置，便于按照不同方式分析数据；可以重新排列行标题、列标题和页字段，直到形成所需的版式为止。每次改变版式时，数据透视表窗体会按照新的布置立即重新计算数据。另外，在源数据发生更改时，可以更新数据透视表窗体。数据透视表窗体可以根据数据在数据透视表窗体中的排列方式进行所需的计算。数据透视表也可以将字段值作为行或列的标题，在每个行标题和列标题的交汇处计算出各自的数量，然后计算小计和总计等。

5. 数据透视图窗体

在数据透视图窗体中，通过图表可以直观地显示数据，并且可以显示一个或多个图表。每个图表的数据源可以是数据表或查询。

5.1.4　主/子窗体

子窗体是插入到另一窗体中的窗体。原始窗体称为主窗体，窗体中的窗体称为子窗体。当显示具有一对多关系的表或查询中的数据时，子窗体特别有效。例如，可以创建一个带有子窗体的主窗体，用于显示"学系"表和"专业"表中的数据。"学系"表和"专业"表之间的关系是一对多关系，"学系"表中的数据是一对多关系中的"一"方的数据，放在主窗体中；"专业"表中的数据是一对多关系中的"多"方的数据，放在子窗体中。

如果将每个子窗体都放在主窗体上，则主窗体可以包含任意数量的子窗体，还可以嵌套多达7 层的子窗体。也就是说，可以在主窗体内包含子窗体，而子窗体内可以再有子窗体。例如，可以用一个主窗体来显示客户数据，用一个子窗体来显示订单，用另一个子窗体来显示订单的详细内容。但在数据透视表视图或数据透视图视图中，窗体不显示子窗体。

5.1.5　控件

控件是允许用户控制程序的图形用户界面对象，如文本框、复选框、滚动条或按钮等。使用控件可显示数据或选项、执行操作或使用户界面更易阅读。窗体中的所有信息都包含在控件中。例如，可以在窗体上使用文本框显示数据，使用按钮打开另一个窗体、查询或报表等；或者使用直线条或矩形来隔离和分组控件，以增强它们的可读性等。

窗体的控件包括标签、文本框、按钮、选项卡控件、超链接、Web 浏览器控件、导航控件、选项组、插入分页符、组合框、图表、直线、切换按钮、列表框、矩形、复选框、未绑定对象框、附件、选项按钮、子窗体/子报表、绑定对象框、图像及 ActiveX 控件等。

1. 控件的类型

在窗体中，控件可分为 3 种类型，即绑定控件、未绑定控件及计算控件。

（1）绑定控件。

绑定控件与记录源基础表或查询中的字段捆缚在一起。使用绑定控件可以显示、输入或更新数据库中的字段值。

（2）未绑定控件。

未绑定控件没有数据源。使用未绑定控件可以显示信息、线条、矩形和图片等。

（3）计算控件。

计算控件使用表达式作为其控件来源。表达式是运算符、常数、函数和字段名称、控件和属性的任意组合。表达式的计算结果为单个值，必须在表达式前键入一个等号（＝）。表达式可以使用窗体记录源基础表或查询中的字段数据，也可使用窗体上其他控件的数据。例如，要在文本框中显示当前日期，需将该文本框的"控件来源"属性指定为"=Date()"。

2. 创建控件的方法

（1）在基于记录源的窗体中，可以通过从字段列表中拖曳字段来创建控件。其中的字段列表是列出了基础记录源或数据库对象中的全部字段的窗口。

（2）通过单击"窗体设计工具"下"设计"选项卡中的"控件"组上的某一控件按钮，然后单击窗体中的适当位置直接创建控件。

（3）在确保"设计"选项卡中的"控件"组上的"使用控件向导"按钮按下后，再单击"控件"组上某一控件按钮，然后单击窗体中的适当位置，当 Access 对该控件有提供控件向导时，系统将弹出相应的向导对话框，用户可按该向导对话框的提示创建控件。

5.1.6 控件组

在 Access 2010 中，没有 Access 2003 中的工具箱，在窗体设计时可用的控件按钮被放置在"窗体设计工具"下"设计"选项卡的"控件"组中，如图 5-2（a）所示。单击"控件"组右侧的下拉按钮，可显示"控件"组的全部控件按钮，如图 5-2（b）所示。

(a) 显示部分控件

(b) 显示全部控件

图 5-2 "窗体设计工具"下"设计"选项卡中的"控件"组

控件组中的控件按钮名称及其功能如表 5-1 所示。

表 5-1   控件组中的按钮名称及其功能

按钮	名称	功能
	选择对象	用于选择控件、节或窗体。单击该按钮可以释放以前锁定的工具栏按钮
abl	文本框	用于显示、输入或编辑窗体或报表的基础记录源数据，显示计算结果或接收用户输入的数据
Aa	标签	用于显示说明性文本的控件，如窗体或报表上的标题等
xxxx	按钮	用于完成各种操作
	选项卡控件	用于创建一个多页的选项卡窗体或选项卡对话框，可以在选项卡控件上复制或添加其他控件
	超链接	用于在窗体中添加超链接
	Web 浏览器控件	用于在窗体中添加浏览器控件
	导航控件	用于在窗体中添加导航条
xyz	选项组	与复选框、选项按钮或切换按钮搭配使用，可以显示一组可选值，但只选择其中一个选项值

续表

按钮	名称	功能
	插入分页符	用于在窗体中开始一个新屏幕，或在打印窗体中开始一个新页
	组合框	组合框控件组合了文本框和列表框的特性，可以在组合框中键入新值，也可以从列表中选择一个值
	图表	用于在窗件中添加图表
	直线	用于在窗体中添加直线，通过添加的直线来突出显示重要信息
	切换按钮	用于绑定到"是/否"字段的独立控件，或用于接收用户在自定义对话框中输入数据的非绑定控件，或用于作为选项组的一部分
	列表框	显示可滚动的数值列表。在"窗体视图"中，可以从列表中选择值输入到新记录中或更新现有记录中的值
	矩形	用于显示矩形框效果，例如把相关的几个控件放在一个矩形内
	复选框	用于作为绑定到"是/否"字段的独立控件，或用于接收用户在自定义对话框中输入数据的非绑定控件，或用于作为选项组的一部分
	未绑定对象框	用于在窗体中显示非绑定 OLE 对象。例如，当记录指针改变后，该 OLE 对象保持不变
	附件	用于在窗件中添加附件
	选项按钮	用于绑定到"是/否"字段的独立控件，或用于接收用户在自定义对话框中输入数据的非绑定控件，或用于作为选项组的一部分
	子窗体/子报表	用于显示来自多个表的数据
	绑定对象框	用于在窗体中显示绑定 OLE 对象。如"学生"表中的"相片"，在以"学生"为记录源的窗体视图中，当记录指针改变后将显示另一个学生的相片
	图像	用于在窗体中显示静态图片。静态图片不是 OLE 对象，一旦将图片添加到窗体中，就不能在 Access 内对该图片进行编辑
	使用控件向导	用于打开或关闭控件向导。当按下"使用控件向导"按钮后，使用控件向导可以创建选项组、组合框、列表框、按钮、图表、子窗体或子报表等
	ActiveX 控件	单击该按钮，将弹出一个列表，用户可从中选择所需要的 ActiveX 控件添加到当前窗体内

　　列表框是仅可以从其列表中选择值，不可以在列表框中输入值。组合框是窗体用来提供列表框和文本框的组合功能的一种控件，用户既可以在组合框中键入一个值，也可以从组合框弹出的列表中选择一个列表项。

5.1.7　窗体和控件的属性

　　在 Access 中，属性用于决定对象（如表、查询、窗体、报表等）的特性。窗体或报表中的每一个控件和节也都具有各自的属性，窗体属性决定窗体的结构、外观和行为，控件属性决定控件的结构、外观、行为及其中所含文本或数据的特性。
　　使用某一对象的"属性表"窗口可以设置其属性。在选定了窗体、节或控件后，单击"设计"

选项卡中"工具"组上的"属性表"按钮，可以打开"属性表"窗口。在"属性表"中，包含了"格式""数据""事件""其他"和"全部"五个选项卡，其中前面的"格式""数据""事件"和"其他"四个选项卡是将属性分类显示出来，以方便查看和设置；而"全部"选项卡则包含前面四个选项卡的所有属性。

一般来说，Access 对各个属性都提供了相应的默认值或空字符串，用户在打开某个对象的"属性表"窗口后，可以重新设置该对象的任意一个属性值。

此外，在运行窗体时，也可以重新设置对象的属性值。如在运行某窗体时，在其中的"学号"文本框中输入某一学号后，实际上是重新设置该"学号"文本框的值属性。

窗体的"属性表"窗口如图 5-3 所示。

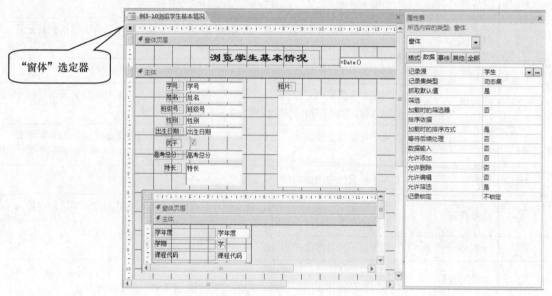

图 5-3　窗体的"属性表"窗口

5.1.8　窗体和控件的事件与事件过程

事件是一种特定的操作在某个对象上发生或对某个对象发生。Access 可以响应多种类型的事件，如键盘事件、鼠标事件、对象事件、窗口事件及操作事件等。事件的发生通常是用户操作的结果，例如打开某窗体显示第一个记录之前发生的"打开"窗口事件，单击鼠标时发生"单击"鼠标事件，双击鼠标时发生"双击"鼠标事件等。

事件过程是为响应由用户或程序代码引发的事件或由系统触发的事件而运行的过程。过程是包含一系列的 Visual Basic 语句，用以执行操作或计算值。通过使用事件过程，可以为窗体或控件上发生的事件添加自定义的事件响应。

5.2　创　建　窗　体

窗体是用户与数据库系统之间进行交互的主要对象。在使用某种功能的窗体之前，必须根据应用需求，先创建窗体。

5.2.1 创建窗体的方法

在 Access 2010 窗口中，打开某个 Access 数据库。单击"创建"，在"创建"选项卡上的"窗体"组中提供了多种创建窗体的按钮，如图 5-4 所示。单击"窗体"组中的"导航"按钮或"其他窗体"按钮，打开下拉列表，显示更多创建特定窗体的按钮，如图 5-5 所示。

图 5-4 "创建"选项卡上的"窗体"组

图 5-5 "导航"和"其他窗体"的下拉列表

5.2.2 使用"窗体"按钮创建窗体

使用"窗体"按钮创建窗体是基于单个表或查询，创建出纵栏表窗体。在纵栏表窗体中，数据源的所有字段都会显示在窗体上，每个字段占一行，一次只显示一条记录。

例 5-1 在"学生管理系统"数据库中，使用"窗体"按钮创建一个名为"例 5-1 班级（窗体）"的纵栏表窗体。该窗体的记录源是"班级"表。

操作步骤如下。

（1）打开"学生管理系统"数据库，单击"导航窗格"中的"表"对象。

（2）在展开的"表"对象列表中单击"班级"，即选定"班级"表为窗体的数据源，再单击"创建"选项卡中"窗体"组上的"窗体"按钮，Access 自动创建出窗体，显示该窗体的"布局视图"，如图 5-6 所示。

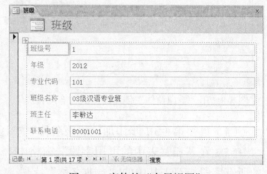

图 5-6 窗体的"布局视图"

布局视图下方自动添加了记录导航条，用于前、后移动记录和添加记录。

（3）保存该窗体，窗体名为"例 5-1 班级（窗体）"。

（4）关闭该窗体的"布局视图"。

5.2.3 使用"空白窗体"按钮创建窗体

使用"空白窗体"按钮创建窗体，首先是打开一个不带任何控件的窗体"布局视图"，通过拖曳数据源表中的字段或双击字段在"布局视图"上添加需要显示字段的对应控件。

例 5-2 在"学生管理系统"数据库中，使用"空白窗体"按钮创建一个名为"例 5-2 班级（空白窗体）"的窗体。该窗体的记录源是"班级"表，该窗体的"布局视图"如图 5-7 所示。

操作步骤如下。

（1）打开"学生管理系统"数据库，单击"创建"选项卡中"窗体"组上的"空白窗体"按钮，打开新建窗体的布局视图，并显示"字段列表"窗格，如图 5-8 所示。

图 5-7　空白窗体的"布局视图"

（2）在"字段列表"窗格中，单击"班级"表前面的"+"号，展开"班级"表的所有字段。如果字段列表没有打开，则单击"设计"选项卡中"工具"组上的"添加现有字段"按钮。

（3）移动光标到"班级号"字段，按住左键拖曳到布局视图的适当位置上放开鼠标。此时，添加"班级号"字段后窗体的"布局视图"如图 5-9 所示。"可用于此视图的字段"窗格中列出已添加在窗体上的字段所在表的所有字段，"相关表中的可用字段"窗格中列出与已添加字段所在表相关联的表的所有字段。

图 5-8　用"空白窗体"创建窗体的"布局视图"

图 5-9　添加"班级号"字段后的"布局视图"

（4）重复第（3）步添加"班级名称""专业代码"字段。

（5）在"相关表中的可用字段"窗格中，单击"专业"表前面的"+"号，展开"专业"表的所有字段，双击其中的"专业名称"字段。

（6）单击"保存"按钮，保存该窗体，窗体名为"例 5-2 班级（空白窗体）"。

使用"空白窗体"按钮可以方便快捷地创建显示若干个字段的窗体，并且在创建过程中可直接看到数据，用户还可以即时调整窗体的布局。

5.2.4　使用"多个项目"按钮创建窗体

使用"多个项目"按钮创建出表格式窗体，在一个窗体上显示多条记录，每一行为一条记录，数据源可以是表或查询。

例 5-3　在"学生管理系统"数据库中，使用"多个项目"创建一个名为"例 5-3 班级（多个项目）"的表格式窗体。该窗体的记录源是"班级"表。

操作步骤如下。

（1）打开"学生管理系统"数据库，单击"导航窗格"中的"表"对象。

（2）在展开的"表"对象列表中单击"班级"，即选定"班级"表为窗体的数据源，再单击"创建"选项卡中"窗体"组上的"其他窗体"按钮,在弹出的下拉列表中单击"多个项目",Access 自动创建出窗体,显示该窗体的"布局视图",如图 5-10 所示。

图 5-10　"多个项目"窗体的"布局视图"

布局视图下方自动添加了记录导航条,用于前、后移动记录和添加记录。

（3）保存该窗体,窗体名为"例 5-3 班级（多个项目）"。

（4）关闭该窗体的"布局视图"。

5.2.5　使用"数据表"按钮创建数据表窗体

例 5-4　在"学生管理系统"数据库中,使用"数据表"按钮创建一个名为"例 5-4 学生修课成绩（数据表窗体）"的数据表窗体。该窗体记录源是"修课成绩"表。

操作步骤如下。

（1）打开"学生管理系统"数据库,单击"导航窗格"中的"表"对象。

（2）在展开的"表"对象列表中单击"修课成绩",即选定"修课成绩"表为窗体的数据源,再单击"创建"选项卡中"窗体"组上的"其他窗体"按钮,在弹出的下拉列表中单击"数据表",便自动创建出窗体,显示该窗体的"数据表视图",如图 5-11 所示。

图 5-11　"修课成绩"数据表窗体的"数据表视图"

（3）保存该窗体，窗体名为"例5-4学生修课成绩（数据表窗体）"。

（4）关闭该窗体的"数据表视图"。

数据表视图下方自动添加了记录导航条，用于前、后移动记录和添加记录。

5.2.6 使用"数据透视图"按钮创建数据透视图窗体

例 5-5 在"学生管理系统"数据库中，使用"数据透视图"按钮创建一个名为"例5-5学生各班级男女人数（数据透视图窗体）"的数据透视图窗体。该窗体的数据源是"学生"表。

操作步骤如下。

（1）打开"学生管理系统"数据库，单击"导航窗格"中的"表"对象。

（2）在展开的"表"对象列表中单击"学生"，即选定"学生"表为窗体的数据源，再单击"创建"选项卡中"窗体"组上的"其他窗体"按钮，在弹出的下拉列表中单击"数据透视图"，显示该窗体的"数据透视图视图"，如图5-12所示。同时显示"图表字段列表"框。

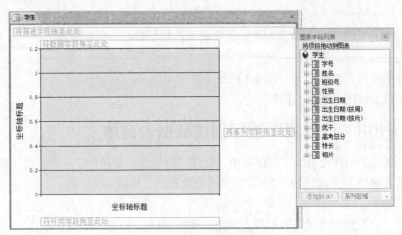

图 5-12　数据透视图视图

（3）将"图表字段列表"框中的"性别"拖到系列字段处，将"图表字段列表"框中的"班级号"拖到分类字段处，将"图表字段列表"框中的"学号"拖到数据字段处。单击"设计"选项卡上"显示/隐藏"组中的"字段列表"按钮，关闭"图表字段列表"框。单击"显示/隐藏"组中的"图例"按钮，显示"性别"图例，此时的"数据透视图视图"如图 5-13所示。

（4）单击该"数据透视图视图"中的图表设计网格中的空白处，此时图表设计网格的四周显示蓝色边框。

（5）单击"设计"选项卡上"类型"组中的"更改图表类型"按钮，弹出"属性"对话框。在"类型"选项卡上，显示出各种类型图形，如图5-14所示，用户可以通过单击选择其中的某一图形类型。本例中选择"簇状柱型图"类型。注意，当用户单击选择某一图形类型后，该图形立即显示在该窗体的"数据透视图视图"中。

（6）保存该窗体，窗体名称为"例5-5学生各班级男女人数（数据透视图窗体）"。

（7）关闭该窗体的"数据透视图视图"。

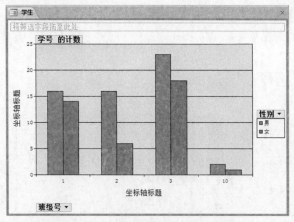

图 5-13　添加字段后的"数据透视图视图"

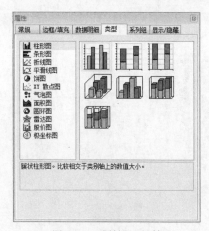

图 5-14　"属性"对话框

5.2.7　使用"数据透视表"按钮创建数据透视表窗体

例 5-6　在"学生管理系统"数据库中，使用"数据透视表"按钮创建一个名为"例 5-6 学生各班级男女人数（数据透视表窗体）"的数据透视表窗体。该窗体的记录源是"学生"表。

操作步骤如下。

（1）打开"学生管理系统"数据库，单击"导航窗格"中的"表"对象。

（2）在展开的"表"对象列表中单击"学生"，即选定"学生"表为窗体的数据源，再单击"创建"选项卡中"窗体"组上的"其他窗体"按钮，在弹出的下拉列表中单击"数据透视表"，显示该窗体的"数据透视表视图"，如图 5-15 所示。同时显示出"数据透视表字段列表"框。

（3）将"数据透视表字段列表"框中的"班级号"拖到行字段处，将"数据透视表字段列表"框中的"性别"拖到列字段处，将"数据透视表字段列表"框中的"学号"拖到汇总或明细字段处。单击"设计"选项卡上"显示/隐藏"组中的"字段列表"按钮，关闭"数据透视表字段列表"框。此时的"数据透视表视图"如图 5-16 所示。

图 5-15　数据透视表视图

图 5-16　添加字段后的"数据透视表视图"

（4）单击"设计"选项卡上"显示/隐藏"组中的"隐藏详细信息"按钮，把学号隐藏起来。

（5）右键单击"性别"，弹出快捷菜单。把光标移到该"快捷菜单"中的"自动计算"处，显示出"自动计算"的子菜单。再把光标移到"自动计算"的子菜单中的"计数"处，如图 5-17 所示，单击"计数"。此时的数据透视表视图如图 5-18 所示。

（6）保存该窗体，窗体名称为"例 5-6 学生各班级男女人数（数据透视表窗体）"。

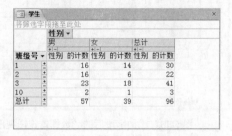

图 5-17 右键单击"性别"弹出其快捷菜单　　　图 5-18 添加"计数"后的"数据透视表视图"

（7）关闭该窗体的"数据透视表视图"。

5.2.8 使用"窗体向导"创建基于一个表的窗体

使用 Access 提供的"窗体向导"，用户可以方便、快捷地创建基于一个表（或查询）的窗体，也可以快速地创建基于多个表（或查询）的窗体。

例 5-7 在"学生管理系统"数据库中，使用"窗体向导"创建一个名为"例 5-7 学系窗体"的窗体。该窗体的记录源是"学系"表。

操作步骤如下。

（1）打开"学生管理系统"数据库，单击"创建"选项卡上"窗体"组中的"窗体向导"按钮，弹出"窗体向导"对话框。

（2）在该对话框的"表/查询"下拉列表框中选择"表：学系"，如图 5-19 所示。

（3）单击 >> 按钮选定所有的字段作为窗体使用的字段，即把"可用字段"框中的所有字段都移到"选定字段"框中，如图 5-20 所示。

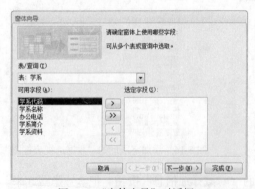

图 5-19 "窗体向导"对话框　　　　　图 5-20 确定了字段的"窗体向导"对话框

（4）单击"下一步"按钮，显示提示"请确定窗体使用的布局"的"窗体向导"对话框，单击该对话框中的"纵栏表"单选钮，如图 5-21 所示。

（5）单击"下一步"按钮，显示提示"请为窗体指定标题"的"窗体向导"对话框，在该对话框的文本框中输入窗体标题"例 5-7 学系窗体"，选中"打开窗体查看或输入信息"单选钮，如图 5-22 所示。

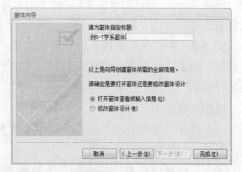

图 5-21　确定布局的"窗体向导"对话框　　　　图 5-22　指定窗体标题的"窗体向导"对话框

（6）单击该"窗体向导"对话框的"完成"按钮，显示"例 5-7 学系窗体"的"窗体视图"，如图 5-23 所示。

（7）单击"例 5-7 学系窗体"的"窗体视图"右上角的"关闭"按钮。

　打开"例 5-7 学系窗体"的"窗体视图"，如图 5-23 所示，可以看到窗体的下方自动添加了导航条用于前后移动记录、移动到最前或最后记录。利用窗体还可以添加新记录，只要单击导航条中的"添加新记录"按钮 ▶，便可在窗体中键入新记录的内容。记录内容输入完毕后，可单击 Access 主窗口工具栏中的"保存"按钮保存输入的记录，也可以单击导航栏中的任意一个移动记录按钮来保存输入的数据。如果需要连续输入新的记录，则在输入一个记录完毕后单击"添加新记录"按钮 ▶，这样可以保存刚刚输入的记录，同时准备好输入新记录。

如果为了避免用户在使用窗体查看记录的过程中不小心修改了表中的内容，可以打开窗体的"设计视图"，单击"窗体设计工具"下"设计"选项卡上"工具"组中的"属性表"按钮，打开该窗体的"属性表"窗口，该将窗体的"允许编辑""允许删除""允许添加"等属性的属性值均设置为"否"，如图 5-24 所示。

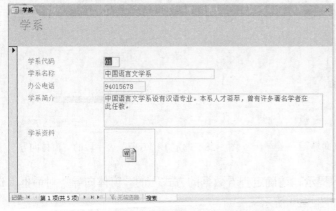

图 5-23　"例 5-7 学系窗体"的"窗体视图"　　　　图 5-24　"例 5-7 学系窗体"
　　　　　　　　　　　　　　　　　　　　　　　　　　　　　窗体"属性表"

5.2.9 使用"窗体向导"按钮创建基于两个表的主/子窗体

使用 Access 提供的"窗体向导"，用户可以方便、快捷地创建基于多个表（或查询）的窗体。在本节，通过实例介绍使用"窗体向导"创建基于两个表的主/子窗体的步骤。

例 5-8 在"学生管理系统"数据库中，使用"窗体向导"按钮创建一个名为"例 5-8 学系主窗体"的窗体，在该主窗体中包含一个名为"例 5-8 专业子窗体"的子窗体。该主/子窗体的记录源分别是"学系"表和"专业"表。

操作步骤如下。

（1）打开"学生管理系统"数据库，单击"创建"选项卡上"窗体"组中的"窗体向导"按钮，弹出"窗体向导"对话框。

（2）在该对话框的"表/查询"下拉列表框中选择"表：学系"，如图 5-25 所示。

（3）单击 >> 按钮，选定所有的字段作为窗体使用的字段，如图 5-26 所示。

图 5-25 选定了"学系"表的"窗体向导"

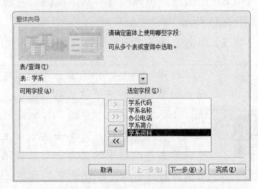

图 5-26 选定了"学系"表字段的"窗体向导"

（4）在"窗体向导"对话框的"表/查询"下拉列表框中选择"表：专业"，如图 5-27 所示。

（5）单击 >> 按钮，选定"专业"表的所有字段作为窗体使用的字段，如图 5-28 所示。

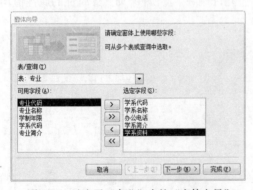

图 5-27 选定了"专业"表的"窗体向导"

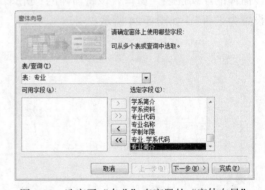

图 5-28 选定了"专业"表字段的"窗体向导"

（6）单击"下一步"按钮，显示提示"请确定查看数据的方式"的"窗体向导"对话框，选定"带有子窗体的窗体"单选钮，如图 5-29 所示。

（7）单击"下一步"按钮，显示提示"请确定子窗体使用的布局"的"窗体向导"对话框，选定"数据表"单选钮，如图 5-30 所示。

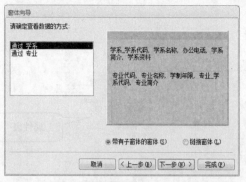
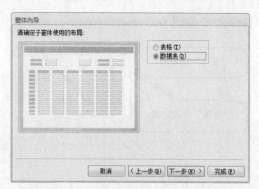

图 5-29　确定了查看数据方式的"窗体向导"　　　　图 5-30　确定子窗体使用布局的"窗体向导"

（8）单击"下一步"按钮，显示提示"请为窗体指定标题"的"窗体向导"对话框。

（9）在该"窗体向导"对话框的"窗体"文本框中输入窗体标题"例 5-8 学系主窗体"，在"子窗体"文本框中输入子窗体标题"例 5-8 专业子窗体"，选中"打开窗体查看或输入信息"单选钮，如图 5-31 所示。

（10）单击该"窗体向导"对话框的"完成"按钮，显示"例 5-8 学系主窗体"包含有"例 5-8 专业子窗体"的"窗体视图"。

在主窗体和子窗体的下方自动添加了导航条，用于前后移动主表中或子表中的记录、移动到最前或最后记录，如图 5-32 所示。

（11）单击该"窗体视图"右上角的"关闭"按钮。

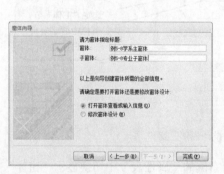
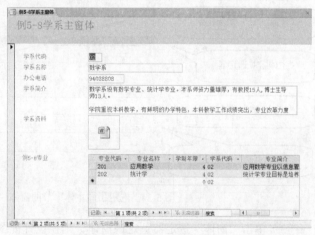

图 5-31　指定主/子窗体标题的"窗体向导"　　　图 5-32　"例 5-8 学系主窗体"（含子窗体）的"窗体视图"

5.2.10　使用"设计视图"创建窗体

在设计视图中创建窗体以方便用户按照自己的意愿对窗体的布局进行设计。

在设计视图中创建窗体的基本步骤如下。

（1）打开"学生管理系统"数据库，单击"创建"选项卡上"窗体"组中的"窗体设计"按钮，显示窗体的"设计视图"，默认只显示"主体"节。此时，在该"窗体"选定器方框中部显示"黑色实心方块"，表示已默认选定了"窗体"选定器。双击"窗体"选定器，便显示出该窗体的

"属性表"，如图 5-33 所示。

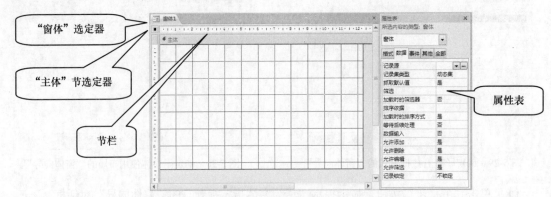

图 5-33　双击"窗体"选定器后的窗体"设计视图"

（2）默认情况下，设计视图只显示主体节，右击主体节的空白处，在打开的快捷菜单中分别单击"窗体页眉/页脚"和"页面页眉/页脚"，则在该窗体"设计视图"中显示出"窗体页眉"节、"窗体页脚"节、"页面页眉"节和"页面页脚"节。单击"主体"节选定器，此时该窗体"设计视图"如图 5-34 所示。

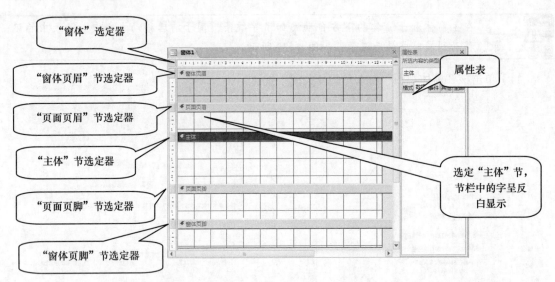

图 5-34　选定了"主体"节的窗体"设计视图"窗口

（3）单击"窗体"选定器选定该窗体，则在设计视图右侧的"属性表"中切换显示"窗体"的"属性表"。在窗体"属性表"的"数据"选项卡中的"记录源"右边的下拉组合框中指定某一记录源，例如，指定"学生"表为记录源，如图 5-35 所示。通过单击"设计"选项卡上"工具"组中的"添加现有字段"按钮，显示出来自记录源的"字段列表"窗格，如图 5-36 所示显示出该"学生"表的"字段列表"。此时，再次单击"设计"选项卡上"工具"组中的"添加现有字段"按钮，可以隐藏该"学生"表的"字段列表"窗格。

窗体的记录源可以是一个表、一个查询或一个 SQL 语句。

注意

图 5-35　指定记录源的窗体"属性表"

图 5-36　记录源"字段列表"

（4）在窗体中添加需要的控件。

在窗体中添加控件主要有以下两种方法。

① 直接从记录源的"字段列表"窗格中依次把窗体需要的有关字段拖放到窗体某节（如"主体"节）中的适当位置。

也可以在"字段列表"窗格中，通过按住 Ctrl 键单击若干个字段的方法选定若干个字段后，一起拖放到窗体的某节中的适当位置。

② 从"设计"选项卡的"控件"组（如图 5-37 所示）中单击某控件按钮，然后单击该窗体的某节中的适当位置。对于和字段内容相关的绑定控件，需要在该绑定控件的"属性表"中设置其"控件来源"属性值为记录源中的相应字段。例如，将文本框"Text0"的"控件来源"属性值设置为"学号"字段，如图 5-38 所示。

图 5-38　控件的"属性表"

图 5-37　"控件"组

（5）根据需要可进行调整控件位置、大小等工作。首先单击某个需要调整位置的控件，如单击"特长"文本框，显示出该控件的移动控点和尺寸控点，如图 5-39 所示。

当光标放在控件的四周时（除左上角之外的其他地方），光标指针呈一个十字四向箭头形状，这时按住鼠标左键并拖曳鼠标可同时移动两个相关控件。如图 5-40 所示，可同时移动"特长"文本框和"特长："标签两个相关控件。

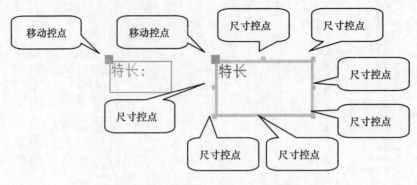

图 5-39　控件的移动控点和尺寸控点

图 5-40　同时移动两个相关控件

当移动光标指向某控件左上角的黑色方块，即移动控点时，光标指针呈一个十字四向箭头形状，这时按住鼠标左键并拖曳鼠标仅可移动指定的一个控件。

如图 5-41 所示，通过拖曳鼠标仅可移动"特长:"标签控件位置。

如图 5-42 所示，通过拖曳鼠标仅可移动"特长"文本框控件位置。

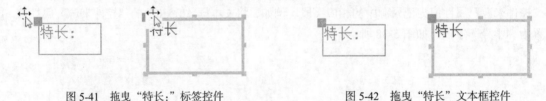

图 5-41　拖曳"特长:"标签控件　　　　　图 5-42　拖曳"特长"文本框控件

（6）根据需要对窗体的属性、节的属性或其中控件的属性进行设置。

（7）保存该窗体的设计并指定窗体的名称，关闭该窗体的"设计视图"。

5.3　在设计视图中进行自定义窗体设计

在使用"设计视图"进行自定义窗体设计的过程中，将涉及窗体的创建、各种控件的创建、窗体"属性"的设置、控件"属性"的设置、控件大小的设置、控件间距的设置及控件位置对齐的设置等内容。

5.3.1　使用"设计视图"创建一个只读的主/子窗体

例 5-9　在"学生管理系统"数据库中，使用"设计视图"创建一个名为"例 5-9 浏览学生基本情况"的窗体，其窗体设计如图 5-43 所示。要求创建一个主/子窗体类型，主窗体的记录源是

"学生"表，子窗体的数据来源是已经创建好的"例 5-4 学生修课成绩（数据表窗体）"窗体。当运行该窗体时，用户只能浏览信息，不允许对"学生"表和"修课成绩"表进行任何"修改""删除"和"添加"记录的操作。对主窗体不设置导航条，但要创建四个"记录导航"操作按钮和一个"窗体操作"的"关闭窗体"按钮，还要在窗体页眉中显示出"浏览学生基本情况"文字和当前日期。

操作步骤如下。

（1）打开"学生管理系统"数据库，单击"创建"选项卡上"窗体"组中的"窗体设计"按钮，显示窗体的"设计视图"，默认只显示"主体"节。

（2）右击主体节的空白处，在打开的快捷菜单中单击"窗体页眉/页脚"命令，则在该窗体"设计视图"中显示"窗体页眉"节和"窗体页脚"节。

（3）双击"窗体"选定器（或单击"窗体"选定器选定窗体，再单击"设计"选项卡上"工具"组中的"属性表"按钮），显示出窗体"属性表"窗口。

（4）在窗体"属性表"窗口的"数据"选项卡中，单击"记录源"右边的下拉按钮，弹出表和查询的下拉列表框。单击该下拉列表框中的"学生"，指定"学生"表为该窗体的记录源，如图 5-44 所示。

图 5-43 "例 5-9 浏览学生基本情况"窗体　　　　图 5-44 指定"学生"表为该窗体的记录源

（5）单击"设计"选项卡上"工具"组中的"添加现有字段"按钮，显示该"学生"表的"字段列表"窗格，将"学生"表的"字段列表"窗格中的全部字段都选定并拖曳到"主体"节的适当位置上，如图 5-45 所示。

（6）单击"特长"文本框，把光标移到控件右下角的"尺寸控点"上，鼠标指针变成斜上下箭头形状，按住鼠标左键并拖曳鼠标到适当位置，调整"特长"文本框的大小，如图 5-46 所示。

（7）单击"相片"标签控件右边的"相片"控件，把光标移到相片控件框边上时，鼠标指针变成一个十字四向箭头形状。此时，按住鼠标左键并拖曳鼠标，把"相片"控件和"相片"标签控件这两个相关控件一起拖到"主体"节区域的右上角适当位置。把光标移到"相片"标签控件的"移动控点"上（即左上角的黑色方块），鼠标指针立即变成一个十字四向箭头形状，此时按住鼠标左键并拖曳鼠标，把"相片"标签控件拖到"相片"控件框上方适当位置。把光标移到"相片"控件框右下角的"尺寸控点"上，按住鼠标左键并拖曳鼠标到适当位置，调整"相片"控件框的大小，如图 5-47 所示。

（8）单击"设计"选项卡上"控件"组中的"标签"按钮，移动鼠标指针（此时鼠标指针是"⁺A"形状）到"窗体页眉"节范围的适当位置上，单击并拖曳鼠标，显示出一个标签控件的方框，在该标签控件的方框中直接输入"浏览学生基本情况"。当然，也可在该标签控件的"属性表"中的"标题"属性值处输入"浏览学生基本情况"。

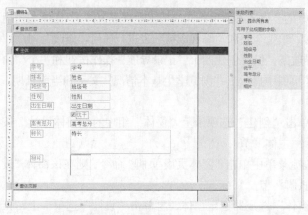

图 5-45 "学生"表全部字段已拖曳到"主体"节

图 5-46 调整"特长"文本框的大小

（9）单击上一步添加的标签控件，单击"设计"选项卡上"工具"组中的"属性表"按钮，显示该标签控件的"属性表"窗口。单击"属性表"窗口的"全部"选项卡，显出该标签的"全部"属性。

（10）对于该标签控件，设置"名称"属性值为"LabA"；设置"左"（即左边距）属性值为"3cm"；设置"上边距"属性值为"0.501cm"；设置"字体名称"属性值为"隶书"；设置"字号"属性值为"18"；设置"字体粗细"属性值为"加粗"，如图 5-48 所示。

图 5-47 移动并调整"相片"控件和"相片"标签的大小

图 5-48 "LabA"标签控件的"属性表"

（11）确保"设计"选项卡上"控件"组中的"使用控件向导"按钮已经按下。单击"控件"组中的"子窗体/子报表"按钮，再单击"主体"节下半部分空白位置的左上角适当处，并按住鼠标左键往右下对角方向拖曳鼠标到适当位置，显示出未绑定控件的矩形框，如图 5-49 所示。同时弹出提示"请选择将用于子窗体或子报表的数据来源"的"子窗体向导"对话框。

（12）在该对话框中，选择"使用现有的窗体"单选钮，单击窗体列表中的"例 5-4 学生修课成绩（数据表窗体）"窗体项，如图 5-50 所示。

（13）单击"下一步"按钮，显示提示"请确定是自行定义将主窗体链接到该子窗体的字段，还是从下面的列表中进行选择"的"子窗体向导"对话框。单击该对话框中的"从列表中选择"单选钮，选中列表中的"对 学生 中的每个记录用 学号 显示 修课成绩"项，如图 5-51 所示。

图 5-49　"主体"节显示未绑定控件矩形框

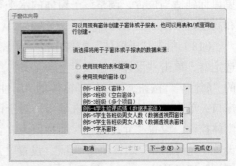

图 5-50　选定将用于子窗体或子报表的数据来源

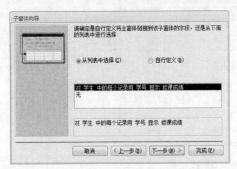

图 5-51　确定"从列表中选择"的"子窗体向导"

图 5-52　指定子窗体的名称

（14）单击"下一步"按钮，显示提示"请指定子窗体或子报表的名称"的"子窗体向导"对话框，输入"例 5-4 学生修课成绩"，如图 5-52 所示。

（15）单击"子窗体向导"中的"完成"按钮，此时该窗体的"设计视图"如图 5-53 所示。

（16）单击子窗体的"标签"控件，显示该"标签"的一个"移动控点"和七个"尺寸控点"（如图 5-54 所示），按 Delete 键删除该子窗体的标签控件。

图 5-53　插入子窗体后的窗体"设计视图"

图 5-54　选中该子窗体的"标签"控件

（17）单击"子窗体"控件，把鼠标指针移到该子窗体的右下角的"尺寸控点"上，当鼠标指针变成斜双箭头形状时，按住鼠标左键拖曳鼠标到适当位置，调整该子窗体的水平宽度和高度，如图 5-55 所示。

（18）单击"子窗体"控件中的"子窗体"选定器，单击"设计"选项卡上"工具"组中的"属性表"按钮，显示该子窗体的"属性表"窗口，单击其中的"数据"选项卡。对于该子窗体控件，设置"允许编辑"属性值为"否"，设置"允许删除"属性值为"否"，设置"允许添加"属性值为"否"，如图 5-56 所示。

图 5-55　调整子窗体宽度和高度后的窗体"设计视图"

图 5-56　子窗体的"属性表"

（19）单击主窗体中的"窗体"选定器，原"属性表"窗口立即切换成主窗体的"属性表"窗口，单击"全部"选项卡。对于该主窗体，设置"允许编辑"属性值为"否"，设置"允许删除"属性值为"否"，设置"允许添加"属性值为"否"，设置"记录选择器"属性值为"否"，设置"导航按钮"属性值为"否"，设置"分隔线"属性值为"否"，如图 5-57 所示。

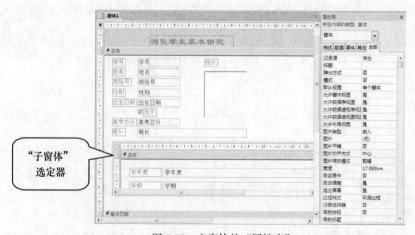

图 5-57　主窗体的"属性表"

（20）单击"设计"选项卡上"控件"组中的"矩形"按钮后，移动鼠标指针（此时鼠标指针是"⁺□"形状）到主窗体的"窗体页脚"节范围的适当位置，按下鼠标左键并拖动鼠标（从左上往右下方向）到适当位置，松开鼠标左键，显示出一个矩形，如图 5-58 所示。

（21）确保"设计"选项卡上"控件"组中的"使用控件向导"按钮已经按下。单击"控件"组中的"按钮"按钮，单击主窗体的"窗体页脚"节中的矩形（控件）框内的适当位置，显示"按钮"控件框，并同时弹出提示"请选择按下按钮时执行的操作"的"命令按钮向导"对话框。

（22）在该"命令按钮向导"对话框中的"类别"列表框中单击"记录导航"项，此时在右边"操作"列表框中立即显示出与"记录导航"对应的所有操作项。在"操作"列表框中单击"转至第一项记录"列表项，如图 5-59 所示。

图 5-58　主窗体的"窗体页脚"节中的矩形控件　　　　图 5-59　"命令按钮向导"对话框

（23）单击"下一步"按钮，显示提示"请确定在按钮上显示文本还是显示图片"的"命令按钮向导"对话框。在本例中，单击"文本"单选钮，并在其右边的文本框中键入"第一个记录"，如图 5-60 所示。

（24）单击"下一步"按钮，显示提示"请指定按钮的名称"的"命令按钮向导"对话框。在按钮的名称文本框中键入"Cmd1"，如图 5-61 所示。

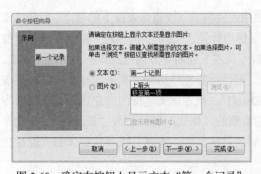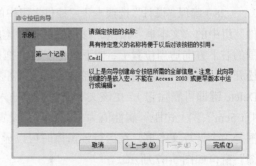

图 5-60　确定在按钮上显示文本"第一个记录"　　　　图 5-61　指定该按钮的名称为"Cmd1"

（25）单击"命令按钮向导"对话框中的"完成"按钮，返回窗体的"设计视图"。

（26）参照本例第（21）步至第（25）步的方法，再创建出"上一个记录""下一个记录"和"最后一个记录"三个"记录导航"类别的操作按钮和一个"窗体操作"类别的"退出"按钮，如图 5-62 所示。这四个按钮名称依次为：Cmd2、Cmd3、Cmd4 和 Cmd5。

（27）如图 5-62 所示，这五个按钮的大小不一、上下也没有对齐，很不美观，因此需要进行调整。先按住 Shift 键，单击"第一个记录"按钮、"上一个记录"按钮、"下一个记录"按钮、"最后一个记录"按钮和"退出"按钮，此时松开 Shift 键即把这 5 个按钮全部选定，单击"排列"选项卡上"调整大小和排序"组中的"对齐"按钮，在弹出下拉列表中单击"靠上"命令，如图 5-63 所示，此时这五个按钮自动靠上对齐，效果如图 5-64 所示。单击"调整大小和排序"组中的"大小/空格"按钮，在弹出下拉列表中单击"至最宽"命令，此时这五个按钮的宽度一样长，效果如图 5-65 所示。单击"调整大小和排序"组中的"大小/空格"按钮，在弹出下拉列表中单击"水平相等"命令，此时这五个按钮中的每两个相邻按钮之间的间距都相同，效果如图 5-66 所示。

图 5-62　五个按钮

图 5-63　"排列"选项卡上"调整大小和排序"组中的"对齐"下拉列表

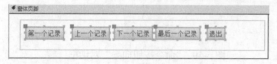

图 5-64　单击"靠上"命令后效果

图 5-65　单击"至最宽"命令后效果

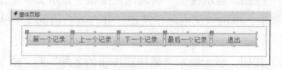

图 5-66　单击"水平相等"命令后效果

（28）确保"设计"选项卡上"控件"组中的"使用控件向导"按钮是未按下的状态。单击"控件"组中的"文本框"按钮，移动鼠标指针（此时鼠标指针是"⁺ab|"形状）到"窗体页眉"节范围的右下方向适当位置上，按下鼠标左键并拖曳鼠标（从左上往右下方向拖曳鼠标）到适当位置，松开鼠标左键，显示出一个标签控件和文本框控件，把该标签控件删除（单击该标签控件，再按 Delete 键即可删除它）。在该文本框中直接输入"=Date()"。设置该文本框的"左边距"属性值为"11.5cm"、"上边距"属性值为"0.5cm"，设置该文本框的"格式"属性值为"长日期"。该文本框是一个计算文本框，在运行该窗体时可以显示当时的系统日期。此时，该新建窗体的"设计视图"窗口如图 5-67 所示。

（29）单击"开始"选项卡上"视图"组上的"视图"按钮，切换到窗体的"窗体视图"，其效果如图 5-68 所示。

（30）单击"开始"选项卡上"视图"组上的"视图"按钮，切换回窗体的"设计视图"，此时可对该窗体的设计继续进行修改，以满足用户的要求。

（31）保存窗体，窗体名称为"例 5-9 浏览学生基本情况"。

（32）关闭窗体的"设计视图"。

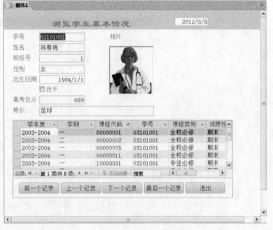

图 5-67　在文本框中直接输入"=Date()"后的"设计视图"　　　　图 5-68　"窗体视图"效果

5.3.2　使用"设计视图"创建一个输入窗体

例 5-10　在"学生管理系统"数据库中，使用"设计视图"创建一个名为"例 5-10 输入学生基本信息"的窗体，其"窗体视图"如图 5-69 所示。该窗体的记录源是"学生"表。当运行该窗体"例 5-10 输入学生基本信息"时，使用"添加记录"按钮可添加新记录，使用"保存记录"按钮可保存新记录，使用"撤销记录"按钮可删除当前记录。

操作步骤如下。

（1）打开"学生管理系统"数据库，单击"创建"选项卡上"窗体"组中的"窗体设计"按钮，显示窗体的"设计视图"，默认只显示"主体"节。

图 5-69　"例 5-10 输入学生基本信息"的"窗体视图"

（2）右击主体节的空白处，在弹出的快捷菜单中单击"窗体页眉/页脚"命令，则在窗体"设计视图"中显示"窗体页眉"节和"窗体页脚"节。

（3）单击"窗体"选定器选定窗体，单击"窗体设计工具"下"设计"选项卡上"工具"组中的"属性表"按钮，显示出窗体的"属性表"窗口。

（4）在窗体"属性表"窗口的"数据"选项卡中，单击"记录源"右边的下拉按钮，弹出列有表名和查询名的下拉列表框。单击该下拉列表框中的"学生"，指定"学生"表为该窗体的记录源。

（5）单击"设计"选项卡上"工具"组中的"添加现有字段"按钮，显示出"学生"表的"字段列表"窗格，将"学生"表的"字段列表"窗格中的全部字段都选定并拖放到"主体"节中的适当位置上，如图 5-70 所示。

（6）单击"特长"文本框，把光标移到控件右下角的"尺寸控点"上，鼠标指针变成斜上下箭头形状，按住鼠标左键并拖曳鼠标到适当位置，调整"特长"文本框的大小。

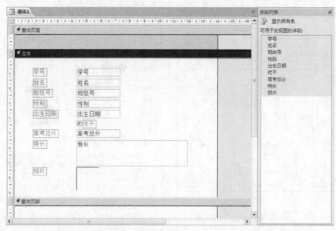

图 5-70 将"学生"表全部字段拖放到"主体"节

（7）单击"相片"标签控件右边的"相片"控件，把光标移到相片控件框边上时，鼠标指针变成一个十字四向箭头形状，此时按住鼠标左键并拖曳鼠标，把"相片"控件和"相片"标签控件这两个相关控件一起拖到"主体"节区域右上角的适当位置。把光标移到"相片"标签控件的"移动控点"（即左上角的黑色方块）上时，鼠标指针的形状立即变成一个十字四向箭头形状，此时按住鼠标左键并拖曳鼠标，把"相片"标签控件拖到该"相片"控件框上方适当的位置。把光标移到"相片"控件框右下角的"尺寸控点"上，按住鼠标左键并拖曳鼠标到适当位置，调整"相片"控件框的大小，如图 5-71 所示。

（8）单击"设计"选项卡上"控件"组中的"标签"按钮，移动鼠标指针（此时鼠标指针是"⁺A"形状）到"窗体页眉"节范围的适当位置上，单击鼠标显示出一个标签控件的方框，在该标签控件的方框中直接输入"输入学生基本信息"。

（9）单击该标签控件，单击"设计"选项卡上"工具"组中的"属性表"按钮，显示出该标签控件的"属性表"窗口。单击"属性表"窗口的"全部"选项卡，显示"全部"属性。

（10）对于该标签控件，设置"名称"属性值为"Lab2"；设置"左"（即左边距）属性值为"3cm"；设置"上边距"属性值为"0.501cm"；设置"字体名称"属性值为"隶书"；设置"字号"属性值为"22"；设置"字体粗细"属性值为"加粗"，如图 5-72 所示。

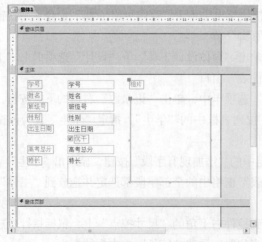

图 5-71 调整后的"相片"控件和"相片"标签　　　图 5-72 "Lab2"标签控件的"属性表"

（11）确保"设计"选项卡上"控件"组中的"使用控件向导"按钮已经按下。单击"控件"组中的"按钮"按钮，再单击主窗体的"窗体页脚"节中适当的位置，显示"按钮"控件框，同时弹出提示"请选择按下按钮时执行的操作"的"命令按钮向导"对话框。

（12）在该"命令按钮向导"对话框中的"类别"列表框中单击"记录操作"列表项，此时在右边"操作"列表框中立即显示出与"记录操作"对应的所有操作项。在"操作"列表框中单击"添加新记录"列表项，如图 5-73 所示。

（13）单击"下一步"按钮，弹出提示"请确定在按钮上显示文本还是显示图片"的"命令按钮向导"对话框。在本例中，单击"文本"单选钮，并在其右边的文本框中键入"添加记录"，如图 5-74 所示。

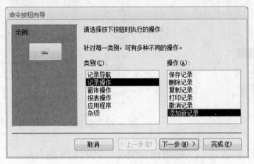

图 5-73　"命令按钮向导"对话框

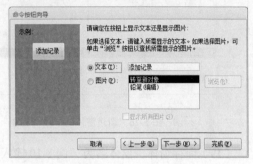

图 5-74　在按钮上显示文本"添加记录"

（14）单击"下一步"按钮，弹出提示"请指定按钮的名称"的"命令按钮向导"对话框。在按钮的名称文本框中键入"Cmd1"，如图 5-75 所示。

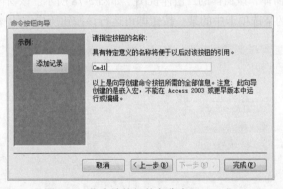

图 5-75　指定该按钮的名称为"Cmd1"

（15）单击"命令按钮向导"对话框中的"完成"按钮，返回窗体的"设计视图"。

（16）参照本例第（11）步至第（15）步的方法，再创建出"保存记录""撤销记录"两个"记录操作"类别的操作按钮和一个"窗体操作"类别的"关闭窗体"按钮，这三个按钮的名称依次为：Cmd2、Cmd3 和 Cmd4。

（17）参照例 5-9 中对控件的对齐、大小及间距的调整方法，对这四个按钮进行"对齐""大小""水平间距"等方面的适当调整，调整后的效果如图 5-76 所示。

（18）单击窗体中的"窗体"选定器，则在设计视图窗口右侧的"属性表"中切换显示出窗体的"属性表"，单击"全部"选项卡。对于该主窗体，设置"数据输入"属性值为"是"，设置"记录选择器"属性值为"否"，设置"导航按钮"属性值为"否"，设置"分隔线"属性值为"否"，如图 5-77 所示。

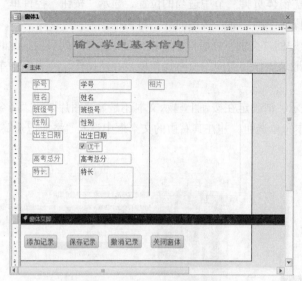

图 5-76　新建窗体的"设计视图"　　　　　　　　　图 5-77　窗体的"属性表"

（19）保存窗体，窗体名为"例 5-10 输入学生基本信息"。关闭该窗体的"设计视图"。

5.3.3　使用"设计视图"创建一个含选项卡的控制窗体

例 5-11　在"学生管理系统"数据库中，使用"设计视图"创建一个名为"例 5-11 含选项卡及图片的控制窗体"的窗体，该窗体的"窗体视图"如图 5-78 所示。该窗体没有数据源。当运行该窗体时，单击该窗体内的某选项卡中的某一按钮即可运行该按钮所指定的操作，并显示其运行结果。

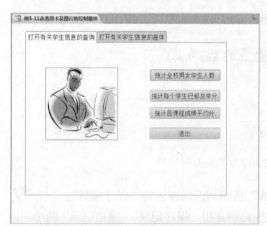

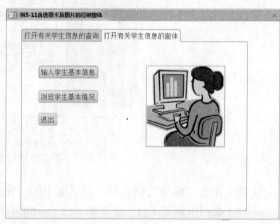

图 5-78　"例 5-11 含选项卡及图片的控制窗体"的"窗体视图"

操作步骤如下。

（1）打开"学生管理系统"数据库，单击"创建"选项卡上"窗体"组中的"窗体设计"按钮，显示窗体的"设计视图"。

（2）单击"窗体设计工具"下"设计"选项卡上"控件"组中的"选项卡控件"按钮，移动鼠标指针到"主体"节的左上位置后，单击鼠标，显示如图 5-79 所示的添加了选项卡控件后的"设计视图"，默认显示两个选项卡控件。通过右击选项卡控件，在弹出的快捷菜单中单击"插入页"命令，可添加选项卡控件。在本例中，这两个选项卡控件的默认名称分别为"页 1"和"页 2"。对于选项卡控件，同样可以利用移动控点进行位置移动，利用尺寸控点进行大小缩放。

（3）单击"页 1"选项卡。

（4）确保"设计"选项卡上"控件"组中的"使用控件向导"按钮已经按下。单击"控件"组中的"按钮"按钮，再单击"页 1"选项卡内的适当位置，显示"按钮"控件框，同时弹出提示"请选择按下按钮时执行的操作"的"命令按钮向导"对话框。

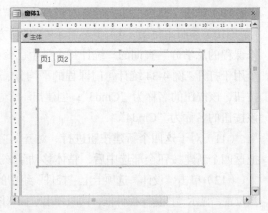

图 5-79　添加了选项卡控件后的"设计视图"

（5）在该"命令按钮向导"对话框中的"类别"列表框中单击"杂项"列表项，此时在右边"操作"列表框中立即显示出与"杂项"对应的所有操作项。在"操作"列表框中单击"运行查询"项，如图 5-80 所示。

（6）单击"下一步"按钮，显示"请确定命令按钮运行的查询"的"命令按钮向导"对话框。单击列表中的"例 4-32 统计全校男学生和女学生的人数"项，如图 5-81 所示。

图 5-80　"命令按钮向导"对话框

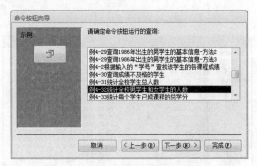

图 5-81　确定命令按钮运行的查询

（7）单击"下一步"按钮，显示提示"请确定在按钮上显示文本还是显示图片"的"命令按钮向导"对话框。在本例中，单击"文本"单选钮，并在其右边的文本框中键入"统计全校男女学生人数"，如图 5-82 所示。

（8）单击"下一步"按钮，显示提示"请指定按钮的名称"的"命令按钮向导"对话框，在按钮的名称文本框中键入"Cmd1"，如图 5-83 所示。

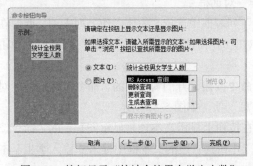

图 5-82　按钮显示"统计全校男女学生人数"

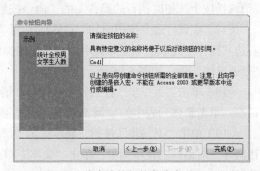

图 5-83　指定该按钮的名称为"Cmd1"

（9）单击"命令按钮向导"对话框中的"完成"按钮，返回窗体的"设计视图"。

（10）参照本例第（4）步至第（9）步的方法，创建一个用于打开"例 4-33 统计每个学生已修课程的总学分"查询的"统计每个学生已修总学分"按钮，该按钮的名称为"Cmd2"；创建一个用于打开"例 4-34 统计每门课程的平均分、最高分和最低分"查询的"统计各课程成绩平均分"按钮，该按钮的名称为"Cmd3"；创建出一个"窗体操作"类别的用于关闭窗体的"退出"按钮，该按钮的名称为"Cmd4"。

（11）对于这四个新建按钮进行"对齐""大小""垂直间距"等外观方面的适当调整。另外，把这四个新建按钮全部选中后，整体移动到该选项卡范围内靠近右侧的适当位置。

（12）单击"设计"选项卡上"控件"组中的"图像"按钮，单击"页 1"选项卡内靠近左侧的适当位置，显示"图像"控件框，同时弹出"插入图片"对话框。在"插入图片"对话框的"查找范围"下拉列表框中，选定某文件夹（如 E:\Access）中的某个图片文件名（如 Office-2.bmp），如图 5-84 所示。

（13）单击"插入图片"对话框中的"确定"按钮，返回窗体的"设计视图"。

（14）单击"页 1"选项卡，在设计视图右侧的"页 1"的"属性表"中单击"格式"选项卡，设置"标题"属性值为"打开有关学生信息的查询"（实际上是更改默认标题"页 1"）。关闭该"属性表"窗口，此时窗体的"设计视图"如图 5-85 所示。

图 5-84 "插入图片"对话框

图 5-85 "打开有关学生信息的查询"选项卡

（15）单击"页 2"选项卡。

（16）确保"设计"选项卡上"控件"组中的"使用控件向导"按钮已经按下。单击"控件"组中的"按钮"按钮，单击"页 2"选项卡内的适当位置，显示"按钮"控件框，同时弹出提示"请选择按下按钮时执行的操作"的"命令按钮向导"对话框。

（17）在该"命令按钮向导"对话框中的"类别"列表框中选定"窗体操作"列表项，此时在右边"操作"列表框中立即显示出与"窗体操作"对应的所有操作项。在"操作"列表框中单击"打开窗体"项，如图 5-86 所示。

（18）单击"下一步"按钮，显示提示"请确定命令按钮打开的窗体"的"命令按钮向导"对话框。单击窗体列表中的"例 5-10 输入学生基本信息"项，如图 5-87 所示。

（19）单击"下一步"按钮，显示提示"请确定在按钮上显示文本还是显示图片"的"命令按钮向导"对话框。在本例中，单击"文本"单选钮，并在其右边的文本框中键入"输入学生基本信息"，如图 5-88 所示。

图 5-86 选定"打开窗体"操作

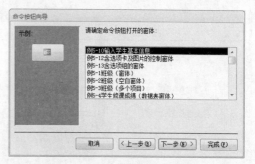

图 5-87 确定命令按钮打开的窗体

（20）单击"下一步"按钮，显示提示"请指定按钮的名称"的"命令按钮向导"对话框。在按钮的名称文本框中键入"Cmd11"，如图 5-89 所示。

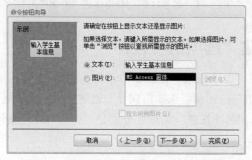

图 5-88 按钮上显示"输入学生基本信息"

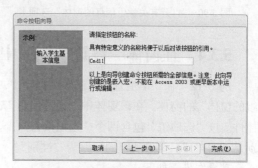

图 5-89 指定该按钮的名称为"Cmd11"

（21）单击"命令按钮向导"对话框中的"完成"按钮，返回窗体的"设计视图"。

（22）参照本例第（16）步至第（21）步的方法，创建出用于打开"例 5-9 浏览学生基本情况"窗体的"浏览学生基本情况"按钮，该按钮的名称为"Cmd12"；创建出一个"窗体操作"类别的"关闭窗体"操作的"退出"按钮，该按钮的名称为"Cmd13"。

（23）对于这三个新建按钮进行"对齐""大小""垂直间距"等外观方面的适当调整。另外，把这三个新建按钮全部选定后，整体移动到该选项卡范围内靠近左侧的适当位置。

（24）单击"设计"选项卡上"控件"组中的"图像"按钮，单击"页 2"选项卡内靠近右侧的适当位置，显示"图像"控件框，同时弹出"插入图片"对话框。在"插入图片"对话框中的"查找范围"下拉列表框中，选定某文件夹（如 E:\Access）中的某个图片文件名（如 Office-3.bmp）。

（25）单击"插入图片"对话框中的"确定"按钮，返回窗体的"设计视图"。

（26）右击"页 2"选项卡，在弹出的快捷菜单中单击"属性"命令，在显示出的"页 2"的"属性表"窗口中单击"格式"选项卡，设置"标题"属性值为"打开有关学生信息的窗体"（实际上是更改默认标题"页 2"）。此时，窗体的"设计视图"如图 5-90 所示。

（27）单击窗体中的"窗体"选定器，切换显示窗体"属性表"窗口，单击该"属性表"窗口中的"全部"选项卡。对于该窗体，设置"记录选择器"属性值为"否"，设置"导航按钮"属性值为"否"，设置"分隔线"属性值为"否"。

（28）保存窗体，窗体名为"例 5-11 含选项卡及图片的控制窗体"。关闭该窗体的"设计视图"。

在"导航窗格"的"窗体"对象列表中，双击"例 5-11 含选项卡及图片的控制窗体"，便打开该窗体的"窗体视图"，如图 5-91 所示。

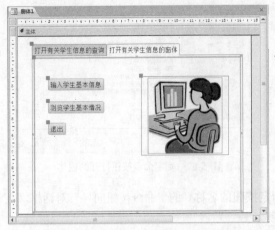

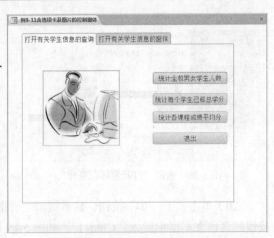

图 5-90　"打开有关学生信息的窗体"选项卡　　　图 5-91　例 5-11 所创建窗体的"窗体视图"

5.3.4　在窗体"设计视图"中创建"选项组"控件

例 5-12　在"学生管理系统"数据库中，使用"设计视图"创建一个名为"例 5-12 含选项组的窗体"的窗体。在该窗体中，通过使用"选项组"按钮和"选项组向导"创建一个"选项组"控件。该"选项组"包含两个"选项按钮"。这两个"选项按钮"的标签分别是"男""女"，值分别是"0""1"。该选项组的标题为"性别"。

其操作步骤如下。

（1）打开"学生管理系统"数据库，单击"创建"选项卡上"窗体"组中的"窗体设计"按钮，显示窗体的"设计视图"。

（2）确保"设计"选项卡上的"控件"组中的"使用控件向导"按钮已经按下。单击"控件"组中的"选项组"按钮，单击窗体"主体"节中的适当位置，弹出"选项组向导"对话框，如图 5-92 所示。

（3）根据图 5-92 所示的"选项组向导"第 1 个对话框至图 5-96 所示的"选项组向导"第 5 个对话框中的提示，依次进行相应的操作。

（4）完成"选项组向导"之后返回图 5-97 所示设计视图，可以对选项组框的位置、大小以及其中的各控件的位置、大小进行调整，调整后的视图如图 5-98 所示。打开该窗体的"窗体视图"，如图 5-99 所示。

图 5-92　"选项组向导"的第 1 个对话框

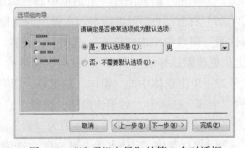

图 5-93　"选项组向导"的第 2 个对话框

（5）以"例 5-12 含选项组的窗体"为名保存该窗体。关闭该窗体的"设计视图"。

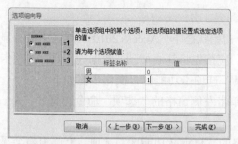

图 5-94　"选项组向导"的第 3 个对话框

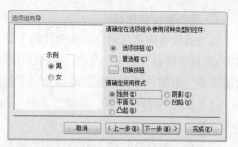

图 5-95　"选项组向导"的第 4 个对话框

图 5-96　"选项组向导"的第 5 个对话框

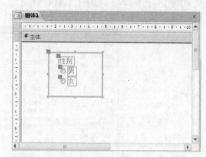

图 5-97　"选项组向导"完成时的设计视图

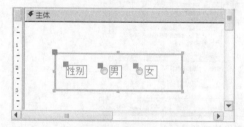

图 5-98　含选项组窗体的"设计视图"

图 5-99　含选项组的窗体的"窗体视图"

5.4　控制窗体的设计与创建

窗体作为应用程序和用户之间的接口，提供输入、修改数据，以及显示处理结果等功能。此外，窗体还可以作为综合界面，将数据库之中的所有对象组合成为整体，为用户提供一个综合功能的操作界面。Access 2010 提供了控制窗体实现综合功能的操作界面，控制窗体包括切换窗体和导航窗体，它们能方便地将 Access 的各种对象，按照用户实际操作需求集合在一起，提供具有综合功能的应用程序控制界面。

5.4.1　创建切换窗体

切换窗体是一个切换面板，上面有控制菜单，用户通过选择窗体中的菜单项，实现对窗体、报表、查询等数据库对象的调用与切换。切换面板上的每个控制菜单项对应一个对象（例如另一个面板），这种操作方式类似于网页上的链接，可以实现在不同网页间跳转。Access 2010 利用"切换面板管理器"创建和配置切换窗体。"切换面板管理器"创建的第一个切换面板为主面板(默认面板)，打开切换窗体首先显示主面板，然后可以根据需要切换到二级面板，等等。本节举例的"学生信息查询"切换面板，是具有二级面板的切换窗体。

1. 切换面板管理器

切换面板管理器是创建切换窗体的工具。通常，初始状态下，Access 2010 功能区中没有显示"切换面板管理器"按钮，因此，在创建切换窗体前，应首先将其添加到"数据库工具"选项卡的功能区中。添加"切换面板管理器"到"数据库工具"选项卡功能区，操作步骤如下。

（1）打开 Access 2010，选择"文件"选项卡，单击左侧窗格的"选项"命令，打开"Access 选项"对话框。

（2）在"Access 选项"对话框中，选择左侧窗格的"自定义功能区"选项，右侧窗格会显示自定义功能区的内容，如图 5-100 所示。

图 5-100　添加切换面板管理器

（3）在"自定义功能区"下拉列表框中，选择"主选项卡"，并在列表中选中"数据库工具"复选框，单击"新建组"按钮。此时，数据库工具列表中出现"新建组（自定义）"，单击"重命名"按钮，在弹出的"重命名"对话框中，更改显示名称为"切换面板"，单击"确定"。

（4）在"从下列位置选择命令"下拉列表中，选择"不在功能区中的命令"项，并在其下方列表中选择"切换面板管理器"项，单击"添加"按钮，将其加入"切换面板"组中，如图 5-100 所示。

（5）单击 Access 选项对话框中的"确定"按钮，完成添加。

完成"切换面板管理器"的添加后，即可创建切换面板页。启动"切换面板管理器"操作步骤如下。

（1）选择"数据库工具"选项卡，单击"切换面板"组的"切换面板管理器"。在首次创建切换面板时，弹出消息框："切换面板管理器在该数据库中找不到有效的切换面板。是否创建一个？"，单击"是"按钮，弹出"切换面板管理器"对话框，如图 5-101 所示。

（2）系统自动增加表"switchboard Items"及"切换面板"窗体。此时，"切换面板页"列表中只有"主切换面板（默认）"一项。

2. 创建切换面板页

例 5-13　创建"学生信息查询"各个切换面板页，分别是：学生信息查询（默认）、学生资料查询、学系资料查询、专业资料查询。步骤如下。

（1）打开"学生管理系统"数据库，依次单击菜单栏"数据库工具"|"切换面板"|"切换面

板管理器"按钮,弹出"切换面板管理器"对话框,如图 5-101 所示。

(2)单击"编辑"按钮,弹出"编辑切换面板页"对话框,把面板名称"主切换面板"改为"学生信息查询",单击"关闭"按钮,回到"切换面板管理器"对话框。

(3)单击"新建"按钮,在弹出的"新建"对话框中,输入新建面板名称:"学生资料查询",单击"确定"按钮。重复此步骤,建立"学系资料查询""专业资料查询"面板页。如图 5-102 所示。

　　　　　图 5-101　切换面板管理器　　　　　　　　　　　图 5-102　创建切换面板页

3. 创建主切换面板页的切换项目

例 5-14　创建主切换面板(默认)页"学生信息查询"的切换项目,分别是:"学生资料查询""学系资料查询""专业资料查询""退出数据库"。步骤如下。

(1)在完成例 5-13 的步骤后,在"切换面板管理器"对话框中选择"学生信息查询(默认)"项,单击"编辑"按钮,弹出"编辑切换面板页"对话框。

(2)单击"新建"按钮,弹出"编辑切换面板项目"对话框,在"文本"文本框中输入:"学生资料查询",在"命令"下拉列表框中选择"转至'切换面板'"项,在"切换面板"下拉列表框中选择"学生资料查询"项,单击"确定"按钮。"切换面板上的项目"列表中增添了"学生资料查询"。重复此步骤,增添项目"学系资料查询""专业资料查询"。如图 5-103 所示。

图 5-103　"编辑切换面板项目"对话框

(3)最后"新建"一个项目,在"编辑切换面板项目"对话框的"文本"文本框输入"退出数据库",在"命令"下拉列表框中选择"退出应用程序"项,单击"确定"按钮。完成全部切换项目的添加,如图 5-104 所示。单击"关闭"按钮。

(4)在 Access 2010 导航窗格的窗体列表中双击"切换面板",打开"学生信息查询"切换面板,显示效果如图 5-105 所示。

 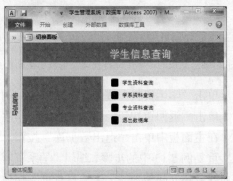

　　　图 5-104　完成全部切换项目的添加　　　　　　　图 5-105　打开"切换面板"的效果

4. 编辑二级切换面板页的切换项目

例 5-15 创建二级切换面板页"学生信息查询"的切换项目，分别是："学生资料"和"返回"。步骤如下。

（1）在"切换面板管理器"对话框中选中"学生资料查询"，单击"编辑"按钮，弹出"编辑切换面板页"对话框，如图 5-106 所示。

（2）单击"新建"按钮，弹出"编辑切换面板页"对话框，在"文本"文本框中输入"学生资料"，在"命令"下拉列表框中选择"在'编辑'模式下打开窗体"选项，在"窗体"下拉列表框中选择"例 5-9 浏览学生基本情况"，单击"确定"按钮。"切换面板上的项目"列表中增添了"学生资料"。如图 5-107 所示。

图 5-106 学生资料查询"编辑切换面板页" 　　图 5-107 增添了"学生资料"后的编辑切换面板页

（3）单击"新建"按钮，在"编辑切换面板项目"的"文本"文本框中输入："返回"，在"命令"下拉列表框中选择"转至'切换面板'"选项，在"切换面板"下拉列表框中选择"学生信息查询"选项，单击"确定"按钮。完成全部切换项目的添加，如图 5-108 所示，单击"关闭"按钮。

（4）在 Access 2010 导航窗格的窗体列表中，打开"切换面板"（即"学生信息查询"），单击"学生资料查询"按钮，切换至"学生资料查询"面板页，如图 5-109 所示。

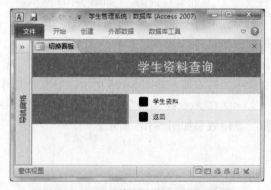

图 5-108 完成的"学生资料查询"编辑切换面板页 　　图 5-109 "学生资料查询"面板页效果

单击"学生资料"按钮，系统打开"例 5-9 浏览学生基本情况"窗体。

单击"返回"按钮，系统切换回"学生信息查询"主面板。

在主面板中单击"退出数据库"按钮，Access 退出"学生管理系统"数据库。

重复例 5-15 中的步骤，编辑"学系资料查询"和"专业资料查询"二级切换面板的切换项目。从而综合建立起整个"学生信息查询"切换面板的所有项目和切换关系。

5.4.2 创建导航窗体

Access 2010 提供的第二种控制窗体是导航窗体，导航窗体与切换窗体一样，都可以将数据库的对象集成综合的应用系统。导航窗体比切换面板的设计过程更为简便，不需要像切换面板那样，设计切换面板页之间的切换关系。

在导航窗体中，可以选择导航按钮的布局，也可以在所选布局上直接创建导航按钮，并通过这些按钮将已建数据库对象集成在一起，形成数据库应用系统。使用导航窗体创建应用系统控制界面更简单、更直观。

在设计导航窗体时，可使用"设计视图"和"布局视图"。在"布局视图"中创建和修改导航窗体时，窗体处于运行状态，创建或修改窗体的同时可以看到运行的效果，因此更直观方便。

例 5-16 创建"学生资料查询"的导航窗体，在窗体中建立两级导航标签按钮，第一级标签为"学生资料""学系资料""专业资料"，并为一级标签添加二级标签按钮。步骤如下。

（1）打开"学生管理系统"数据库，依次单击菜单栏"创建"|"窗体"|"导航"命令按钮，选择"水平标签，2 级"，打开导航窗体的布局视图。

（2）双击标题栏，将标题"导航窗体"改为"学生资料查询"，如图 5-110 所示。

（3）单击窗体内第一级标签"新增"按钮，输入标签名"学生资料"，重复此操作，定义其他的一级标签名称："学系资料""专业资料"。

（4）选中第一级标签的"学生资料"，双击其第二级标签的"新增"按钮，输入标签名"学生"，重复此操作，输入"班级"标签名称，完成"学生资料"的第二级标签名称定义。

（5）右击二级标签"学生"，在弹出菜单中选择"属性"，系统弹出属性表窗格，在"导航按钮"的"数据"属性中，单击"导航目标名称"下拉菜单按钮，在对象列表中，选择"例 5-9 浏览学生基本情况"窗体。如图 5-110 所示。

（6）右击二级标签"班级"，在弹出菜单中选择"属性"，系统弹出属性表窗格，在"导航按钮"的"数据"属性中，单击"导航目标名称"下拉菜单按钮，在对象列表中，选择"例 5-1 班级（窗体）"窗体。同理，重复第（4）步至第（5）步，完成所有导航标签的名称定义与属性设置。

（7）在 Access 2010 导航窗格的窗体列表中，打开"学生资料查询"导航窗体，单击一级标签"学生资料"按钮，显示二级标签"学生"和"班级"。单击"班级"标签，系统打开"例 5-1 班级（窗体）"窗体，如图 5-111 所示。

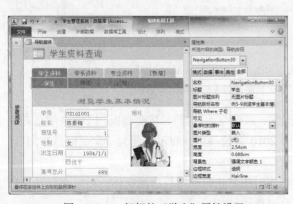

图 5-110 二级标签"学生"属性设置

图 5-111 二级标签"学生"属性设置

5.4.3 设置启动窗体

在创建了 Access 2010 控制窗体后，系统交付用户使用时，用户在一般情况下希望日常打开系统时，直接看到操作界面，而不是每次启动时都需要先找到导航窗格，然后再双击该窗体。因此，需要实现在打开"学生管理系统"数据库时自动打开其控制窗体，且不显示导航窗格。

例 5-17 设置"学生管理系统"数据库的启动窗体为"学生信息查询"切换面板，设置数据库应用程序标题"学生信息查询"，取消显示导航窗格。步骤如下：

（1）打开"学生管理系统"数据库，选择"文件"|"选项"命令按钮，打开"Access 选项"对话框。

（2）选择左侧窗格中的"当前数据库"，在右侧窗格出现"用于当前数据库的选项"，在"应用程序选项"窗格中的"应用程序标题"文本框中输入"学生信息查询"，在"显示窗体"组合框中选择"切换面板"。

（3）在"导航"项中，取消选中"显示导航窗格"复选框，如图 5-112 所示，单击"确定"按钮。

图 5-112 "Access 选项"中"用于当前数据库的选项"对话框。

（4）关闭并重新启动"学生管理系统"数据库，系统自动打开 "切换面板"（"学生信息查询（默认）"）窗体，不显示导航窗格，且在 Access 2010 系统顶部，显示标题为"学生信息查询"。如图 5-113 所示。

若在数据库中设置了启动窗体，但打开数据库时想禁止自动运行启动窗体，可以在打开这个数据库的过程中按住 Shift 键，则启动窗体不会自动运行。

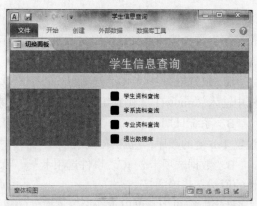

图 5-113　Access2010 启动窗体效果

习　题　5

一、单选题

1. 在窗体设计过程中，经常要使用的三种属性是_____、控件属性和节属性。

　A. 字段属性　　　　B. 窗体属性　　　　C. 查询属性　　　　D. 报表属性

2. 窗体的记录源可以是表或_____。

　A. 报表　　　　　　B. 宏　　　　　　　C. 查询　　　　　　D. 模块

3. 窗体包含窗体页眉/页脚节、页面页眉/页脚节和_____。

　A. 子体节　　　　　B. 父体节　　　　　C. 从体节　　　　　D. 主体节

4. 窗体上的控件分为三种类型：绑定控件、未绑定控件和_____。

　A. 查询控件　　　　B. 报表控件　　　　C. 计算控件　　　　D. 模块控件

5. 将不需要的记录隐藏起来，只显示想要看的记录，使用的是 Access 中对表或查询或窗体中的记录的_____功能。

　A. 输入　　　　　　B. 编辑　　　　　　C. 计算　　　　　　D. 筛选

6. 在显示具有_____关系的表或查询中的数据时，子窗体特别有效。

　A. 一对一　　　　　B. 一对多　　　　　C. 多对多

7. 在主/子窗体的子窗体中还可以创建子窗体，最多可以有_____层子窗体。

　A. 3　　　　　　　 B. 5　　　　　　　　C. 7　　　　　　　　D. 9

8. 下列关于窗体的说法，正确的是_____。

　A. 在窗体视图中，可以对窗体进行结构的修改

　B. 在窗体设计视图中，可以对窗体进行结构的修改

　C. 在窗体设计视图中，可以进行数据记录的浏览

　D. 在窗体设计视图中，可以进行数据记录的添加

9. 下面关于窗体的说法，错误的是_____。

　A. 在窗体中可以含有一个或几个子窗体

　B. 子窗体是窗体中的窗体，基本窗体称为主窗体

　C. 子窗体的数据来源可以来自表或查询

D. 一个窗体中只能含有一个子窗体

10. 当需要将一些切换按钮、选项按钮或复选框组合起来共同工作时，需要使用的控件是_____。

    A. 列表框   B. 复选框   C. 选项组   D. 组合框

11. 在某窗体的文本框中输入"=now()"，则在窗体视图上的该文本框中显示_____。

    A. 系统时间   B. 系统日期   C. 当前页码   D. 系统日期和时间

12. 为窗体上的控件设置 Tab 键的顺序，应选择"属性表"窗口中的_____。

    A. 格式选项卡   B. 数据选项卡   C. 事件选项卡   D. 其他选项卡

13. 下列关于控件属性的说法，正确的是_____。

    A. 在某控件的"属性表"窗口中，可以重新设置该控件的属性值

    B. 所有对象都具有同样的属性

    C. 控件的属性只能在设计时设置，不能在运行时修改

    D. 控件的每一个属性都具有同样的默认值

14. 在窗体设计视图中，按_____键，同时单击鼠标可以选中多个控件。

    A. Esc   B. Shift   C. Alt   D. Space

15. 当窗体中的内容较多而无法在一页中显示时，可以分页显示，使用的控件是_____。

    A. 按钮   B. 组合框   C. 选项卡控件   D. 选项组

16. 不是窗体"格式"属性的选项是_____。

    A. 标题   B. 默认视图   C. 自动调整   D. 前景色

17. 用于显示、更新数据库中的字段的控件类型是_____。

    A. 绑定型   B. 非绑定型   C. 计算型   D. A、B、C 都是

二、多选题

1. 将窗体用作数据输入窗体，输入窗体的最基本功能包括_____。

    A. 打印数据   B. 编辑数据   C. 输入数据   D. 显示数据

2. 可以利用窗体对数据库的操作是_____。

    A. 添加   B. 查询   C. 删除   D. 更新

3. 下面关于列表框和组合框的叙述，错误的是_____。

    A. 列表框和组合框可以包含一列或几列数据

    B. 可以在列表框中输入新值，而组合框不能

    C. 可以在组合框中输入新值，而列表框不能

    D. 在列表框和组合框中均可以输入新值

上机实验 5

在"成绩管理系统"数据库中，进行如下创建窗体操作。

1. 在"成绩管理系统"数据库中，在"导航窗格"选定"学系"表后，使用"创建"选项卡上"窗体"组中的"窗体"按钮，创建一个名为"学系—窗体"的窗体。该窗体的数据源就是"学系"表。

2. 在"成绩管理系统"数据库中，在"导航窗格"选定"专业"表后，使用"创建"选项卡

上"窗体"组中的"其他窗体"按钮下拉菜单中的"数据表"命令,创建一个名为"专业—数据表窗体"的窗体。该窗体的数据源就是"专业"表。

3. 在"成绩管理系统"数据库中,在"导航窗格"选定"学生"表后,使用"创建"选项卡上"窗体"组中的"其他窗体"按钮下拉菜单中的"数据透视表"命令,创建一个名为"学生各班级男女人数—数据透视表"的数据透视表窗体,该数据透视表视图类似图 5-18 所示。该窗体的数据源就是"学生"表。

4. 在"成绩管理系统"数据库中,使用"创建"选项卡上"窗体"组中的"窗体设计"按钮(即使用"设计视图")创建一个名为"浏览学生基本情况—主/子窗体"的窗体,其窗体设计类似图 5-43 所示。要求创建一个主/子类型的窗体,主窗体的数据源是"学生"表,子窗体的数据来源是"修课成绩"表。当运行该窗体时,用户只能浏览信息,不允许对"学生"表和"修课成绩"表进行任何"修改""删除"和"添加"记录的操作。对主窗体不设置导航条,但要在窗体页脚节创建标题分别为"第一个记录""前一个记录""后一个记录"和"最后一个记录"的四个记录导航操作按钮和一个标题为"关闭窗体"的窗体操作按钮。在窗体页眉创建标题为"浏览学生基本信息"的标签,该标签的"左边距"属性值为"3cm","上边距"属性值为"0.25cm"。在窗体页眉创建显示当前日期的计算控件文本框,设置该文本框的"左边距"属性值为"12cm","上边距"属性值为"0.6cm",设置该文本框的"格式"属性值为"长日期"。

可参考第 5.3.1 小节中的"例 5-9"所介绍的方法。

第6章
报表

报表是 Access 数据库对象之一。报表可以对大量的原始数据进行综合整理，然后将数据分析结果打印成表。报表是以打印格式展示数据的一种有效方式。

6.1　报　表　概　述

报表是 Access 数据库中以打印格式展示数据的对象。

报表的记录源可以是表或查询对象，还可以是一个 SQL 语句。报表中显示的数据来自记录源指定的基础表或查询。报表的记录源引用基础表和查询中的字段，但报表无须包含每个基础表或查询中的所有字段。报表上的其他信息（如标题、日期和页码）存储在报表的设计中。

在报表中，通常需要使用各种报表元素，例如：标签、文本框等。在术语上把这些报表元素称为控件。对于负责显示记录源中某个字段数据的控件，需要将该控件的"控件来源"属性指定为记录源中的某个字段。

一旦完成了报表"记录源"属性和所有控件的"控件来源"属性的设置，报表就具备了显示记录源中的记录的能力。

使用报表可以创建邮件标签，可以创建图表以显示统计数据，可以对记录按类别进行分组，还可以计算总计等。

6.1.1　报表的组成

一般来说，报表的组成包括报表页眉、页面页眉、主体、页面页脚和报表页脚五个部分，每个部分称为一个"节"。报表中的信息可以分布在多个节中。此外，可以在报表中对记录数据进行分组，对每个组添加组页眉和组页脚。

所有报表都有主体节，但报表还可以包含（也可以不包含）报表页眉节、页面页眉节、页面页脚节和报表页脚节。每个节都有特定的用途，并且按报表中预定的顺序打印。

可以隐藏节或调整节的大小，可以在节内添加控件，可以设置节的背景色，还可以设置节属性以及对节内容的打印方式进行自定义等。

在报表的"设计视图"中，节表现为区段形式（如图 6-1 所示），并且报表包含的每个节最多出现一次。在打印报表中，页面页眉和页面页脚可以每页重复一次。通过放置控件（如标签和文本框等）确定每个节中信息的显示位置。

1．报表页眉节

报表页眉在报表开头出现一次。可以在报表页眉放置商标、显示报表题目或打印日期等。报表页眉打印在报表首页的页面页眉之前。

2．页面页眉节

页面页眉出现在报表的每个打印页的顶部，可以用它显示诸如页标题或列标题等信息。

3．主体节

主体节（也称明细节）包含报表数据的明细部分。该节是对报表的基础记录源中每个记录的重复。该节通常包含绑定到记录源中的字段的控件，但也可能包含未绑定控件，如标识字段内容的标签。

图 6-1　报表的"设计视图"

 如果某报表的主体节中没有包含任何控件，则可以在其属性表中将主体节的"高度"属性设置为 0。

4．页面页脚节

页面页脚出现在报表的每个打印页的底部，可以用它显示诸如日期或页码等信息。

5．报表页脚节

报表页脚在报表的末尾出现一次。可以用它显示诸如报表总计等。报表页脚是报表设计中的最后一节，但是在打印时报表页脚出现在最后一个打印页的最后一个主体节之后、最后一个打印页的页面页脚之前。

6．组页眉和组页脚

可以在报表中的每个组内添加组页眉和组页脚。

组页眉显示在新记录组的开头，可以用于显示适用于整个组的信息，如组名称等。

组页脚出现在每组记录的结尾，可用于显示该组的小计值等信息。

创建组页眉和组页脚，需要单击"报表设计工具"下"设计"选项卡上"分组和汇总"组中的"分组和排序"按钮，再单击（设计视图下端的）"分组、排序和汇总"窗格中的"添加组"按钮，然后选择一个字段或输入一个以等号"="开头的表达式。

6.1.2　报表的视图类型

在 Access 数据库中，报表的视图类型通常有以下四种。

1．报表视图

报表的"报表视图"是设计完报表之后展现出来的视图。在该视图下可以对数据进行排序、筛选。

2．打印预览视图

报表的"打印预览视图"是用于测试报表对象打印效果的窗口。Access 提供的打印预览视图所显示的报表布局和打印内容与实际打印结果是一致的，即"所见即所得"。在打印预览视图上可以设置页面大小、页面布局等。

3. 布局视图

报表的"布局视图"用于在显示数据的同时对报表进行设计、调整布局等。用户可以根据数据的实际大小，调整报表的结构。报表的布局视图类似于窗体的布局视图。

4. 设计视图

报表的"设计视图"用于创建报表，它是设计报表对象的结构、布局、数据的分组与汇总特性的窗口。若要创建一个报表，可在"设计视图"中进行。

在"设计视图"中，可以使用"设计"选项卡上的控件按钮添加控件，如标签和文本框。控件可放在主体节中或其他某个报表节中，可以使用标尺对齐控件，还可以使用"格式"选项卡上的命令更改字体或字体大小、对齐文本、更改边框或线条宽度、应用颜色或特殊效果等。

6.1.3　报表的类型

一般来说，Access 2010 提供了 4 种类型的报表，分别是纵栏式报表、表格式报表、图表报表和标签报表等。

1. 纵栏式报表

在纵栏式报表中，每个字段都显示在主体节中的一个独立的行上，并且左边带有一个该字段的标题标签。

2. 表格式报表

在表格式报表中，每条记录的所有字段显示在主体节中的一行上，字段标题信息显示在报表的页面页眉节中。

3. 图表报表

图表报表是指在报表中包含图表显示的报表。

4. 标签报表

标签报表是 Access 报表的一种特殊类型。如果将标签绑定到表或查询中，Access 就会为基础记录源中的每条记录生成一个标签。

6.1.4　创建报表的方法

在 Access 2010 窗口，打开某个 Access 数据库。例如，打开"学生管理系统"数据库。

单击"创建"选项卡，在"报表"组中显示出几种创建报表的按钮，如图 6-2 所示。创建报表的方法和创建窗体非常相似，"报表"按钮用于对当前选定的表或查询创建基本的报表，是一种最快捷的创建报表的方式；"报表设计"以"设计视图"的方式创建一个空报表，可以对报表进行

图 6-2 "报表"组中用于创建报表的按钮

高级设计，如添加控件和编写代码；"空报表"以"布局视图"的方式创建一个空报表；"报表向导"用以显示创建报表的向导，帮助用户创建一个简单的自定义报表；"标签"按钮用于对当前选定的表或查询创建标签式的报表。

6.1.5　修改报表的设计

在使用前面的创建报表的方法完成创建报表之后，用户可以根据需要对某个报表的设计进行修改，包括添加报表的控件、修改报表的控件或删除报表的控件等。

若要修改某个报表的设计，可在该报表的"设计视图"中进行。

具体来说，修改报表设计的操作步骤如下。

（1）打开某个 Access 2010 数据库，例如打开"学生管理系统"数据库。

（2）单击"导航窗格"上的"报表"对象，展开报表对象列表。

（3）右击报表对象列表中的某个报表对象，在打开的快捷菜单中（如图 6-3 所示）单击"设计视图"命令，显示该报表的"设计视图"。

（4）在该报表的"设计视图"中，用户可以根据需要对该报表进行添加控件、修改控件或删除控件等各种操作。

（5）完成修改操作后，单击 Access 快速访问工具栏中的"保存"按钮，保存对该"报表"的设计所进行的修改。

（6）关闭该报表的"设计视图"。

图 6-3 报表的快捷菜单

6.2 创 建 报 表

通过使用"创建"选项卡上的"报表"组中的按钮可以创建各种报表。使用"报表向导"可以创建标准报表，再根据需求在"设计视图"中对该报表进行修改。用户还可以直接在"设计视图"和"布局视图"中创建自定义的报表。

6.2.1 使用"报表"创建报表

使用"报表"按钮创建基于一个表或查询的报表。该报表以表格式显示基础表或查询中的所有字段和记录。

例 6-1 在"学生管理系统"数据库中，使用"报表"按钮创建一个基于"学系"表的报表。报表名称为"例 6-1 学系（报表）"。

操作步骤如下。

（1）打开"学生管理系统"数据库，单击"导航窗格"上的"表"对象，展开"表"对象列表，单击该表对象列表中的"学系"，即选定"学系"表作为报表的数据源。

（2）单击"创建"选项卡，再单击"报表"组上的"报表"按钮，Access 2010 自动创建出"学系"报表，并以"布局视图"方式显示出该报表，如图 6-4 所示。

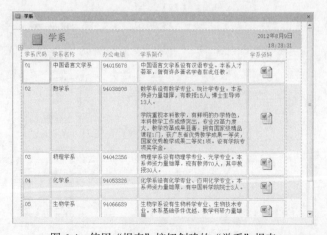

图 6-4 使用"报表"按钮创建的"学系"报表

（3）单击该报表"布局视图"窗口右上角的"关闭"按钮，弹出提示"是否保存对报表'学系'的设计的更改？"对话框，如图 6-5 所示。

图 6-5　是否保存报表设计的对话框

（4）单击该对话框中的"是"按钮，弹出"另存为"对话框。在其中的"报表名称"的文本框中键入"例 6-1 学系（报表）"。

（5）单击"另存为"对话框中的"确定"按钮。

6.2.2　使用"空报表"创建报表

使用"空报表"按钮创建报表，首先显示出一个空报表的"布局视图"和"字段列表"，通过双击或拖曳"字段列表"中的字段，把需要显示的字段添加到该报表"布局视图"中。

例 6-2　在"学生管理系统"数据库中，使用"空报表"按钮创建一个基于"学系"表的报表。报表名称为"例 6-2 学系（空报表）"。该报表的"报表视图"如图 6-6 所示。

操作步骤如下。

（1）打开"学生管理系统"数据库，单击"创建"选项卡中"报表"组上的"空报表"按钮，显示出一个空报表的"布局视图"和"字段列表"窗格，如图 6-7 所示。

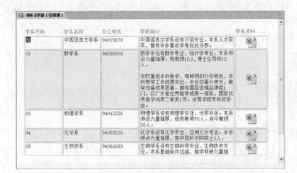

图 6-6　使用"空报表"按钮创建的报表的"报表视图"

图 6-7　空报表的"布局视图"和"字段列表"窗格

（2）在"字段列表"窗格中，单击"学系"表前面的"+"号，展开"学系"表的所有字段。双击"学系代码"字段，报表上自动添加该字段。此时的"字段列表"由一个窗格变成三个窗格，如图 6-8 所示。

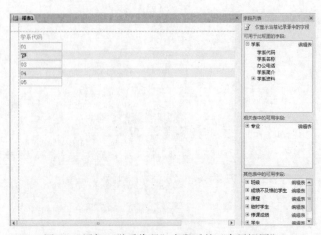

图 6-8　添加"学系代码"字段后的"布局视图"

（3）单击"字段列表"中"学系"表的"学系名称"字段，在按住 Shift 键的同时单击"学系资料"字段，选中"学系"表的其他所有字段。将光标移动到选定的字段上，按住鼠标左键拖放到报表上"学系代码"字段的右侧，如图 6-9 所示。

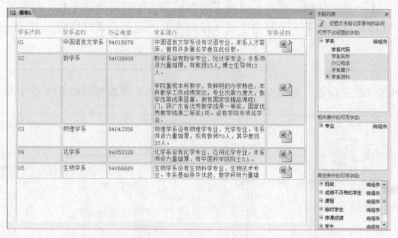

图 6-9　添加"学系"表全部字段后的报表的"布局视图"

（4）保存该报表的设计，该报表的名称为"例 6-2 学系（空报表）"。

6.2.3　使用"报表向导"创建报表

使用"报表向导"可以创建基于多个表或查询的报表。

例 6-3　在"学生管理系统"数据库中，使用"报表向导"创建一个基于"例 4-27 查询学生全部成绩"查询的报表，报表名称为"例 6-3 学生全部成绩报表"。

操作步骤如下。

（1）打开"学生管理系统"数据库，单击"创建"选项卡中"报表"组上的"报表向导"按钮，弹出"报表向导"对话框。

（2）在"表/查询"组合框中选择"查询：例 4-27 查询学生全部成绩"，单击 [>>] 按钮，选定该查询的全部字段，如图 6-10 所示。

（3）单击"下一步"按钮，弹出提示"请确定查看数据的方式"的"报表向导"对话框，由于本报表的记录源是"例 4-27 查询学生全部成绩"查询，而"例 4-27 查询学生全部成绩"查询的记录源是"修课成绩"表和"课程"表，按系统默认选定"通过修课成绩"，如图 6-11 所示。

图 6-10　确定报表上使用的字段

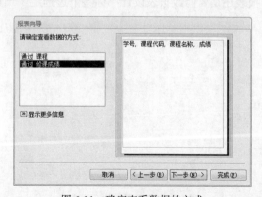

图 6-11　确定查看数据的方式

（4）单击"下一步"按钮，弹出提示"是否添加分组级别"的"报表向导"对话框。默认已选定该对话框左侧列表框中的"学号"，单击 ▷ 按钮，"学号"便显示在该对话框右侧的框的顶部，如图 6-12 所示。

（5）单击"下一步"按钮，弹出"请确定明细信息使用的排序次序和汇总信息"的"报表向导"对话框，在该对话框的第 1 个排序字段下拉列表框中选定"课程代码"，并选定"升序"，如图 6-13 所示。

在"报表向导"对话框中设置字段排序时，最多只可以设置 4 个字段对记录排序。

图 6-12　确定是否添加分组级别

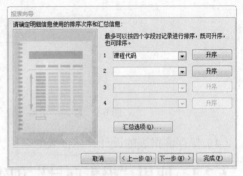

图 6-13　确定明细信息使用的次序

（6）单击该对话框中的"汇总选项"按钮，弹出"汇总选项"对话框。在该对话框中，选中"平均"复选框，如图 6-14 所示。单击"确定"按钮，返回"报表向导"对话框。

（7）单击该"报表向导"对话框中的"下一步"按钮，弹出提示"请确定报表的布局方式"的"报表向导"对话框，如图 6-15 所示。

（8）选定了某一种布局后，单击"下一步"按钮，弹出提示"请为报表指定标题"的"报表向导"对话框。在

图 6-14　"汇总选项"对话框

"请为报表指定标题"标签下边文本框中输入"例 6-3 学生全部成绩报表"，在"请确定是要预览报表还是要修改报表设计"标签下边选定"预览报表"单选钮，如图 6-16 所示。

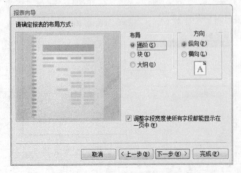

图 6-15　确定报表的布局方式

图 6-16　为报表指定标题

（9）然后单击"完成"按钮。显示"例 6-3 学生全部成绩报表"的"打印预览视图"窗口，如图 6-17 所示。

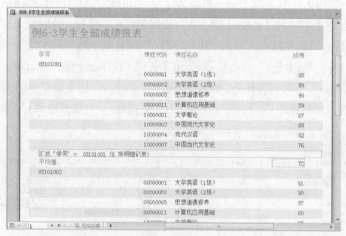

图 6-17 "例 6-3 学生全部成绩报表"的"打印预览视图"窗口

6.2.4 使用"标签"创建报表

使用"标签"创建标签报表时，显示的"标签向导"会向用户详细说明有关字段、布局以及所需格式等信息，并根据用户的回答创建标签。一般来说，用户可先按"标签向导"创建标签报表，然后在该报表的"设计视图"中对标签的外观进行自定义设计，这样可以更快速地创建标签报表。

例 6-4 在"学生管理系统"数据库中，使用"标签"按钮创建一个基于"班级"表的标签报表。报表名称为"例 6-4 班级的班主任标签报表"。

操作步骤如下。

（1）打开"学生管理系统"数据库，单击"导航窗格"上的"表"对象，展开"表"对象列表，单击该表对象列表中的"班级"，即选定"班级"表作为报表的数据源。

（2）单击"创建"选项卡，再单击"报表"组上的"标签"按钮，弹出"标签向导"对话框。在显示提示"请指定标签尺寸"的"标签向导"对话框中，按默认选定第一个尺寸，如图 6-18 所示。

（3）单击该对话框中"下一步"按钮，弹出提示"请选择文本的字体和颜色"的"标签向导"对话框，用户可根据需要去进行相应的设置，如图 6-19 所示。

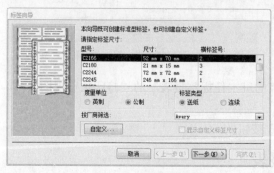

图 6-18 指定标签尺寸

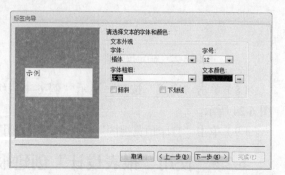

图 6-19 选择文本的字体和颜色

（4）单击该对话框中的"下一步"按钮，弹出提示"请确定邮件标签的显示内容"的"标签向导"对话框，如图 6-20 所示。

（5）单击"可用字段："列表框中的"班级名称"，单击该对话框中的 ＞ 按钮，立即在"原型标签："下显示"{班级名称}"。按【Enter】键，在 {班级名称} 后换行，此时插入点位于"原型标签："下的第二行开头，输入"班主任："。单击"可用字段："列表框中的"班主任"，单击 ＞ 按钮，便在"原型标签："下第二行"班主任："后边显示"{班主任}"。按 Enter 键，在 {班主任} 后换行，此时插入点位于"原型标签："下第三行开头，输入"电话："。单击"可用字段："列表框中的"联系电话"，单击 ＞ 按钮，便在"原型标签："下第三行"电话："后边显示"{联系电话}"，如图 6-21 所示。

图 6-20　确定邮件标签的显示内容

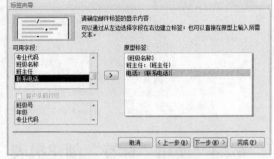

图 6-21　确定邮件标签显示内容

（6）单击"下一步"按钮，弹出提示"请确定按哪些字段排序"的"标签向导"对话框。在本例中，单击"可用字段："列表框中的"班级名称"，单击该对话框中 ＞ 按钮，便在右侧显示"班级名称"，如图 6-22 所示。

（7）单击"下一步"按钮，弹出提示"请指定报表的名称"的"标签向导"对话框。输入报表名称"例 6-4 班级的班主任标签报表"。在"请选择："标签下边，选定"查看标签的打印预览"单选钮，如图 6-23 所示。

图 6-22　确定按哪些字段排序

图 6-23　指定报表的名称

（8）单击"完成"按钮，显示"例 6-4 班级的班主任标签报表"的"打印预览视图"，如图 6-24 所示。

（9）单击"打印预览视图"右上角的"关闭"按钮。

6.2.5　使用"报表设计"创建报表

使用"报表设计"按钮创建报表，首先显示一个新报表的"设计视图"，在"设计视图"中允许用户按照自己的需求对报表的布局进行设计。

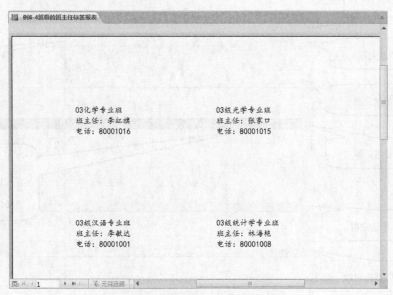

图 6-24 标签报表的"打印预览视图"

使用"报表设计"按钮创建报表的基本步骤如下。

（1）打开"学生管理系统"数据库，单击"创建"选项卡中"报表"组上的"报表设计"按钮，弹出报表的"设计视图"，默认显示出"页面页眉"节、"主体"节和"页面页脚"节，如图 6-25 所示。

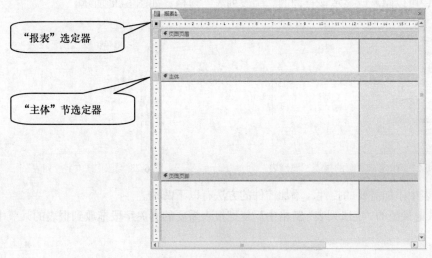

图 6-25 默认的报表"设计视图"

此外，在"报表"选定器方框中部显示"黑色实心方块"，表示已默认选定了"报表"选定器。

（2）右击主体节的空白处，在打开的快捷菜单中单击"报表页眉/页脚"命令，则在该报表"设计视图"中显示出"报表页眉"节和"报表页脚"节。单击"主体"节选定器，此时的报表"设计视图"如图 6-26 所示。

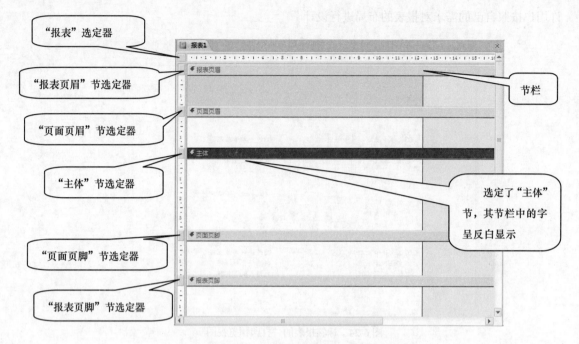

图 6-26　选定了"主体"节的报表"设计视图"

（3）双击"报表"选定器，弹出报表的"属性表"窗口。在"数据"选项卡中的"记录源"右边的下拉组合框中指定某一记录源，例如指定"例 4-30 查询成绩不及格的学生"查询为记录源，如图 6-27 所示。此时，通过单击"报表设计工具"下"设计"选项卡上"工具"组中的"添加现有字段"按钮，可以隐藏或显示该查询的"字段列表"窗格，如图 6-28 所示。

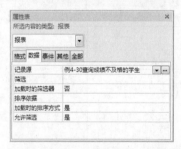

图 6-27　指定记录源的报表"属性表"

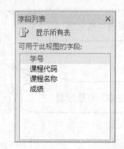

图 6-28　记录源"字段列表"

（4）在报表中添加需要的控件，添加控件的方法有以下两种。

① 直接从记录源的"字段列表"窗格中反复把报表需要的有关字段拖放到报表的某节中的适当位置。

　　　也可以在"字段列表"窗格中，通过按住 Ctrl 键单击若干个字段的方法，选定若干个字段后一起拖放到报表的某节中的适当位置。

② 在"报表设计工具"下"设计"选项卡的"控件"组（如图 6-29 所示）中单击某控件，然后单击该报表的某节中的适当位置。对于与字段内容相关的控件，需要在该控件的"属性表"中设置其"控件来源"属性值为该记录源中的相应字段，如图 6-30 所示。对于非绑定控件（如矩形、直线条等），不必设置也不能设置其"控件来源"的属性值。

图 6-29 "控件"组

图 6-30 "控件来源"属性

（5）根据需要可进行调整控件位置和大小等工作。操作方法与操作窗体的控件相似。首先单击某个需要调整位置的控件，显示出该控件的移动控点和尺寸控点。当光标放在控件的四周，除左上角之外的其他地方时，鼠标指针呈一个十字四向箭头形状，这时按住鼠标左键并拖曳鼠标可同时移动两个相关控件。当移动鼠标指向某控件的左上角的黑色方块的移动控点时，鼠标指针呈一个十字四向箭头形状，这时按住鼠标左键并拖曳鼠标仅可移动一个该指向的控件。

（6）根据需要对报表的属性、节的属性或其中控件的属性进行设置。

（7）保存报表设计并指定报表的名称。

例 6-5 在"学生管理系统"数据库中，使用"报表设计"创建一个基于"班级"表的报表，要求在报表中画出水平和垂直框线等，该报表设计完成时的设计视图如图 6-31 所示。报表名称为"例 6-5 班级清单报表"。

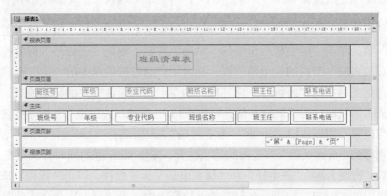

图 6-31 报表设计完成时的"设计视图"

操作步骤如下。

（1）打开"学生管理系统"数据库，单击"创建"选项卡中"报表"组上的"报表设计"按钮，显示报表的"设计视图"，默认显示出"页面页眉"节、"主体"节和"页面页脚"节。

（2）右击主体节的空白处，在打开的快捷菜单中单击"报表页眉/页脚"命令，则在该报表"设计视图"中显示"报表页眉"节和"报表页脚"节。

（3）双击"报表"选定器，显示出报表的"属性表"窗口。单击"数据"选项卡"记录源"右边的下拉组合框，选定"班级"表为记录源，如图 6-32 所示。

（4）单击"报表设计工具"下"设计"选项卡上"控件"组中的"标签"按钮，单击"报表页眉"节中的某一位置，在"报表页眉"节中添加一个标签控件，输入标签的标题为"班级清单表"。双击该标签，显示出该标签控件的"属性表"，设置其"字体名称"为"隶书"，设置其"字号"为 18 磅，设置其"文本对齐"为"居中"。

（5）单击"报表设计工具"下"设计"选项卡上"工具"组中的"添加现有字段"按钮，显示出"班级"表的"字段列表"。按住 Shift 键分别单击"字段列表"中的"班级号""年级""专业代码""班级名称""班主任"和"联系电话"，选定这 6 个字段后一起拖放到报表的主体节中。此时，在报表的主体节中就有了这 6 个字段对应的 6 个绑定文本框控件和 6 个附加标签控件，如图 6-33 所示。

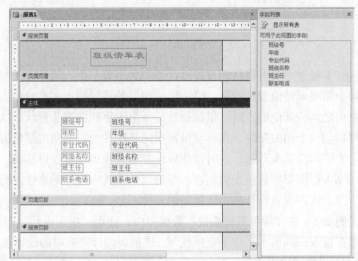

图 6-32　指定"班级"表为记录源　　　　图 6-33　在主体节添加 6 个字段对应的控件

（6）选定"班级号"标签控件，单击"开始"选项卡上"剪贴板"组中的"剪切"按钮，单击"页面页眉"节，单击"剪贴板"组中的"粘贴"按钮，便把"班级号"标签控件从"主体"节移动到了"页面页眉"节内的左上角位置，此时用户通过按键盘上的"↓"键或"→"键等箭头键（或者通过把光标指向"班级号"标签控件的左上角的黑色方块的移动控点，鼠标光标变为一个十字四向箭头形状时，按下鼠标左键并拖曳鼠标），可把该"班级号"标签控件移到"页面页眉"节内的适当位置。同样，把"年级""专业代码""班级名称""班主任"和"联系电话"5 个标签控件也分别移到"页面页眉"节区内的适当位置。按住 Shift 键的同时分别单击"班级号""年级""专业代码""班级名称""班主任"和"联系电话"标签控件，单击"排列"选项卡上"调整大小和排序"组中的"对齐"按钮，在打开的下拉列表中单击"靠上"命令，此时这 6 个标签自动靠上对齐。

（7）在"主体"节内，单击"班级号"文本框控件，通过按键盘上的"↑"键、"↓"键、"←"键或"→"键等箭头键可把"班级号"文本框控件移到"主体"节内的适当位置。同样，把"年级""专业代码""班级名称""班主任"和"联系电话"5 个文本框控件也分别移到"主体"节内的适当位置。按住 Shift 键的同时分别单击"班级号""年级""专业代码""班级名称""班主任"和"联系电话"文本框控件，单击"排列"选项卡上"调整大小和排序"组中的"对齐"按钮，在打开的下拉列表中单击"靠上"命令，此时这 6 个文本框自动靠上对齐。单击"设计"选项卡上"工具"组中的"属性表"按钮，打开这 6 个文本框的"属性表"，单击"格式"选项卡，设置"边框样式"为"透明"，设置"文体对齐"为"居中"。

（8）单击"设计"选项卡上"控件"组中的"直线"按钮，单击"页面页眉"节中的某一点位置，并沿水平方向拖曳鼠标到某个位置松开鼠标，创建了一个水平的直线控件，如图 6-34 所示。

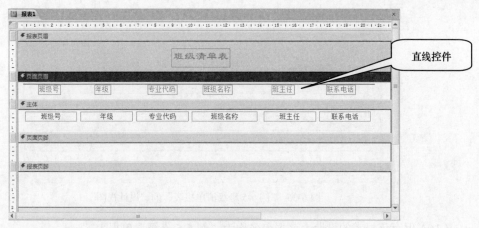

图 6-34　创建一个水平的直线控件后的报表"设计视图"

（9）在"页面页眉"节，单击选定该水平的"直线"控件，单击"开始"选项卡上"剪贴板"组中的"复制"按钮，单击"剪贴板"组中的"粘贴"按钮，在"页面页眉"节产生了第二个水平的"直线"控件。通过按键盘上的"↑"键、"↓"键、"←"键或"→"键等箭头键，可把第二个"直线"控件调整到适当位置（如两条直线的左边距要相同）。

（10）单击"主体"节，单击"开始"选项卡上"剪贴板"组中的"粘贴"按钮，在"主体"节产生出一个水平的"直线"控件，通过按键盘上的"↑"键、"↓"键、"←"键或"→"键等箭头键，可把"主体"节"直线"控件水平调整到适当位置，要使该直线控件的左边距与前面的直线控件的左边距相同，该直线控件还要放在文本框下边的位置。

（11）单击"设计"选项卡上"控件"组中的"直线"按钮，单击"页面页眉"节中上边的直线控件的左端点，并沿垂直向下方向拖曳鼠标到下边的直线控件的左端点位置松开鼠标，创建出一个垂直方向的直线控件。单击选定创建的垂直的"直线"控件，单击"开始"选项卡上"剪贴板"组中的"复制"按钮，再单击"粘贴"按钮六次，在"页面页眉"节产生了另外六个垂直的"直线"控件，并分别把每一个由粘贴操作产生的垂直"直线"控件移到每两个标签控件之间及两个水平的"直线"控件之间的适当位置。

（12）单击"设计"选项卡上"控件"组中的"直线"按钮，单击"主体"节中的水平直线控件的左端点，并沿垂直向上方向拖曳鼠标到"主体"节栏边位置松开鼠标，创建一个垂直方向的直线控件。

（13）在"主体"节，单击选定创建的垂直的"直线"控件，单击"开始"选项卡上"剪贴板"组中的"复制"按钮，再单击"粘贴"按钮六次，在"主体"节产生了另外六个垂直的"直线"控件，然后分别把每一个由粘贴操作产生的垂直的"直线"控件移到每两个文本框控件之间及水平的"直线"控件与"主体"节栏边之间的适当位置，并使它与"页面页眉"节中相对应的垂直"直线"控件垂直方向对齐。

（14）单击"设计"选项卡上"控件"组中的"文本框"按钮，单击"页面页脚"节内的适当位置，创建一个文本框及一个附加的标签。在"文本框"控件内直接输入：="第" & [Page] & "页"。单击选定该文本框的附加标签，按【Delete】键删除该标签控件。

（15）通过鼠标拖曳的方法，将"主体"节栏紧靠在"页面页眉"节内下边的"直线"控件上，将"页面页脚"节栏紧靠在"主体"节内下边的"直线"控件上，同样可调整其他节的高度，此时的报表设计视图如图 6-35 所示。

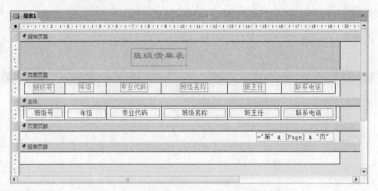

图 6-35 "例 6-5 班级清单报表"的"设计视图"

（16）保存该报表的设计，该报表名称为"例 6-5 班级清单报表。"

（17）单击状态栏右方的 □ 按钮，显示该报表的"打印预览视图"，如图 6-36 所示。

图 6-36 "例 6-5 班级清单报表"的"打印预览视图"

（18）单击该"打印预览视图"右上角的"关闭"按钮。

6.2.6 使用"图表"控件创建报表

使用"图表"控件可以创建出包含图表的报表。

例 6-6 在"学生管理系统"数据库中，使用"图表"控件创建一个基于"例 4-32 统计全校男学生和女学生的人数"查询的图表报表，该报表的"打印预览视图"如图 6-44 所示。该报表名称为"例 6-6 全校男学生和女学生人数的图表报表"。

操作步骤如下。

（1）打开"学生管理系统"数据库，单击"创建"选项卡中"报表"组上的"报表设计"按钮，显示报表的"设计视图"。

（2）单击"设计"选项卡上"控件"组中的"图表"按钮，再单击"主体"节中的某一位置，在"主体"节中添加了一个图表控件，并弹出"图表向导"对话框。

（3）在"图表向导"对话框中，单击"视图"标签下方的"查询"单选钮，再单击"请选择用于创建图表的表或查询"标签下方的列表框中的"查询：例 4-32 统计全校男学生和女学生的人数"，如图 6-37 所示。

（4）单击"下一步"按钮，弹出提示"请选择图表数据所在的字段"的"图表向导"对话框。单击该对话框中的 >> 按钮，选定该查询的全部字段用于新建的图表，如图 6-38 所示。

图 6-37　"图表向导"对话框

图 6-38　选择图表数据所在的字段

（5）单击"下一步"按钮，弹出提示"请选择图表的类型"的"图表向导"对话框。按系统默认选定"柱形图"，如图 6-39 所示。

（6）单击"下一步"按钮，弹出提示"请指定数据在图表中的布局方式"的"图表向导"对话框，如图 6-40 所示。这里按照 Access 2010 已经设置好的布局即可。如果默认设置不符合用户要求，可把左侧示例图表中的字段拖回到右侧相应的字段中，如图 6-41 所示，然后重新选择右侧的字段拖放到示例图表中的"数据""轴"和"系列"处。

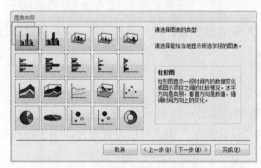

图 6-39　选定图表类型

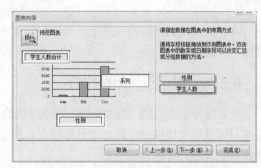

图 6-40　Access 默认的报表布局

（7）单击"下一步"按钮，弹出提示"请指定图表的标题"的"图表向导"对话框。在文本框中输入"例 6-6 全校男学生和女学生人数的图表"，在"请确定是否显示图表的图例："标签下选定"否，不显示图例"单选钮，如图 6-42 所示。

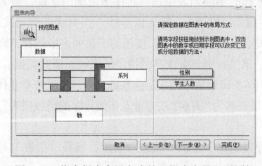

图 6-41　指定报表布局方式的"报表向导"对话框

图 6-42　为图表指定标题

（8）单击"完成"按钮，返回"设计视图"，如图 6-43 所示。

（9）保存该报表的设计，该报表名称为"例 6-6 全校男学生和女学生人数的图表报表"。

（10）单击状态栏右方的 ![icon] 按钮，显示该报表的"打印预览视图"，如图 6-44 所示。

（11）单击该"打印预览视图"右上角的"关闭"按钮。

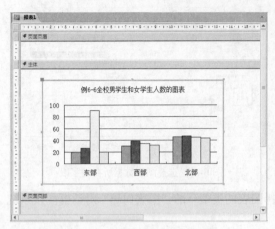

图 6-43　图表报表的"设计视图"

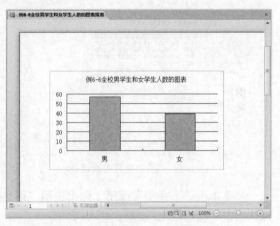

图 6-44　图表报表的"打印预览视图"

6.3　报表设计的一些技巧

为了使设计出来的报表更能符合用户的要求，需要对报表进行进一步的设计，如对记录进行排序、分组计算等。

6.3.1　报表记录的排序

在前面介绍的使用"报表向导"创建报表的过程中，如图 6-13 所示的"报表向导"对话框中，最多只可以设置按四个字段对记录排序。在报表的"设计视图"中，可以设置超过四个字段或表达式对记录进行排序。

在报表的"设计视图"中，设置报表记录排序的一般操作步骤如下。

（1）打开报表的"设计视图"。

（2）单击"设计"选项卡上"分组和汇总"组中的"分组和排序"按钮，则在"设计视图"下方显示出"分组、排序和汇总"窗格，并在该窗格中显示"添加组"和"添加排序"按钮。

（3）单击"添加排序"按钮，在弹出的窗格上部的字段列表中选择排序所依据的字段；或者在弹出的窗格下部选择"表达式"，打开"表达式生成器"对话框，键入以等号"="开头的表达式。Access 默认情况下按"升序"排序，若要改变排序次序，可在"升序"按钮的下拉列表中选择"降序"。第一行的字段或表达式具有最高排序优先级，第二行则具有次高的排序优先级，依此类推。

例 6-7　在"学生管理系统"数据库中，以"例 6-5 班级清单报表"为基础，创建出先按专业代码升序、再按年级的右边两个字符降序排序的报表。报表名为"例 6-7 按专业及年级排序的班级报表"。

操作步骤如下。

（1）打开"学生管理系统"数据库，单击"导航窗格"上的"报表"对象，展开"报表"对象列表。

（2）单击选定"例 6-5 班级清单报表"对象，再单击"开始"选项卡上"剪贴板"组中的"复制"按钮，然后单击"粘贴"按钮，弹出"粘贴为"对话框。在"粘贴为"对话框中，指定报表名称为"例 6-7 按专业及年级排序的班级报表"，单击该对话框中的"确定"按钮。

（3）右击"导航窗格"上"报表"对象列表中的"例 6-7 按专业及年级排序的班级报表"，在弹出的快捷菜单中单击"设计视图"命令，显示该报表的"设计视图"。

（4）单击"设计"选项卡上"分组和汇总"组中的"分组和排序"按钮，则在"设计视图"下方添加了"分组、排序和汇总"窗格，并在窗格中显示出"添加组"和"添加排序"按钮，如图 6-45 所示。

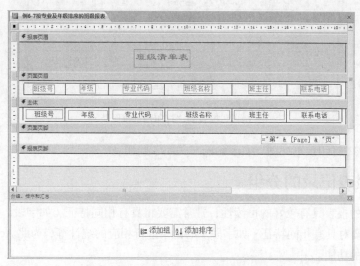

图 6-45　显示"添加组"和"添加排序"按钮

（5）单击"添加排序"按钮，在弹出的窗格上部的字段列表（如图 6-46 所示）中单击选定"专业代码"字段，则在"分组、排序和汇总"窗格中添加了"排序依据"栏，"专业代码"字段默认按"升序"排序，如图 6-47 所示。

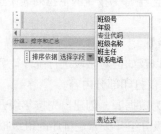

图 6-46　单击"添加排序"按钮

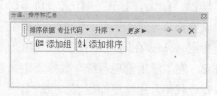

图 6-47　按"专业代码"升序排序

（6）单击"添加排序"按钮，在弹出的窗口中单击选定"表达式"，打开"表达式生成器"对话框，在其中输入表达式"=Right([年级], 2)"，单击"确定"按钮。单击第二行"排序依据"栏中的"升序"按钮右侧的下拉箭头，单击选定"降序"，如图 6-48 所示。

（7）单击报表页眉中"班级清单表"标签，修改标题为"按专业及年级排序的班级报表"。

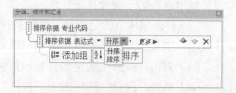

图 6-48　按"年级"的右边两个字符降序排序

（8）单击“保存”按钮，保存对该报表设计的修改。

（9）单击状态栏右方的 按钮，显示已排序的报表的“打印预览视图”，如图 6-49 所示。

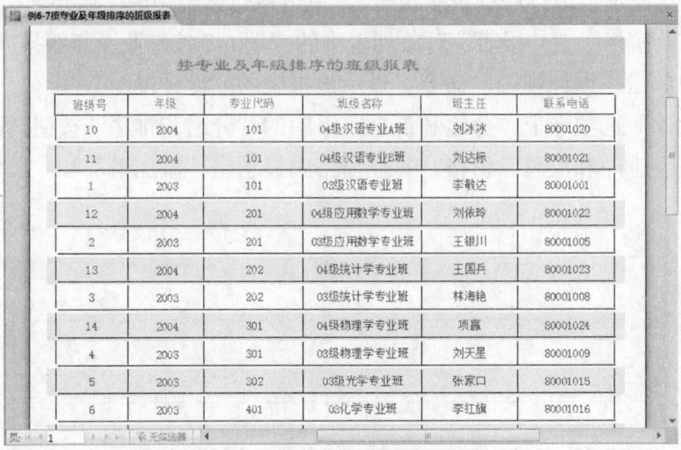

班级号	年级	专业代码	班级名称	班主任	联系电话
10	2004	101	04级汉语专业A班	刘冰冰	80001020
11	2004	101	04级汉语专业B班	刘达标	80001021
1	2003	101	03级汉语专业班	李敏达	80001001
12	2004	201	04级应用数学专业班	刘依玲	80001022
2	2003	201	03级应用数学专业班	王银川	80001005
13	2004	202	04级统计学专业班	王国兵	80001023
3	2003	202	03级统计学专业班	林海艳	80001008
14	2004	301	04级物理学专业班	项赢	80001024
4	2003	301	03级物理学专业班	刘天星	80001009
5	2003	302	03级光学专业班	张家口	80001015
6	2003	401	03化学专业班	李红旗	80001016

图 6-49　报表的“打印预览视图”

（10）单击该“打印预览视图”右上角的“关闭”按钮。

6.3.2　报表记录的分组

为了使输出的报表具有较好的可读性，常常需要将具有相同特征（如字段）的记录排列在一起，并且可能还要对具有相同特征（如字段）的记录进行相应的统计等，为此 Access 提供了对报表记录进行分组的功能。

在报表的“设计视图”中，单击“设计”选项卡上“分组和汇总”组中的“分组和排序”按钮，则在“设计视图”下方显示出“分组、排序和汇总”窗格，并在该窗格中显示“添加组”和“添加排序”按钮。单击“添加组”按钮，在弹出的窗格上部的字段列表中选择分组形式字段；或者在弹出的窗格下部选择“表达式”，打开“表达式生成器”，键入以等号“=”开头的表达式。Access 默认情况下按“升序”排序，若要改变排序次序，可在“升序”按钮的下拉列表中选择“降序”。然后，展开分组形式栏，对该分组设置其他属性。

（1）设置“有/无页眉节”“有/无页脚节”，以创建分组级别。

（2）设置汇总方式和类型，以指定按哪个字段进行汇总以及如何对字段进行统计计算。

（3）指定 Access 在同一页中是打印组的所有内容，还是仅打印部分内容。

例 6-8　在“学生管理系统”数据库中，以“班级”表为数据源，创建出先按年级升序并分组、再按专业代码升序排序的报表。报表名为“例 6-8 按年级分组并按专业排序的班级报表”。

操作步骤如下。

（1）打开“学生管理系统”数据库，单击“创建”选项卡中“报表”组上的“报表设计”按钮，显示报表的“设计视图”。

（2）右击主体节的空白处，在弹出的快捷菜单中单击“报表页眉/页脚”命令，则在该报表“设计视图”中显示“报表页眉”节和“报表页脚”节。

（3）双击“报表”选定器，显示报表的“属性表”窗口。设置“班级”表为记录源。

（4）单击“设计”选项卡上“控件”组中的“标签”按钮，单击“报表页眉”节中的某一位置，在“报表页眉”节中添加一个标签控件，输入标签的标题为“按年级分组并按专业排序的班

级报表"。双击该标签，显示该标签控件的
"属性表"窗口，将"字号"设置为"14"，
将"字体粗细"设置为"加粗"。如图 6-50
所示。

（5）单击"设计"选项卡上"分组和
汇总"组中的"分组和排序"按钮，则在
设计视图下方添加了"分组、排序和汇总"
窗格，并在窗格中添加了"添加组"和"添
加排序"按钮。

（6）单击"添加组"按钮，在弹出的
窗格上部的字段列表中单击"年级"字段，
则在"分组、排序和汇总"窗格中添加了

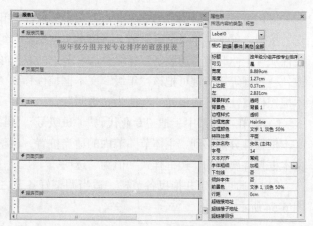

图 6-50　在报表页眉区创建一个标签

"分组形式"栏，"年级"字段默认按"升序"排序。单击"分组形式"栏的 更多▶ 按钮，展开该
栏的更多设置，单击"无页脚节"右侧的下拉箭头，在弹出的列表中单击"有页脚节"；单击"不
将组放在同一页上"右侧的下拉箭头，在弹出的列表中单击"将整个组放在同一页上"，如图 6-51
所示。单击 更少◀ 按钮，收缩起"分组形式"栏。此时的报表"设计视图"中添加了"年级页眉"
节和"年级页脚"节。

（7）单击"添加排序"按钮，在弹出的窗格上部的字段列表中单击"专业代码"字段，则在
"年级"行下面又添加了"专业代码"排序依据栏，默认按"升序"排序，如图 6-52 所示。

图 6-51　按年级字段设置升序

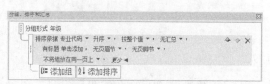

图 6-52　按专业代码字段设置升序

（8）单击"分组、排序和汇总"窗格右上角的"关闭"按钮，此时在该报表的"设计视图"
中添加了按年级分组后的"年级页眉"节和"年级页脚"节，如图 6-53 所示。

（9）单击"设计"选项卡上"工具"组中的"添加现有字段"按钮，显示"班级"的"字段
列表"。通过按住 Shift 键的同时分别单击"班级号""年级""专业代码""班级名称""班主任"
和"联系电话"选定这 6 个字段，然后一起拖放到报表的主体节中。此时，在报表的主体节中，
就有了这 6 个字段对应的 6 个绑定文本框控件和六个附加标签控件。

（10）单击选定主体节中的"年级"标签控件，单击"开始"选项卡上"剪贴板"组中的"剪
切"按钮，单击"页面页眉"节，单击"剪贴板"组中的"粘贴"按钮，便把"年级"标签控件
从"主体"节移动到了"页面页眉"节内的左上角位置，此时用户通过按键盘上的"↓"键或"→"
键等箭头键可把该"年级"标签控件移到"页面页眉"节内的适当位置。同样，把"专业代码"
"班级号""班级名称""班主任"和"联系电话"5 个标签控件也分别移到"页面页眉"节内的适
当位置。按住 Shift 键的同时分别单击"年级""班级号""专业代码""班级名称""班主任"和"联
系电话"，选定这 6 个标签控件，单击"排列"选项卡上"调整大小和排序"组中的"对齐"按钮，
在弹出的下拉列表菜单中单击"靠上"命令，此时这 6 个标签自动靠上对齐。在这 6 个标签下方，
创建一个水平直线控件，并设置该直线控件属性的"边框宽度"值为 2 磅。

（11）单击选定主体节中的"年级"文本框控件，单击"开始"选项卡上"剪贴板"组中的"剪切"按钮，单击"年级页眉"节，再单击"剪贴板"组中的"粘贴"按钮，便把"年级"文本框控件从"主体"节移动到了"年级页眉"节内的左上角位置，此时用户通过按键盘上的"↓"键或"→"键等箭头键可把该"年级"文本框控件移到"年级页眉"节区内的适当位置。设置该文本框控件属性的"边框样式"值为"透明"。

（12）在主体节中，把"专业代码""班级号""班级名称""班主任"和"联系电话"等五个文本框控件分别移到"主体节"节内的适当位置，调整并对齐文本框的大小和位置。设置这五个文本框控件属性的"边框样式"值为"透明"。

（13）通过选定并拖曳各节栏，适当调整好各节之间的间隔。此时该报表的"设计视图"如图 6-54 所示。

图 6-53　添加了分组后的报表"设计视图"

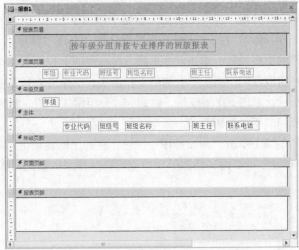

图 6-54　报表设计完成时的"设计视图"

（14）保存该报表，指定报表名称为"例 6-8 按年级分组并按专业排序的班级报表"。

（15）单击状态栏右方的 按钮，显示已排序的报表的"打印预览视图"，如图 6-55 所示。

图 6-55　报表的"打印预览视图"

（16）单击"打印预览视图"右上角的"关闭"按钮。

6.3.3　添加计算控件实现计算

在报表中添加计算控件并指定该控件来源为表达式，可以实现计算、统计功能。在打开报表的"打印预览视图"时，在计算控件文本框中显示出表达式的计算结果。

在报表中添加计算控件的基本操作步骤如下。

（1）打开报表的"设计视图"。

（2）单击"设计"选项卡上"控件"组中的"文本框"控件。

（3）单击报表"设计视图"中的某个节区，就在该节区中添加了一个文本框控件。

　　　　　若要计算一组记录的总计值或平均值，将文本框添加到组页眉或组页脚节中；若要计算报表中的所有记录的总计或平均值，将文本框添加到报表页眉或报表页脚节中。

（4）双击该文本框控件，显示该文本框的"属性表"。

（5）在"控件来源"属性框中，键入以等号"="开头的表达式。如：=Avg([成绩])、=Sum([实发工资])、=[单价]*0.85*[数量]、=Count([学号])、=[小组合计]/[总计]、=Date()、=Now()等。

　　　　　在报表的"设计视图"中，选中某文本框控件，再单击一次该文本框控件进入文本编辑状态，此时也可以在文本框中直接输入以等号"="开头的表达式，指定控件来源。

例 6-9　在"学生管理系统"数据库中，对报表"例 6-8 按年级分组并按专业排序的班级报表"进行复制和粘贴操作，指定报表名为"例 6-9 按年级分组统计并按专业排序的班级报表"。对"例 6-9 按年级分组统计并按专业排序的班级报表"进行如下修改：在"年级页脚"中，添加"年级班级合计："标签及该年级班级合计的文本框；在"报表页脚"中，添加"全部班级总计："标签及全部班级总计的文本框；在"页面页脚"中，添加能显示形如"第 i 页/总 n 页"的文本框；在"报表页眉"中，添加"制表日期："标签及制表日期的文本框。

操作步骤如下。

（1）打开"学生管理系统"数据库，单击"导航窗格"上的"报表"对象，展开"报表"对象列表。

（2）单击选定"例 6-8 按年级分组并按专业排序的班级报表"对象，再单击"开始"选项卡上"剪贴板"组中的"复制"按钮，然后再单击"粘贴"按钮，弹出"粘贴为"对话框。在"粘贴为"对话框中，指定报表名称为"例 6-9 按年级分组统计并按专业排序的班级报表"，单击该对话框中"确定"按钮。

（3）右击"导航窗格"上"报表"对象列表中的"例 6-9 按年级分组统计并按专业排序的班级报表"，在弹出的快捷菜单中单击"设计视图"命令，显示该报表的"设计视图"，如图 6-56所示。

（4）在"年级页脚"节中，添加"年级班级合计："标签；再添加一个文本框，在文本框内直接输入：=Count([班级名称])。

（5）在"报表页脚"节中，添加"全部班级总计："标签；再添加一个文本框，在该文本框内直接输入：=Count([班级名称])。

（6）在"页面页脚"节中，添加一个文本框，在该文本框内直接输入：= "第" & Page & "页/总" & Pages & "页"。

（7）在报表页眉区中，添加"制表日期:"标签；再添加一个文本框，在该文本框内直接输入：=Date()，如图 6-57 所示，并设置该文本框的"格式"属性值为"长日期"。

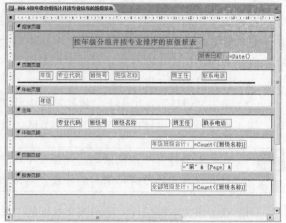

图 6-56　报表的"设计视图"	图 6-57　添加计算控件后的报表的"设计视图"

（8）保存报表的设计并关闭该报表的"设计视图"。

"例 6-9 按年级分组统计并按专业排序的班级报表"的"打印预览视图"如图 6-58 所示。

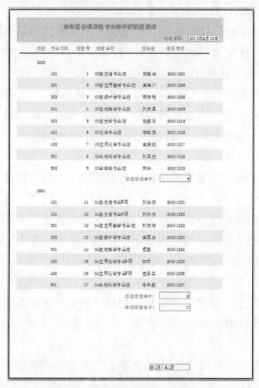

图 6-58　报表的"打印预览视图"

6.3.4　两级分组统计及百分比计算

例 6-10　在"学生管理系统"数据库中，以"学生"表为数据源创建一个先按学号的前两个字符分组、再按性别分组统计各年级的男、女学生人数及其占该年级学生总人数的百分比的报表。报表名为"例6-10男女学生人数统计报表"。

操作步骤如下。

（1）打开"学生管理系统"数据库，单击"创建"选项卡中"报表"组上的"报表设计"按钮，显示报表的"设计视图"。

（2）右击主体节的空白处，在弹出的快捷菜单中单击"报表页眉/页脚"命令，则在该报表"设计视图"中显示"报表页眉"节和"报表页脚"节。

（3）双击"报表"选定器，显示报表的"属性表"窗口。在"数据"选项卡中选定"学生"表为记录源。

（4）单击"设计"选项卡上"分组和汇总"组中的"分组和排序"按钮，则在"设计视图"下方添加了"分组、排序和汇总"窗格，并在窗格中添加了"添加组"和"添加排序"按钮。

（5）单击"添加组"按钮，在弹出的窗格下部单击"表达式"，在打开的"表达式生成器"对话框中输入表达式"=Left([学号], 2)"，单击"确定"按钮，返回"设计视图"。单击"分组形式"栏的 更多▶ 按钮，展开该栏的更多设置，单击"无页脚节"右侧的下拉箭头，在弹出的列表中单击"有页脚节"。单击"添加组"按钮，在弹出的窗格上部的字段列表中单击选中"性别"字段。单击"分组形式"栏的 更多▶ 按钮，展开该栏的更多设置，单击"无页脚节"右侧的下拉箭头，在弹出的列表中单击"有页脚节"。单击 更少◀ 按钮，收起"分组形式"栏。

（6）单击"分组、排序和汇总"窗格右上角的"关闭"按钮，此时在该报表的"设计视图"窗口中自动添加了按表达式"=Left([学号], 2)"分组后的"=Left([学号], 2) 页眉"节和"=Left([学号], 2) 页脚"节，以及按性别分组后的"性别页眉"节和"性别页脚"节。

（7）在报表页眉中创建一个标签，打开该标签控件的"属性表"，将其"标题"属性设置为"男女学生人数统计表"；将其"字号"属性设置为"14"；将其"字体粗细"属性设置为"加粗"。

（8）在"页面页眉"节中分别创建4个标签控件。创建第一个标签控件，打开该标签控件的"属性表"，将该标签控件的"标题"属性设置为"年级"；同理，创建其余3个标签控件，其标题属性分别为"性别""男女学生人数""占全年级学生人数的百分比"。将这4个标签控件依次从左到右水平对齐并调整到适当位置。在这四个标签下边的适当位置上，创建一个水平直线控件，打开该直线控件的"属性表"，将该直线控件的"边框宽度"属性值设置为"1磅"。

（9）在"=Left([学号], 2) 页眉"节中创建一个文本框控件及其附加标签控件。删除该文本框控件的附加标签。打开该文本框控件的"属性表"，将该文本框的"控件来源"属性设置为：=Left([学号],2) & "级"。

（10）在"=Left([学号], 2) 页脚"节中分别创建两个文本框控件。创建第一个文本框控件及其附加标签控件，删除该附加标签控件，打开该文本框控件的"属性表"，将该文本框的"控件来源"属性设置为"=Left([学号],2) & "级学生总人数："";创建第二个文本框控件及其附加标签控件，删除该附加标签控件，打开该文本框控件的"属性表"，将该文本框控件的"名称"属性设置为"年级合计"，并将"控件来源"属性设置为"=Count([学号])"。将这两个文本框控件依次从左到右水平对齐并调整到适当位置。在这两个文本框控件下边的适当位置上，创建一个水平直线控件，打开该直线控件的"属性表"，将"边框宽度"属性值设置为"1磅"。

（11）在"性别页脚"节中创建第一个文本框控件及其附加标签控件，删除该文本框控件的附加标签。打开该文本框控件的"属性表"，将"控件来源"属性设置为"性别"（即从"控件来源"的下拉列表中单击选定"学生"表的"性别"字段）。

（12）在"性别页脚"节中创建第二个文本框控件及其附加标签控件，删除该文本框控件的附加标签。打开该文本框控件的"属性表"，将该文本框控件的"名称"属性设置为"小计"，并将"控件来源"属性设置为"=Count([学号])"。

（13）在"性别页脚"节中创建第三个文本框控件及其附加标签控件，删除该文本框控件的附加标签。打开该文本框控件的"属性表"，将该文本框的"控件来源"属性设置为"=[小计]/[年级合计]"，并将该文本框的"格式"属性设置为"百分比"。然后，将"性别页脚"节中的这三个文本框控件依次水平对齐并调整到适当位置。

（14）在"页面页脚"节中，创建一个文本框控件及其附加标签控件，删除该文本框控件的附加标签。打开该文本框控件的"属性表"，将该文本框的"控件来源"属性设置为："第" & Page & "页/总" & Pages & "页"。

（15）在"报表页脚"节中，创建一个文本框控件及其附加标签控件。打开该标签控件的"属性表"，将该标签控件的"标题"属性设置为"制表日期："。打开文本框控件的"属性表"，将该文本框的"控件来源"属性设置为"=Date()"。

（16）设置所有的文本框的"边框样式"属性值为"透明"，调整好各节的间距，设置"性别页眉"节和"主体"节的"高度"属性值为"0"，然后单击快速访问工具栏中的"保存"按钮，指定报表名称为"例6-10男女学生人数统计报表"，保存该报表的设计。此时该报表的"设计视图"如图6-59所示。

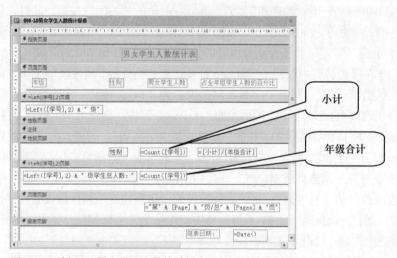

图6-59　"例6-10男女学生人数统计报表"的"设计视图"

（17）单击"设计视图"右上角的"关闭"按钮。

该报表的"打印预览视图"如图6-60所示。

6.3.5　多列报表

多列报表即在报表中使用多列格式来显示数据。多列报表中的数据紧凑，可节省纸张，并一目了然。前面介绍过的标签报表就是常用的多列报表的形式之一。

多列报表的创建操作步骤如下。

（1）在报表"设计视图"中创建一个新报表或打开一个报表。

（2）单击"页面设置"选项卡上"页面布局"组中的"列"按钮。

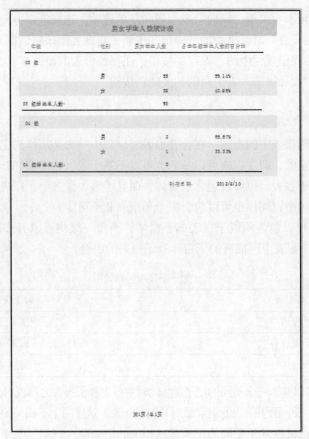

图 6-60　"例 6-10 男女学生人数统计报表"的"打印预览视图"

（3）在打开的"页面设置"对话框中，在"网格设置"标题下的"列数"编辑框中键入每一页所需的列数，如图 6-61 所示。

（4）在"行间距"编辑框中，键入主体节中每个记录之间所需的垂直距离。

（5）在"列间距"编辑框中，键入各列之间所需的距离。

（6）在"列尺寸"标题下的"宽度"编辑框中，为列键入所需的列宽。在"高度"编辑框中键入所需的高度值（也可在"设计视图"中直接调整节的高度）。

（7）在"列布局"标题下，选定"先列后行"或"先行后列"单选项。

（8）单击"页"选项卡，如图 6-62 所示。

图 6-61　"页面设置"对话框中"列"选项卡

图 6-62　"页面设置"对话框中"页"选项卡

（9）在"页"选项卡中单击"纵向"或"横向"单选项，选择纸张方向。

（10）单击"页面设置"对话框中的"确定"按钮，自动关闭该对话框。

（11）单击快速访问工具栏中的"保存"按钮，保存该报表的设计。

（12）单击报表"设计视图"右上角的"关闭"按钮。

6.3.6 子报表

子报表是插在其他报表中的报表。在合并报表时，其中一个必须作为主报表。主报表可以是绑定的也可以是未绑定的，即主报表可以基于也可以不基于表、查询或 SQL 语句。

主报表可以包含子报表，也可以包含子窗体，而且能够包含多个子报表或子窗体。

在子报表和子窗体中，同样也可以包含多个子报表和子窗体。

一个主报表最多可以包含两级子报表或子窗体，而每一级均可以有多个子报表或子窗体。表 6-1 展示了在一个主报表中可能有的子窗体和子报表的组合。

表 6-1   子报表/子窗体的级层关系

第 1 级	第 2 级
子报表 1	子报表 2
子报表 1	子窗体 1
子窗体 1	子窗体 2

主报表和子报表可以基于完全不同的记录源，此时主报表和子报表之间没有真正的关系。例如主报表的记录源是"学系"表，而子报表的记录源是"课程"表，这样两个不相关的报表组合成一个报表。

主报表和子报表也可以基于相同的记录源或相关的记录源。例如"学生"表与"修课成绩"表之间的关系是"一对多"关系，主报表的记录源是"一对多"关系中"一"方的表（如主报表的记录源是"学生"表），子报表的记录源是"多"方的表（如子报表的记录源是"修课成绩"表）。

如果要将子报表链接到主报表，在创建子报表之前应确保已与基础记录源 （即表、查询或 SQL 语句）建立了关联。

下面介绍两种创建子报表的方法。

1. 在已有报表中创建子报表

例 6-11 在"学生管理系统"数据库中，在"例 6-11 学系信息表"报表中创建一个以"专业"表为数据来源的子报表，该子报表的名称为"专业 子报表"。

操作步骤如下。

（1）打开"学生管理系统"数据库，单击"创建"选项卡中"报表"组上的"报表设计"按钮，显示报表的"设计视图"。

（2）使用前面介绍过的在"设计视图"中创建报表的方法，首先创建基于"学系"表数据源的主报表。该主报表的布局情况如图 6-63设计视图所示。

图 6-63 主报表的"设计视图"

（3）确保"设计"选项卡上"控件"组中的"使用控件向导"按钮已经按下。

（4）单击"设计"选项卡上"控件"组中的"子窗体/子报表"按钮。

（5）单击"主体"节中"学系资料"标签下方将要放置子报表的适当位置（即子报表左上角在主报表中的位置），显示出相关的未绑定控件的矩形框，并弹出提示"请选择将用于子窗体或子报表的数据来源"的"子报表向导"对话框，如图 6-64 所示。

（6）在该对话框中，单击"使用现有的表和查询"单选钮，单击"下一步"按钮，弹出提示"请确定在子窗体或子报表中包含哪些字段"的"子报表向导"对话框。

注意　　如果要用现有的报表或窗体来创建子报表，则可以在该"子报表向导"对话框中单击"使用现有的报表和窗体"单选钮，并在下边的列表中选定某一报表或窗体，然后单击"下一步"按钮。

（7）在该对话框的"表/查询"下拉列表框中选择"表：专业"，单击 ≫ 按钮选定"专业"表的所有字段作为子报表使用的字段，如图 6-65 所示。

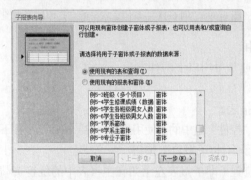

图 6-64　选择用于子窗体或子报表的数据源

图 6-65　确定在子窗体或子报表中包含哪些字段

（8）单击"下一步"按钮，弹出"请确定是自行定义将主窗体链接到该子窗体的字段，还是从下面的列表中进行选择："的"子报表向导"对话框。单击"从列表中选择"单选钮，在列表中选择"对 学系 中的每个记录用 学系代码 显示 专业"项，如图 6-66 所示。

（9）单击"下一步"按钮，弹出提示"请指定子窗体或子报表的名称："的"子报表向导"对话框。指定子报表的名称为"专业 子报表"，如图 6-67 所示。

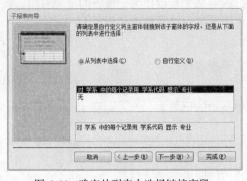

图 6-66　确定从列表中选择链接字段

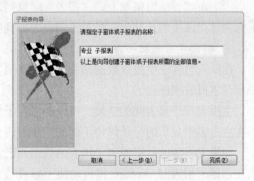

图 6-67　指定子窗体或子报表的名称

（10）单击"完成"按钮，返回该报表的"设计视图"，如图 6-68 所示。

（11）单击快速访问工具栏中的"保存"按钮，指定报表名称为"例 6-11 学系信息表"，保存该报表的设计。

（12）单击该报表"设计视图"右上角的"关闭"按钮。

该报表的"打印预览视图"如图 6-69 所示。

图 6-68　报表的"设计视图"

图 6-69　"例 6-11 学系信息表"的"打印预览视图"

2. 将已有报表作为子报表添加到另一个报表中

将已有报表作为子报表添加到另一个报表中，通常可用以下两种方法。

第一种方法的操作步骤如下。

（1）在"设计视图"中打开希望作为主报表的报表。

（2）在"设计视图"下，确保"设计"选项卡上"控件"组中的"使用控件向导"按钮已经按下。

（3）单击"设计"选项卡上"控件"组中的"子窗体/子报表"按钮。

（4）单击"主体"节中将要放置子报表的适当位置（即子报表左上角在主报表中的位置），显示相关的未绑定控件的矩形框，并弹出提示"请选择将用于子窗体或子报表的数据来源"的"子报表向导"对话框。

（5）在该"子报表向导"对话框中，单击"使用现有的报表和窗体"单选钮，再在该单选钮下边的列表中选定某一报表或窗体，然后单击"下一步"按钮。

第二种方法的操作步骤如下。

（1）在"设计视图"中打开希望作为主报表的报表。

（2）在"导航窗格"上的"报表"对象列表中，选定某个希望作为子报表的报表对象，按住鼠标左键将该报表从导航窗格对象列表中拖到主报表中需要出现子报表的位置上。

3. 链接主报表和子报表

在插入包含于主报表数据相关信息的子报表时，子报表控件必须与主报表相链接。

主报表与子报表间的链接，可以确保在子报表中显示的记录与在主报表中显示的记录保持正确的同步对应关系。

如果主报表的数据源和子报表的数据源已经建立了关系，那么在创建子报表时 Access 将自动使子报表与主报表保持同步；如果没有建立关系，可通过"设计视图"打开包含有子报表的主报表，双击"子报表"的"报表"选定器，打开子报表的"属性表"窗口，设置"链接主字段"和"链接子字段"的属性值，如图 6-70 所示。

图 6-70　"链接主字段"和"链接子字段"属性

6.3.7　导出报表

与 Aceess 2003 不同，在 Access 2010 中不能将报表导出为快照文件。但是 Access 2010 提供了将报表导出成为 .pdf 和 .xps 文件格式的功能，这些文件格式会保留原始报表的布局和格式设置。用户可以在脱离 Access 环境的情况下，打开某个扩展名为.pdf 或 .xps 的文件来查看该报表。

此外，在 Access 2010 中还可以将报表导出为 Excel 文件、文本文件、XML 文件、Word（.rtf）文件、HTML 文档等。

将报表导出为 PDF 文件（即扩展名为 .pdf 的文件）的操作步骤如下。

（1）打开某个数据库，单击"导航窗格"上的"报表"对象，展开"报表"对象列表。

（2）单击"报表"对象列表中要导出的报表名称。

（3）单击"外部数据"选项卡上"导出"组中的"PDF 或 XPS"按钮。

（4）在打开的"发布为 PDF 或 XPS"对话框中，指定文件存放的位置，指定文件名，选定保存类型［如"PDF（*.pdf）"］，如图 6-71 所示。

（5）单击"发布"按钮。

图 6-71　"发布为 PDF 或 XPS"对话框

习　题　6

一、单选题

1. 在 Access 数据库中，专用于打印的对象是＿＿＿＿＿。

　　A. 查询　　　　　　　B. 报表　　　　　　C. 表　　　　　　　D. 宏

2. 交叉报表是基于＿＿＿＿＿的报表。

　　A. 主/从表查询　　　B. 交叉表查询　　　C. 主/子表查询

3. 在报表中可以对记录分组，分组必须建立在＿＿＿＿＿的基础上。

　　A. 筛选　　　　　　　B. 抽取　　　　　　C. 排序　　　　　　D. 计算

4. 在报表中，如果要对分组进行计算，应当将计算控件添加到＿＿＿＿＿中。

　　A. 页面页眉或页面页脚　　　　　　　　　B. 报表页眉或报表页脚

C. 组页眉或组页脚　　　　　　　D. 主体

5. 单击"设计"选项卡上"分组和汇总"组中的"分组和排序"按钮，则在"设计视图"下方显示"分组、排序和汇总"窗格，并在该窗格中显示"添加组"和"_____"按钮。

A. 添加排序　　　　B. 显示排序　　　　C. 创建排序　　　　D. 编辑排序

6. 在打印多列报表时，报表页眉/报表页脚和页面页眉/页面页脚将占满_____的整个宽度。

A. 字段　　　　　　B. 报表　　　　　　C. 控件　　　　　　D. 页码位

7. 通过_____，可以将报表对象保存为单一文件。

A. 剪切　　　　　　B. 复制　　　　　　C. 粘贴　　　　　　D. 导出报表

8. 一个主报表最多只能包含_____子窗体或子报表。

A. 一级　　　　　　B. 两级　　　　　　C. 三级　　　　　　D. 五级

9. 报表页眉的内容只在报表的_____打印输出。

A. 第一页顶部　　　　　　　　　　B. 第一页尾部

C. 最后页中部　　　　　　　　　　D. 最后页尾部

10. 报表中的内容是按照_____单位来划分的。

A. 章　　　　　　　B. 节　　　　　　　C. 页　　　　　　　D. 行

11. 如果建立报表所需要显示的信息位于多个数据表上，则必须将报表基于_____来制作。

A. 多个数据表的全部数据

B. 由多个数据表中相关数据建立的查询

C. 由多个数据表中相关数据建立的窗体

D. 由多个数据表中相关数据组成的新表

12. 在报表"属性表"中，有关报表外观特征方面的属性值（如标题、宽度、滚动条等）是在_____选项卡中进行设置的。

A. "格式"　　　　　B. "事件"　　　　　C. "数据"　　　　　D. "其他"

13. 要想在报表的页脚中显示"page"和空格，然后显示页码，则在设计时应该输入_____。

A. =page & Page　　　　　　　　　B. =page & [Page]

C. ="page" & [Page]　　　　　　　D. ="page" [Page]

14. 在报表向导中，最多可以按照_____个字段对记录进行排序。

A. 1　　　　　　　　B. 2　　　　　　　　C. 3　　　　　　　　D. 4

15. 下列关于排序与分组的说法中，不正确的是_____。

A. 只要有分组（组页眉为"是"），就一定会有"排序次序"，默认是递增排序

B. 排序与分组没有绝对关系

C. 有分组必有排序，反之亦然

D. 有分组必有排序，但反过来说，设置排序之后，却不一定使用分组，视需求而定

16. 下列说法中，正确的是_____。

A. 主报表和子报表必须基于相同的记录源

B. 主报表和子报表必须基于相关的记录源

C. 主报表和子报表不可以基于完全不同的记录源

D. 主报表和子报表可以基于完全不同的记录源

17. 在"外部数据"选项卡的"导出"组中包含有"Excel""文本文件""XML 文件"和"_____"等按钮。

A. PDF 或 XPS   B. 图片文件   C. 音乐文件   D. 视频文件

18. 关于报表的数据源（即记录源）＿＿＿＿＿。

A. 可以是任意对象   B. 只能是表对象

C. 只能是查询对象   D. 只能是表对象或查询对象

二、多选题

1. 报表只能输出数据，不能＿＿＿＿＿数据。

A. 输入   B. 编辑   C. 删除   D. 显示

2. 在"报表设计工具"下的"格式"选项卡中，包含有＿＿＿＿＿等组。

A. 字体   B. 数字   C. 背景   D. 字母

上机实验 6

在"成绩管理系统"数据库中，进行如下创建报表操作。

1. 在"成绩管理系统"数据库中，在"导航窗格"选定"学系"表后，使用"创建"选项卡上"报表"组中的"报表"按钮，创建一个名为"学系报表"的报表。该报表的数据源就是"学系"表。

2. 在"成绩管理系统"数据库中，使用"创建"选项卡上"报表"组的"报表设计"按钮（即使用"设计视图"），以"学生"表为数据源，创建一个先按学号左边的前两个字符分组，再按性别分组统计各年级的男、女学生人数及其占该年级学生总人数的百分比的报表。报表名为"男女学生人数统计百分比报表"。该报表的结构类似图 6-59 所示。

如果在报表"设计视图"中，按"报表视图"按钮后，显示"试图执行…"对话框时，则打开该报表"设计视图"，在报表的"属性表"中，把"排序依据"右边框中的属性值删除掉，再试试。

第7章 宏

宏是 Access 数据库对象之一。与 Access 的早期版本相比，Access 2010 包含许多新的宏操作。使用这些新的宏操作可以生成功能更加强大的宏。例如，现在可以通过使用宏操作来创建和使用全局临时变量，并且可以通过使用新的错误处理宏操作更恰当地处理错误。在 Access 的早期版本中，这些类型的功能只有使用 VBA 时才可用。Access 2010 具有一个改进的宏生成器，使用该宏生成器可以更轻松地创建、编辑和自动化数据库逻辑，可以更高效地工作，减少编码错误，并轻松地整合更复杂的逻辑以创建功能强大的应用程序。

7.1 宏 概 述

宏是由一个或多个操作（即 Access 2010 本身自含的命令）组成的集合，其中每个操作都实现特定的功能，例如，"OpenQuery"操作命令可打开某个查询，"OpenForm"操作命令可打开某个窗体，"OpenReport"操作命令可打开某个报表。

可以将 Access 2010 宏看成是一种工具，允许用户自动执行任务以及向窗体、报表和控件中添加功能。例如，如果向窗体中添加了一个命令按钮，则可以将该按钮的 Click 事件属性与一个宏相关联，该宏包含在每次单击该按钮时所执行的操作命令。

也可以将 Access 2010 宏看作是一种简化的编程语言，利用这种语言可以通过生成要执行的操作的列表来创建代码。设计宏时，从操作的下拉列表中选择每个操作，然后为每个操作填写必需的参数信息。

在 Access 2010 中，如果按照宏创建时打开"宏设计视图"的方法来分类，宏分为独立宏、嵌入宏和数据宏。

宏可以由一系列操作组成一个宏，也可以由若干个子宏组成一个宏。每一个子宏都有自己的宏名并且又可以由一系列操作组成。在宏中还可以包含由 If 条件表达式来控制操作执行流程的逻辑块，用以确定在某些情况下运行宏时是否执行某些操作。

对于独立宏，一个独立宏有其宏名，并在"导航窗格"的"宏"对象列表中列出。如果该宏中含有子宏，那么该宏中的每一个子宏都有子宏名。

7.1.1 宏设计视图

尽管在创建独立宏、嵌入宏或数据宏时，打开"宏设计视图"的方法不同，但是用各种方法打开的"宏设计视图"大体上是一样的。

下面以独立宏的"宏设计视图"为例来作介绍。

在 Access 2010 窗口中打开某数据库后，单击"创建"选项卡上的"宏与代码"组中的"宏"按钮，打开"宏设计视图"。在工作区上显示"宏生成器"窗格和"操作目录"窗格，并在功能区上显示"宏工具"下的"设计"上下文命令选项卡，如图 7-1 所示。

在"宏生成器"窗格中，显示带有"添加新操作"占位符的下拉组合框，在该组合框的左侧还显示了一个绿色的"十"字。

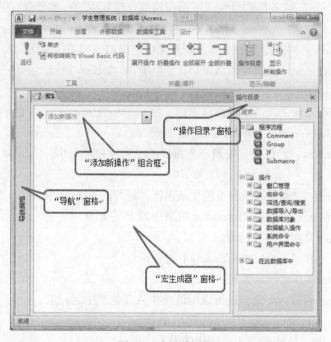

图 7-1　宏设计视图

在"操作目录"窗格中，以树型结构分别列出"程序流程""操作"和"在此数据库中"三个目录及其下层的子目录或部分宏对象。单击"+"展开按钮，展开下一层的子目录或部分宏对象，此时"+"变成"-"；单击"-"折叠按钮，把已展开的下一层的子目录或部分宏对象隐藏起来，此时"-"又变成"+"。"操作目录"窗格中的内容简述如下。

（1）"程序流程"目录包括 Comment、Group、If 和 Submacro。

① Comment：注释是宏运行时不执行的信息，用于提高宏程序代码的可读性。

② Group：允许操作和程序流程在已命名、可折叠、未执行的块中分组，以使宏的结构更清晰、可读性更好。

③ If：通过判断条件表达式的值来控制操作的执行，如果条件表达式的值为"True"便执行相应逻辑块内的那些操作，否则（即为"False"）就不执行相应逻辑块内的那些操作。

④ Submacro：用于在宏内创建子宏，每一个子宏都需指定其子宏名。一个宏可以包含若干个子宏，而每一个子宏又可包含若干个操作。

（2）"操作"目录包括"窗口管理""宏命令""筛选/查询/搜索""数据导入/导出""数据库对象""数据输入操作""系统命令"和"用户界面命令"等 8 个子目录（即 8 组），总共包含 66 个操作。其中，"窗口管理"子目录包含 5 个操作，"宏命令"子目录包含 16 个操作，"筛选/查询/搜索"子目录包含 12 个操作，"数据导入/导出"子目录包含 6 个操作，"数据库对象"子目录包含 11 个操作，"数据输入操作"子目录包含 3 个操作，"系统命令"子目录包含 4 个操作，"用户界面命令"子目录包含 9 个操作。

（3）在"在此数据库中"目录中，将列出当前数据库中已有的宏对象，并且将根据已有宏的实际情况，还可能会列出宏对象上层的"报表""窗体"及"宏"等目录。

7.1.2 常用的宏操作简介

Access 2010 提供了 66 条操作命令，下面仅简单介绍其中的一些操作以供参考。

1. 窗口管理

（1）CloseWindow：关闭指定的窗口。如果无指定窗口，则关闭激活的窗口。

（2）MaximizeWindow：最大化激活窗口，使其充满 Access 窗口。该操作可以使用户尽可能多地看到活动窗口中的对象。

（3）MinimizeWindow：以最小化激活窗口，使其缩小为 Access 窗口底部的标题栏。

（4）MoveAndSizeWindow：移动并调整激活窗口。

（5）RestoreWindow：将最大化或最小化窗口还原到原来的大小。

2. 宏命令

（1）CancelEvent：取消导致该宏（包含该操作）运行的 Access 事件。

（2）ClearMacroError：清除 MacroError 对象中的上一错误。

（3）OnError：定义错误处理行为。

（4）RunCode：执行 Visual Basic Function 过程。

（5）RunDataMacro：运行数据宏。

（6）RunMacro：运行一个宏，还可以用该操作从其他宏中运行宏。

（7）RunMenuCommand：执行 Access 菜单命令。

（8）StopAllMacro：终止所有正在运行的宏。

（9）StopMacro：终止当前正在运行的宏。

3. 筛选/查询/搜索

（1）FindRecord：查找符合指定条件的第一条或下一条记录。

（2）OpenQuery：打开选择查询或交叉表查询，或者执行动作查询。查询可以在"数据表视图""设计视图"或"打印预览视图"中打开。

4. 数据导入/导出

ExportWithFormatting：将指定数据库对象中的数据输出为 Excel（.xls）、格式文本（.rtf）、文本（.txt）、HTML（.htm）或快照（.snp）格式。

5. 数据库对象

（1）GoToControl：把焦点移到激活数据表或窗体中指定的字段或控件上。

（2）GoToRecord：表、窗体或查询结果集中地指定记录成为当前记录。

（3）OpenForm：在"窗体视图""设计视图""打印预览视图"或"数据表视图"中打开窗体。

（4）OpenReport：在"设计视图"或"打印预览视图"中打开报表，或立即打印该报表。

（5）OpenTable：在"数据表视图""设计视图"或"打印预览视图"中打开表。

（6）PrintObject：打印当前对象。

（7）PrintPreview：当前对象的"打印预览"。

（8）RepaintObject：在指定对象上完成所有未完成的屏幕更新或控件的重新计算。如果没有指定对象，则在活动的对象上完成这些操作。

（9）SetProperty：设置控件属性。

6. 数据输入操作

（1）DeleteRecord：删除当前记录。

（2）EditListItems：编辑、查阅列表中的项。

（3）SaveRecord：保存当前记录。

7. 系统命令

（1）Beep：使计算机发出嘟嘟声，以提醒用户注意。

（2）CloseDatabase：关闭当前数据库。

（3）QuitAccess：退出 Access。可以从几种保存选项中选择一种。

8. 用户界面命令

（1）AddMenu：为窗体或报表将菜单添加到自定义菜单栏。

（2）MessageBox：显示含有警告或提示消息的消息框。

（3）Redo：重复最近的用户操作。

（4）UndoRecord：撤销最近的用户操作。

7.2 创 建 宏

在 Access 2010 中，如果按照宏创建时打开"宏设计视图"的方法来分类，宏可分为独立宏、嵌入宏和数据宏等三种类型。下面分别介绍各种类型宏的创建方法。

7.2.1 创建操作序列的独立宏

操作序列的独立宏一般只包含一条或多条操作和一个或多个"注释"（Comment）。宏执行时按照操作的顺序一条一条地执行，直到操作执行完毕为止。

例 7-1 在"学生管理系统"数据库，创建一个操作序列的独立宏，该宏包含一条注释和三条操作命令。其中注释的内容是"创建操作序列的独立宏"，第一条操作命令"OpenForm"是打开名为"例 5-9 浏览学生基本情况"的窗体，第二条操作命令"MaximizeWindow"是自动将打开的窗体最大化，第三条操作命令"MessageBox"是显示含有"这是操作序列独立宏的例子！"消息的消息框。该宏的名称是"例 7-1 操作序列的独立宏"。

操作步骤如下。

（1）打开"学生管理系统"数据库。

（2）单击"创建"选项卡上的"宏与代码"组中的"宏"按钮，显示"宏设计视图"。在其中的"宏生成器"窗格中，通常显示一个带有"添加新操作"占位符的下拉组合框，在该组合框的左侧还显示一个绿色的"╋"字。有时"添加新操作"占位符没显示出来，若单击"宏生成器"窗格任何地方，在组合框中便显示出"添加新操作"占位符。

（3）单击该"添加新操作"组合框右端的下拉按钮，弹出"操作"的下拉列表，单击"Comment"项，展开注释设计窗格，该窗格自动成为当前窗格并且由一个矩形框围住，在注释设计窗格中输入"创建操作序列的独立宏"。此时在该注释设计窗格下边又自动显示出一个带有"添加新操作"占位符的下拉组合框。

（4）单击该"添加新操作"组合框右端的下拉按钮，弹出"操作"的下拉列表，单击"OpenForm"项，展开"OpenForm"操作块的设计窗格。此时，在该操作块的设计窗格的下边又自动显示出一个带有"添加新操作"占位符的下拉组合框。

（5）单击该操作块的设计窗格中的"窗体名称"右侧的下拉组合框的下拉按钮，弹出"窗体名称"的下拉列表，选定"例 5-9 浏览学生基本情况"窗体项。

（6）单击其下方的"添加新操作"组合框右端的下拉按钮，弹出"操作"的下拉列表，单击"MaximizeWindow"项。

（7）单击"添加新操作"组合框右端的下拉按钮，弹出"操作"的下拉列表，单击"MessageBox"项，展开"MessageBox"操作块的设计窗格。

（8）单击"MessageBox"操作块的设计窗格中的"消息"右侧的文本框，在该文本框中直接输入"这是操作序列独立宏的例子！"。

（9）单击"快速访问工具栏"中的"保存"按钮，弹出"另存为"对话框，在"宏名称"文本框中输入"例 7-1 操作序列的独立宏"，单击"另存为"对话框中的"确定"按钮，返回"宏设计视图"，如图 7-2 所示。

（10）单击"宏生成器"窗格右上角的"关闭"按钮。

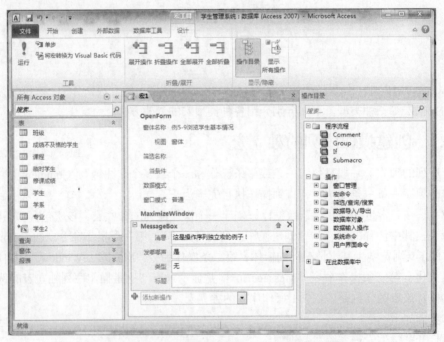

图 7-2　"例 7-1 操作序列的独立宏"的"设计视图"

7.2.2　创建含有 If 块的条件操作宏

在"宏生成器"窗格中，单击"添加新操作"组合框右端的下拉按钮，弹出"操作"的下拉列表，单击"If"项（或双击右侧"操作目录"窗格中"程序流程"子目录中的"If"项），展开If 块设计窗格，此时该 If 块设计窗格自动成为当前窗格并且由一个矩形框围住，同时在"If"左边显示出一个"-"折叠按钮，在"If"的右边显示出一个"条件表达式"的文本框，用户可直接在该文本框中输入一个需要的条件表达式。在该"If"所在行的下一行，显示出一个（属于该 If

块范围的）"添加新操作"的组合框，用户可在该组合框中选定需要的操作并展开该操作块设计窗格，同时在其下边又显示出一个（还属于该 If 块范围的）"添加新操作"的组合框，用户又可在该组合框中选定需要的操作并对该操作进行相应的设计，依此类推，在该 If 块内可设计多个操作。

与此同时，如果在当前的 If 块（或 Else If 块或 Else 块）设计窗格的右下方有"添加 Else"按钮，单击该"添加 Else"按钮，便在该当前块中添加一个 Else 块。如果在当前块设计窗格的右下方有"添加 Else If"按钮，单击该"添加 Else If"按钮，便在该当前块中添加一个 Else If 块。在当前块设计窗格的右上角有一个"删除"按钮，单击该"删除"按钮便可删除该当前块。

在输入条件表达式时，若需要引用窗体、报表或相关控件值，可使用如下格式：

引用窗体：Forms![窗体名]

引用窗体属性：Forms![窗体名].属性

引用窗体控件：Forms![窗体名]![控件名] 或 [Forms]![窗体名]![控件名]

引用窗体控件属性：Forms![窗体名]![控件名].属性

引用报表：Reports![报表名]

引用报表属性：Reports![报表名].属性

引用报表控件：Reports![报表名]![控件名] 或 [Reports]![报表名]![控件名]

引用报表控件属性：Reports![报表名]![控件名].属性

在表 7-1 中，列出一些条件表达式的示例，供读者参考。

表 7-1　　　　　　　　　　　条件表达式的示例

条件表达式	表达式含义
[学系名称]="数学系"	"学系名称"字段的值为"数学系"
DCount ("[专业代码]", "专业")>35	"专业"表的"专业代码"字段的项数（即专业个数）超过 35
DCount ("*", "订单明细", "[订单 ID]=Forms![订单]![订单 ID]")>3	"订单明细"表中的"订单 ID"字段值与"订单"窗体的"订单 ID"控件的值匹配，"订单明细"表中满足这一条件的记录超过 3 条
[发货日期] Between #2016 年 5 月 9 日# And #2016 年 6 月 8 日#	执行此宏的窗体上的"发货日期"字段值在 2016 年 5 月 9 日与 2016 年 6 月 8 日之间
Forms![产品]![库存量]<5	"产品"窗体的"库存量"控件的值小于 5
IsNull([专业名称])	运行该宏的窗体上的"专业名称"字段值是 Null（没有值）。这个表达式等价于：[专业名称] Is Null
[国家或地区]="UK" And Forms![销售总额]![订货总数]>100	运行该宏的窗体上的"国家或地区"字段值是 UK，且在"销售总额"窗体内的"订货总数"字段值大于 100
[国家或地区] In ("法国","意大利","西班牙") And Len ([邮政编码])<>5	运行该宏的窗体上"国家或地区"字段值是法国、意大利或西班牙，且邮政编码的字符串长度不等于 5
MsgBox("确认更改？",1)=1	在 MsgBox 函数执行时显示出的"确认更改？"对话框中，单击其中的"确定"按钮，MsgBox 函数的返回值为 1；单击"取消"按钮，MsgBox 函数的返回值为 2

例 7-2 在"学生管理系统"数据库中，创建一个含有 If 块的条件操作独立宏，If 操作的条件表达式是"MsgBox("是否要打开查询?", 1)=1"，当该条件表达式的值为 True（即单击了由 MsgBox 函数打开的对话框中的"确定"按钮）时，要依次执行两个操作，其中的第一个操作"OpenQuery"是打开名为"例 4-28 查询女学生的基本信息"查询，第二个操作"Beep"是发出"嘟"声音。在 If 块结束之后（即 End If 的下一行），还要添加另一个不属于该 If 块的 MessageBox 操作，该 MessageBox 操作是用于显示含有"这是含有 If 块的独立宏例子!"消息的消息框。该宏的名称是"例 7-2 含 If 块的独立宏"。

操作步骤如下。

（1）打开"学生管理系统"数据库。

（2）单击"创建"选项卡上的"宏与代码"组中的"宏"按钮，显示"宏设计视图"。在其中的"宏生成器"窗格中，显示一个带有"添加新操作"占位符的下拉组合框。

（3）单击该"添加新操作"组合框右端的下拉按钮，弹出"操作"的下拉列表，单击"If"项（或把"操作目录"窗格中"程序流程"子目录中的"If"项选定后并拖曳到该"添加新操作"组合框内），展开 If 块设计窗格，该窗格自动成为当前窗格并且由一个矩形框围住。在 If 块设计窗格内的"If"所在行的下一行，显示出一个（属于该 If 块范围的）"添加新操作"的组合框。在 If 块设计窗格的框边外的下方显示"End If"，并在"End If"的下方显示了一个（不属于该 If 块范围的）"添加新操作"的组合框。

（4）单击 If 块设计窗格中的"条件表达式"占位符所在的文本框，在该文本框中输入：MsgBox("是否要打开查询?", 1)=1。

（5）单击 If 块设计窗格中的"添加新操作"组合框右端的下拉按钮，弹出"操作"的下拉列表，单击"OpenQuery"项，展开"OpenQuery"操作块设计窗格，该窗格自动成为当前窗格并且由一个矩形框围住，单击"查询名称"右侧组合框的下拉按钮，在弹出"查询名称"的下拉列表中选定"例 4-28 查询女学生的基本信息"项。

（6）单击 If 块设计窗格中的"添加新操作"组合框右端的下拉按钮，弹出"操作"的下拉列表，单击"Beep"项。

（7）单击（If 块设计窗格外边）"End If"所在行下一行的"添加新操作"组合框右端的下拉按钮，弹出"操作"的下拉列表，单击"MessageBox"项，展开"MessageBox"操作设计窗格，该窗格自动成为当前窗格并且由一个矩形框围住。

（8）单击该"MessageBox"操作设计窗格中的"消息"右侧的文本框，在该文本框中直接输入"这是含有 If 块的独立宏例子"。

（9）单击"快速访问工具栏"中的"保存"按钮，弹出"另存为"对话框，在"宏名称"文本框中输入"例 7-2 含 If 块的独立宏"。单击"另存为"对话框的"确定"按钮，返回"宏设计视图"。"宏生成器"窗格中的宏代码，如图 7-3 所示。

（10）单击"宏生成器"窗格右上角的"关闭"按钮。

此外，如果 If 块中含有 Else 块，即该宏中含有"If <条件表达式> Then <操作序列 1> Else <

图 7-3　例 7-2 含 If 块的独立宏的"宏生成器"窗格

操作序列 2> End If"的程序代码块。当运行该宏时，如果<条件表达式>的值为 True 便执行 Then 后<操作序列 1>中的操作，否则（即<条件表达式>的值为 False 时）就执行 Else 后<操作序列 2> 中的操作。具体操作请看下例。

例 7-3 在"学生管理系统"数据库中，创建一个含有 If 块及 Else 块的条件操作独立宏。要求在该 If 块中含有一个 Else 块。If 操作的条件表达式是"MsgBox("是否要打开窗体?", 1)=1"，当该条件表达式的值为 True（即单击了由 MsgBox 函数打开的对话框中的"确定"按钮）时，执行 "OpenForm"操作，以"窗体视图"打开名为"例 5-9 浏览学生基本情况"窗体，当该条件表达式的值为 False（即单击了由 MsgBox 函数打开的对话框中的"取消"按钮）时，执行"OpenQuery" 操作，以"数据表视图"打开名为"例 4-27 查询学生全部成绩"查询。该宏的名称是"例 7-3 含有 If 块及 Else 块的独立宏"。

操作步骤如下。

（1）打开"学生管理系统"数据库。

（2）单击"创建"选项卡上的"宏与代码"组中的"宏"按钮，显示"宏设计视图"。在其中的"宏生成器"窗格中，弹出一个带有"添加新操作"占位符的下拉组合框。

（3）单击该"添加新操作"组合框右端的下拉按钮，弹出"操作"的下拉列表，单击"If" 项（或双击右侧"操作目录"窗格中"程序流程"子目录中的"If"项），展开 If 块设计窗格，此时该 If 块设计窗格自动成为当前窗格并且由一个矩形框围住。在 If 块设计窗格内的"If"行的下一行，显示出（属于该 If 块的）"添加新操作"的组合框。

（4）单击 If 块设计窗格中的"If"右边"条件表达式"文本框，在该文本框中输入：MsgBox(" 是否要打开窗体?", 1)=1。

（5）单击该 If 块中的"添加新操作"组合框右端的下拉按钮，弹出"操作"的下拉列表，单击"OpenForm"项，展开"OpenForm"操作块设计窗格，该窗格自动成为当前窗格并且由一个矩形框围住。单击其中"窗体名称"右侧组合框的下拉按钮，在弹出"窗体名称"的下拉列表中选定"例 5-9 浏览学生基本情况"，其他项使用默认值。

（6）单击当前 If 块设计窗格的右下角的"添加 Else"按钮，展开 Else 块设计窗格，该窗格自动成为当前窗格并且由一个矩形框围住。在 Else 块设计窗格内，显示出一个（属于该 Else 块范围的）"添加新操作"的组合框。

（7）单击该"添加新操作"组合框右端的下拉按钮，弹出"操作"的下拉列表，单击"OpenQuery" 项，展开"OpenQuery"操作块设计窗格，该窗格自动成为当前窗格并且由一个矩形框围住。单击其中的"查询名称"右侧组合框的下拉按钮，在"查询名称"的下拉列表中选定"例 4-27 查询学生全部成绩"。"视图"文本框用默认值"数据表"，其他项也使用默认值。

（8）单击"快速访问工具栏"中的"保存"按钮，弹出"另存为"对话框，在"宏名称"文本框中输入 "例 7-3 含有 If 块及 Else 块的独立宏"。单击"另存为"对话框中的"确定"按钮，返回"宏设计视图"。"宏生成器"窗格内容如图 7-4 所示。

（9）单击"宏生成器"窗格右上角的"关闭"按钮。

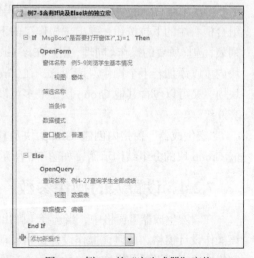

图 7-4 例 7-3 的"宏生成器"窗格

7.2.3 使用 Group 对宏中的操作进行分组

在"宏生成器"中的"操作目录"窗格里的"程序流程"目录中，有一项是 Group。Group 的功能是允许操作和程序流程在已命名、可折叠、未执行的块中分组。一般来说，在一个宏中，把相邻相关的若干个操作分为一组，并对该分组给定一个有意义的组名，从而可提高宏代码的可读性。宏中的分组不会影响该宏中操作的执行方式，宏中的分组也不能单独调用或运行。在宏中，分组的主要目的是标识一组操作，帮助用户一目了然地了解宏的功能。特别在编辑大型的宏时，可以将每个分组（Group）向下折叠为单行，从而可以减少必须进行的滚动操作，方便进行编辑。

在宏的"宏生成器"窗格中，使用"程序流程"目录中的 Group，可将该宏中的操作进行分组。每个分组 Group 块都是以"Group"表示该分组块开始，以对应的"End Group"表示该分组块结束。当运行该宏时，若该宏中有多个分组，那么将按从上到下的分组顺序，分别对各个分组内所有操作按从上到下的顺序逐个执行，直至所有组的所有操作都执行完毕为止。

如果要分组的操作已经在宏中，则分组的操作步骤如下。

（1）在"宏生成器"窗格中，选择要进行分组的（相邻的）操作。

（2）右键单击所选的操作，弹出快捷菜单，然后单击快捷菜单中的"生成分组程序块"项。

（3）在生成的 Group 块顶部的框中，键入该分组的名称，即完成分组。

如果要分组的操作不在宏中，则分组的操作步骤如下。

（1）在"宏生成器"窗格中，单击"添加新操作"组合框右端的下拉按钮，弹出"操作"的下拉列表，单击"Group"项，展开 Group 块设计窗格，此时该 Group 块设计窗格自动成为当前窗格并且由一个矩形框围住。在该 Group 块设计窗格中，是以"Group"表示该分组块开始，以对应的"End Group"表示该分组块结束。

（2）在 Group 块设计窗格中顶行的"Group"右侧的框中，键入该分组的名称。

（3）在该 Group 块内，单击"添加新操作"组合框右端的下拉按钮，弹出"操作"的下拉列表，选择所要的操作。同理，用户在该 Group 块内可以添加若干个操作。请注意，在 Group 块内，又可以包含其他 Group 块，最多可以嵌套 9 级。

"宏生成器"窗格内创建 Group 块及其内嵌 Group 块的分组结构示例，如图 7-5 所示。

图 7-5 "宏生成器"窗格内 Group 块分组的结构示例

7.2.4 设置宏的操作参数

在"宏生成器"窗格中，当选择（弹出的）"操作"的下拉列表中的某个操作时，便自动展开该操作设计窗格，此时该操作设计窗格自动成为当前窗格并且由一个矩形框围住。在该操作设计窗格中，需要设置与操作相关的参数。当然，不同的操作所拥有的参数及参数个数是不同的！

设置宏操作参数的方法简介如下。

（1）在某操作设计窗格中，可以在参数框中输入数值，也可以在列表中选择某项值。

（2）通过从"数据库"窗体以拖动方式向宏中添加新操作，系统会自动设置相应的参数。

（3）如果操作中有调用数据库对象名的参数，则可以将对象从"数据库"窗体中拖动到参数框，从而由系统自动设置操作及其相应的对象类型参数。

（4）可以用前面加英文等号"="的表达式来设置操作参数，但是不能对表 7-2 的参数使用表达式。

表 7-2　　　　　　　　　　　　　　不能设置成表达式的操作参数

参数	操作
对象类型	Close, DeleteObject, GoToRecord, OutputTo, Rename, Save, SelectObject, SendObject, RepaintObject, TransferDatabase
源对象类型	CopyObject
数据库类型	TransferDatabase
电子表格类型	TransferSpreadsheet
规格名称	TransferText
工具栏名称	ShowToolbar
输出格式	OutputTo, SendObject
命令	RunCommand

7.2.5　创建含子宏的独立宏

一个宏不仅可以包含若干个操作，而且还可以包含若干个子宏，而每一个子宏又可包含若干个操作。每一个宏都有其宏名，每一个子宏都有其子宏名。引用子宏的格式是"宏名.子宏名"。通过在宏名后面键入一个英文的句点"."字符，再键入子宏名，可以引用宏中的子宏。例如，若要引用"学生信息"宏中的"学生成绩"子宏，可键入："学生信息.学生成绩"。

例 7-4　在"学生管理系统"数据库，创建一个宏，该宏包含两个子宏。第一个子宏的宏名为"查询子宏"，该宏包括两个操作，主要用于打开"例 4-31 统计全校学生总人数"查询并使该查询窗口最大化。第两个子宏的宏名为"窗体子宏"，该宏包括两个操作，主要用于打开"例 5-7 学系窗体"窗体并发出"嘟"声。该宏名为"例 7-4 含子宏的独立宏"。

操作步骤如下。

（1）打开"学生管理系统"数据库。

（2）单击"创建"选项卡上的"宏与代码"组中的"宏"按钮，显示"宏设计视图"。在其中的"宏生成器"窗格中，显示一个带有"添加新操作"占位符的下拉组合框。

（3）单击该"添加新操作"组合框右端的下拉按钮，弹出"操作"的下拉列表，单击"Submacro"项，展开子宏块设计窗格，该窗格自动成为当前窗格并且由一个矩形框围住，该矩形框下端的"End Submacro"表示该子宏块结束。此时在该子宏块设计窗格内的"子宏"所在行的下一行，显示出（属于该子宏块范围的）"添加新操作"的组合框。

（4）单击该子宏块设计窗格内的"子宏"行中的"Sub1"占位符所在的文本框，在该文本框中输入该子宏的宏名"查询子宏"。

（5）单击该子宏块设计窗格内的"添加新操作"组合框右端的下拉按钮，弹出"操作"的下拉列表，单击"OpenQuery"项，展开"OpenQuery"操作设计窗格。此时，在该操作设计窗格的下边又自动显示出一个（仍属于该子宏块范围的）"添加新操作"的组合框。

（6）单击该"OpenQuery"操作设计窗格中的"查询名称"右侧的下拉组合框的下拉按钮，弹出"查询名称"的下拉列表，选定"例 4-31 统计全校学生总人数"项。

（7）单击该子宏块设计窗格内的"添加新操作"组合框右端的下拉按钮，弹出"操作"的下拉列表，单击"MaximizeWindow"项。

（8）单击（查询子宏结束）"End Submacro"的下一行的"添加新操作"组合框右端的下拉按钮，弹出"操作"的下拉列表，单击"Submacro"项，展开子宏块设计窗格，该窗格自动成为当前窗格并且由一个矩形框围住，该矩形框下端的"End Submacro"表示该子宏块结束。此时在该子宏块设计窗格内的"子宏"所在行的下一行，显示出（属于该子宏范围的）"添加新操作"的组合框。

（9）单击该子宏块设计窗格内的"子宏"行中的"Sub2"占位符所在的文本框，在该文本框中输入该子宏的宏名"窗体子宏"。

（10）单击该"添加新操作"组合框右端的下拉按钮，弹出"操作"的下拉列表，单击"OpenForm"项，展开"OpenForm"操作设计窗格。此时，在该操作设计窗格的下边又自动显示出一个带有"添加新操作"占位符的下拉组合框。

（11）单击该操作设计窗格中的"窗体名称"右侧的下拉组合框的下拉按钮，弹出"窗体名称"的下拉列表，单击选定"例 5-7 学系窗体"。

（12）单击其下方的"添加新操作"组合框右端的下拉按钮，弹出"操作"的下拉列表，单击"Beep"项。

（13）单击"快速访问工具栏"中的"保存"按钮，弹出"另存为"对话框，在"宏名称"文本框中输入"例 7-4 含子宏的独立宏"。单击"另存为"对话框的"确定"按钮，返回"宏设计视图"。该"宏生成器"窗格如图 7-6 所示。

（14）单击"宏生成器"窗格右上角的"关闭"按钮。

图 7-6　例 7-4 含子宏的独立宏的宏生成器窗格

7.2.6　创建嵌入宏

嵌入宏是嵌入在窗体、报表或其控件的事件属性中的宏。创建嵌入宏有两种方法。

第一种方法是使用控件向导创建控件时，为执行某种操作而对该控件的默认事件，Access 自动创建嵌入宏，如第 5 章中"例 5-10 浏览学生基本情况"窗体中，使用命令按钮向导创建好"下一个记录"按钮后，该按钮的"单击"事件属性值被自动设置为"[嵌入的宏]"。

第二种方法是对某对象的某事件属性使用宏生成器创建嵌入宏，操作步骤请看例 7-5。

例 7-5　在"学生管理系统"数据库，创建一个名为"例 7-5 含嵌入宏窗体"的窗体，该窗体包含一个名为"txt1"的文本框和一个名为"cmd1"并且标题为"欢迎"的命令按钮。对该命令按钮的单击事件创建嵌入宏，当运行该窗体时，单击"欢迎"命令按钮，根据当前时间所在的范围（<12、>=12 and <18、>=18）情况，在 txt1 文本框中显示相应的"早上好！欢迎光临！"或"下午好！欢迎光临！"或"晚上好！欢迎光临"问候语。

操作步骤如下。

（1）打开"学生管理系统"数据库。

（2）单击"创建"选项卡上的"窗体"组中的"窗体设计"命令按钮，显示"窗体设计视图"，同时在功能区上显示"窗体设计工具"下的"设计"上下文命令选项卡。

（3）在窗体主体节中创建一个名为"txt1"的文本框，再创建一个名为"cmd1"并且其标题为"欢迎"的命令按钮。

（4）在"欢迎"命令按钮的"属性表"中的"事件"列表中，单击"单击"项所在行右端的省略号"…"按钮，显示"选择生成器"对话框；或者右键单击"单击"项，弹出快捷菜单，单击快捷菜单中的"生成器"命令项，也显示出"选择生成器"对话框。在"选择生成器"对话框中选定"宏生成器"项并单击该对话框中的"确定"按钮，显示"宏设计视图"。在"宏设计视图"中的"宏生成器"窗格内，显示"添加新操作"组合框。

（5）单击该"添加新操作"组合框右端的下拉按钮，弹出"操作"的下拉列表，单击该列表中的"If"项，展开 If 块设计窗格。

（6）单击 If 块设计窗格中的"条件表达式"占位符所在的文本框，在该文本框中输入：hour(time())<12。

（7）在该 If 块设计窗格中，单击"If"行下边的"添加新操作"组合框右端的下拉按钮，弹出"操作"的下拉列表，单击"SetProperty"项，展开"SetProperty"操作设计窗格，该窗格自动成为当前窗格并且由一个矩形框围住。在"控件名称"右侧文本框中输入"txt1"，在"属性"右侧组合框的下拉列表中选定"值"项，在"值"右侧文本框中输入"早上好！欢迎光临！"。

（8）单击当前 If 块设计窗格的右下角的"添加 Else If"按钮，展开"Else If"块设计窗格，该窗格自动成为当前窗格并且由一个矩形框围住。在该"Else If"块设计窗格内，显示出一个（属于该"Else If"块范围的）"添加新操作"组合框。

（9）单击该"Else If"块设计窗格中的"条件表达式"占位符所在的文本框，在该文本框中输入：hour(time())<18。

（10）在该"Else If"块设计窗格中，单击"Else If"行下边的"添加新操作"组合框右端的下拉按钮，弹出"操作"的下拉列表，单击"SetProperty"项，展开"SetProperty"操作设计窗格，该窗格自动成为当前窗格并且由一个矩形框围住。在"控件名称"右侧文本框中输入"txt1"，在"属性"右侧组合框的下拉列表中选定"值"项，在"值"右侧文本框中输入"下午好！欢迎光临！"。

（11）单击该"Else If"块设计窗格的右下角的"添加 Else"按钮，展开"Else"块设计窗格，该窗格自动成为当前窗格并且由一个矩形框围住。在该"Else"块设计窗格中，显示出一个（属于该"Else"块范围的）"添加新操作"组合框。

（12）在该"Else"块设计窗格中，单击"Else"行下边的"添加新操作"组合框右端的下拉按钮，弹出"操作"的下拉列表，单击"SetProperty"项，展开"SetProperty"操作设计窗格，该窗格自动成为当前窗格并且由一个矩形框围住。在"控件名称"右侧文本框中输入"txt1"，在"属性"右侧组合框的下拉列表中选定"值"项，在"值"右侧文本框中输入"晚上好！欢迎光临！"。

（13）单击"快速访问工具栏"中的"保存"按钮，保存该嵌入宏。该嵌入宏的"宏生成器"窗格中的宏代码，如图 7-7 所示。

（14）单击"宏生成器"窗格右上角的"关闭"按钮，返回"窗体设计视图"。此时，在"cmd1"命令按钮的"单击"事件属性值被自动设置为"[嵌入的宏]"。

（15）单击"快速访问工具栏"中的"保存"按钮，弹出"另存为"对话框，在"窗体名称"文本框中输入"例7-5 含嵌入宏窗体"。单击"另存为"对话框中的"确定"按钮，返回"窗体设计视图"。

（16）单击"窗体设计视图"右上角的"关闭"按钮。

图 7-7　嵌入宏的宏生成器窗格

7.2.7　创建数据宏

Access 2010 新增了数据宏。数据宏允许用户在表事件中添加逻辑。通过使用数据宏将逻辑附加到数据中来增加代码的可维护性，从而实现源表逻辑的集中化。数据宏包括五种宏：插入后、更新后、删除后、删除前、更改前。

例 7-6　在"学生管理系统"数据库中，为"课程"表创建一个"更改前"的数据宏，用于限制输入的"学分"字段的值不得超过 10。若在"课程"表的"数据表视图"中的学分字段输入的值超过 10（如 12），然后单击"保存"按钮时，显示如图 7-8 所示的消息框。

操作步骤如下。

（1）打开"学生管理系统"数据库。

图 7-8　例 7-6 的消息框

（2）右击"导航窗格"上的"表"对象列表中的"课程"项，弹出快捷菜单。单击该快捷菜单中的"设计视图"命令，打开"课程"表的"设计视图"，并在功能区上显示"表格工具"下的"设计"命令选项卡。

（3）单击"表格工具"下的"设计"命令选项卡中的"字段、记录和表格事件"组中的"创建数据宏"按钮，弹出"创建数据宏"命令下拉列表，如图 7-9 所示。

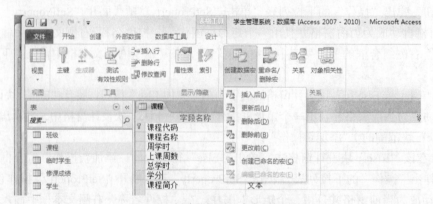

图 7-9　"创建数据宏"命令下拉列表

（4）单击该下拉列表中的"更改前"项，打开"课程"表的"宏设计视图"，显示"宏工具"

下的 "设计" 命令选项卡。在 "宏设计视图" 中的 "宏生成器" 窗格内，显示 "添加新操作" 下拉组合框。

（5）单击该 "添加新操作" 组合框右端的下拉按钮，弹出 "操作" 的下拉列表。单击该列表中的 "If" 项，展开 If 块设计窗格，该窗格自动成为当前窗格并且由一个矩形框围住。

（6）单击 If 块设计窗格中的 "条件表达式" 占位符所在的文本框，在该文本框中输入 "[学分]>10"。

（7）在该 If 块设计窗格中，单击 "If" 行下边的 "添加新操作" 组合框右端的下拉按钮，弹出 "操作" 的下拉列表，单击 "RaiseError" 项，展开 "RaiseError" 操作设计窗格，该窗格自动成为当前窗格并且由一个矩形框围住。在 "错误号" 右侧文本框中输入 "1001"（请注意，错误号 1001 是用户确定的，对 Access 无意义）。在 "错误描述" 右侧文本框中输入 "学分不允许超过 10"。

（8）单击 "快速访问工具栏" 中的 "保存" 按钮（或单击 "宏工具" 下的 "设计" 命令选项卡的 "关闭" 组中的 "保存" 按钮），保存该数据宏。该 "宏生成器" 窗格中的宏代码如图 7-10 所示。

（9）单击 "宏工具" 下的 "设计" 命令选项卡的 "关闭" 组中的 "关闭" 按钮，返回 "课程" 表的 "设计视图"。

（10）单击 "快速访问工具栏" 中的 "保存" 按钮。

（11）单击该 "设计视图" 右上角的 "关闭" 按钮。

图 7-10　"宏生成器" 窗格中的宏代码

7.2.8　创建自动执行的名为 AutoExec 的独立宏

Access 中设置了一个特殊的宏名 AutoExec。如果在 Access 数据库中创建了一个名为 AutoExec 的独立宏，那么在打开该数据库时将首先自动执行该 AutoExec 宏中的所有操作。适当设计 AutoExec 宏对象，可以在打开该数据库时执行一些系列的操作，为运行该数据库应用系统做好需要的初始化准备，如对初始参量赋予初值、打开应用系统的 "登录" 窗体等。

创建名为 AutoExec 的独立宏的方法与上述创建独立宏的方法类似，当保存该宏时，指定宏名称为 AutoExec。该宏保存后，在导航窗格的宏对象列表中便含有 AutoExec 项。

如果在打开数据库时想阻止执行该 AutoExec 宏，可在打开该数据库时按住 Shift 键不放，直到数据库打开为止。

7.3　宏　的　修　改

对已经创建好的宏，可以打开该宏的设计视图，在 "宏生成器" 窗格中可对原有的宏代码进行编辑，如添加新操作、修改操作、删除操作、移动操作等。

7.3.1　独立宏的修改

打开某个 Access 数据库后，右击 "导航窗格" 上的 "宏" 对象列表中的某个宏名，弹出快捷菜单，单击该快捷菜单中的 "设计视图"，便打开该独立宏的 "宏设计视图"，并且在 "宏生成器"

窗格中显示出该宏的原有代码。此时，在"宏生成器"窗格中，可对原有的宏代码进行编辑修改，如添加新操作、修改操作、删除操作、移动操作等。

7.3.2　嵌入宏的修改

打开某个 Access 数据库后，右击"导航窗格"上的"窗体"对象列表中的某个窗体名，弹出快捷菜单，单击该快捷菜单中的"设计视图"命令，便打开该窗体的"设计视图"。双击某控件（或窗体选定器），显示"属性表"，在该"属性表"的事件列表中，单击属性值为"[嵌入的宏]"所在组合框右侧的"..."按钮，便打开该嵌入宏的"宏设计视图"，并且在"宏生成器"窗格中显示出该嵌入宏的宏代码。此时，在"宏生成器"窗格中，可对原有的宏代码进行编辑修改，如添加新操作、修改操作、删除操作、移动操作等。

同理，打开某个 Access 数据库后，右击"导航窗格"上的"报表"对象列表中的某个报表名，弹出快捷菜单，单击该快捷菜单中的"设计视图"命令，便打开该报表的"设计视图"。双击某控件（或报表选定器），显示属性表，在该属性表的事件列表中，单击属性值为"[嵌入的宏]"所在组合框右侧的"..."按钮，便打开该嵌入宏的"宏设计视图"，并且在"宏生成器"窗格中显示出该嵌入宏的宏代码。此时，在"宏生成器"窗格中，可对原有的宏代码进行编辑修改，如添加新操作、修改操作、删除操作、移动操作等。

7.3.3　数据宏的修改

打开某个 Access 数据库后，右击"导航窗格"上的"表"对象列表中的某个表名，弹出快捷菜单，单击该快捷菜单中的"设计视图"命令，便打开该表的"设计视图"，并在功能区上显示"表格工具"下的"设计"命令选项卡，单击该"设计"选项卡上的"字段、记录和表格事件"组中的"创建数据宏"按钮，弹出"创建数据宏"命令下拉列表，（假定原来已经创建了"更改前"的数据宏，）单击该下拉列表中的某一项（如"更改前"），打开该表的"宏设计视图"，并且在"宏生成器"窗格中显示出该表的数据宏的宏代码。在"宏生成器"窗格中，可对原有的宏代码进行编辑修改，如添加新操作、修改操作、删除操作、移动操作等。

7.3.4　宏中操作的删除

在"宏生成器"窗格中，单击宏代码中需要删除的操作名（如 MessageBox），该操作的设计窗格自动成为当前窗格并且由一个矩形框围住，该操作的设计窗格的右上角显示出一个交叉的"删除"按钮，此时单击该"删除"按钮或者按键盘上的【Delete】键，便可删除该操作（即删除该操作的当前设计窗格及其所属内容）。

7.3.5　宏中操作的移动

在"宏生成器"窗格中，单击宏代码中需要移动位置的操作名（如 Beep），该操作的设计窗格自动成为当前窗格并且由一个矩形框围住，在该操作的设计窗格的右上角，会自动根据上下文情况相应地显示出一个绿色下箭头的"下移"按钮（如图 7-11 所示），或者显示出一个绿色上箭头的"上移"按钮和一个绿色下箭头的"下移"按钮（这两个按钮如图 7-12 所示），或者显示出一个绿色上箭头的"上移"按钮

图 7-11　显示"下移"按钮

（如图 7-13 所示）。此时，如果单击"下移"按钮，便把该操作的设计窗格移到其下一个操作之后；如果单击"上移"按钮，便把该操作的设计窗格移到其前一个操作之前。

图 7-12　显示"上移"和"下移"按钮

图 7-13　显示"上移"按钮

7.4　运行宏和调试宏

创建了宏后，可运行该宏，也可调试该宏。对于含有子宏的宏，如果需要运行宏中的任何一个子宏，则需要用"宏名.子宏名"格式指定某个子宏。

7.4.1　宏的运行

对于不含有子宏的宏，可直接指定该宏名运行该宏。对于含有子宏的宏，如果直接指定该宏名运行该宏时，仅运行该宏中的第一个子宏名的宏，该宏中的其他子宏不会被运行。如果需要运行宏中的任何一个子宏，则需要用"宏名.子宏名"格式指定某个子宏。

当运行宏过程中，如果宏的操作有误，则会显示"Microsoft Access"出错信息对话框，如图 7-14 所示。用户可根据出错信息提示，对该宏的设计进行修改。

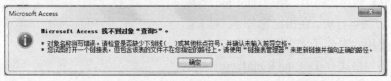

图 7-14　"Microsoft Access"出错信息对话框示例

运行宏有如下几种方法。

（1）打开某宏的"设计视图"，单击"宏工具"下的"设计"命令选项卡的"工具"组中的"运行"按钮，可以直接运行宏。

（2）在 Access 2010 窗口中，双击"导航窗格"上的"宏"对象列表中的某个宏名，可以直接运行该宏。对于含有子宏的宏，仅运行该宏中的第一个子宏名的宏。

（3）在 Access 2010 窗口中，右键单击"导航窗格"上的"宏"对象列表中的某个宏名，弹出快捷菜单，单击快捷菜单中的"运行"命令，可以直接运行该宏。对于含有子宏的宏，仅运行该宏中的第一个子宏。

（4）在 Access 2010 窗口中，单击"数据库工具"标题，显示"数据库工具"选项卡。单击该选项卡上的"宏"组中的"运行宏"按钮，显示"执行宏"对话框。在"宏名称"组合框的下拉列表中列出所有独立宏的宏名；对于含有子宏的宏，在该下拉列表中以"宏名.子宏名"格式列出了所有子宏名；在该下拉列表中选定某个宏名或子宏名，如图 7-15 所示，单击"执行宏"对话框中的"确定"按钮。

（5）将窗体、报表或控件的某个事件属性设为宏的名称，当该事件发生时会自动运行该宏。在某对象的"属性表"的某个事件的属性值组合框的下拉列表中，列出所有独立宏的宏名；对于含有子宏的宏，在该下拉列表中以"宏名.子宏名"格式列出了所有子宏名，在该下拉列表中选定某个宏名或子宏名，如图 7-16 所示。

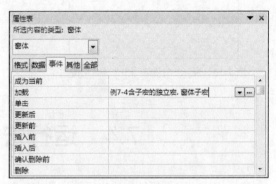

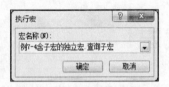

图 7-15 "执行宏"对话框

图 7-16 窗体的"加载"事件属性中选定某个宏

（6）对于窗体、报表或控件的某个事件创建的嵌入宏，当该事件发生时会自动运行该嵌入宏。

（7）从另一个宏中运行宏。在"宏生成器"窗格中，单击"添加新操作"组合框右端的下拉按钮，弹出"操作"的下拉列表，单击"RunMacro"项，展开 RunMacro 操作设计窗格。在"宏名称"组合框的下拉列表中，列出所有独立宏的宏名；对于含有子宏的宏，在该下拉列表中以"宏名.子宏名"格式列出了所有子宏名，在该下拉列表中选定某个宏名或子宏名，如图 7-17 所示。

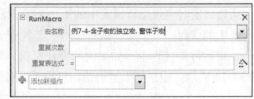

（8）在 VBA 程序代码中，使用 DoCmd 对象的 RunMacro 方法运行宏。在指定宏名时，对于含有子宏的宏，要用"宏名.子宏名"格式指定某个子宏名。

图 7-17 从另一个宏运行宏

运行宏的语句格式： DoCmd.RunMacro "宏名"

VBA 程序中语句格式例子：

```
DoCmd.RunMacro  "例7-4含子宏的独立宏.窗体子宏"
```

（9）在打开数据库时自动运行宏。Access 中设置了一个特殊的宏名 AutoExec。AutoExec 代表自动加载或处理。如果在 Access 2010 数据库中创建了一个名为"AutoExec"的宏对象，那么在打开该数据库时将首先自动执行该"AutoExec"宏中的所有操作。

7.4.2 宏的调试

一般来说，在运行宏的过程中，当执行的操作有错误时会显示相应出错信息的消息框。此外，Access 还提供了以"单步执行"（即一次只执行宏的一个动作）的方式来查找宏中的问题。

使用单步执行宏，可以观察宏的流程和每一个操作的结果，方便用户找到导致错误或产生非预期结果的原因，从而对该宏的设计进行修改完善。

单步执行宏的操作步骤如下。

（1）打开某个 Access 数据库后，右击"导航窗格"上的"宏"对象列表中的某个宏名，弹出快捷菜单，单击快捷菜单中的"设计视图"命令，显示"宏设计视图"。

（2）单击"宏工具"下的"设计"命令选项卡的"工具"组中的"单步"按钮，要确保"单步"按钮已经按下。

（3）单击"工具"组中的"运行"按钮，显示"单步执行宏"对话框，如图 7-18 所示。

（4）请执行下列操作之一。

图 7-18　"单步执行宏"对话框示例

- 若要执行"单步执行宏"对话框中所显示的操作，请单击"单步执行"按钮。

- 若要停止宏的运行并关闭"单步执行宏"对话框，请单击"停止所有宏"按钮。

- 若要关闭"单步执行宏"对话框并继续执行宏的未完成部分，请单击"继续"按钮。

7.5　宏与 Visual Basic

在 Access 中，由于宏可以自动执行任务的一个操作或一组操作，因此使用宏可以自动完成许多任务。在 Access 中，要完成相同的任务还可以通过 Visual Basic for Applications （VBA）编程来实现。VBA 是 Visual Basic 的一个子集。

7.5.1　宏与 VBA 编程

在 Access 应用中，是使用宏还是使用 VBA 编写应用程序，取决于用户需要完成的任务。在 Access 2010 中，宏提供了处理许多编程任务的简单方法，例如打开和关闭窗体以及运行报表。用户可以轻松快捷地绑定自己创建的数据库对象（如表、窗体、报表等），因为用户几乎不需要记住任何语法，并且每个操作的参数都显示在宏生成器中。

然而，对于下列情况，用户应该使用 VBA 编程而不是使用宏。

1. 使用内置函数或创建自己的函数

Access 中包括许多内置函数，例如 IPmt 函数，它可以计算应付利息。用户可以使用这些内置函数执行计算，而无须创建复杂的表达式。通过使用 VBA 代码，用户还可以创建自己的函数来执行超出表达式能力的计算或者替代复杂的表达式。此外，用户还可以在表达式中使用自己创建的函数向多个对象应用公共操作。

2. 创建或操纵对象

在大多数情况下，用户会发现在对象的"设计视图"中创建和修改对象最容易。不过，在某些情况下，用户可能想在代码中操纵对象的定义。通过使用 VBA，除了可以操纵数据库本身以外，用户还可以操纵数据库中的所有对象。

3. 执行系统级操作

用户可以在宏内执行 RunApp 操作，以便在 Access 中运行另一个程序（如 Microsoft Excel），但用户无法使用宏在 Access 外部执行更多其他操作。通过使用 VBA，用户可以检查某个文件是否存在于计算机上，使用自动化或动态数据交换（DDE）与其他基于 Microsoft Windows

的程序（如 Excel）通信，还可以调用 Windows 动态链接库（DLL）中的函数。

4. 一次一条地操纵记录

用户可以使用 VBA 来逐条处理记录集，一次一条记录，并对每条记录执行操作。相反，宏将同时处理整个记录集。

7.5.2　将独立宏转换为 Visual Basic 程序代码

Microsoft Access 可以自动将宏转换为 Visual Basic 程序代码模块。这些模块用 Visual Basic 代码执行与宏等价的操作。

将宏转换为 Visual Basic 程序代码模块的操作步骤如例 7-7 所述。

例 7-7　将名为"欢迎光临独立宏"的宏转换为 Visual Basic 程序代码模块。

（1）打开某个 Access 数据库后，右击"导航窗格"上的"宏"对象列表中的"欢迎光临独立宏"项，弹出快捷菜单，单击该快捷菜单中的"设计视图"命令，便打开"欢迎光临独立宏"的"宏设计视图"，并且在"宏生成器"窗格中显示该宏的宏代码。

（2）单击"宏工具"下的"设计"命令选项卡的"工具"组中的"将宏转换为 Visual Basic 代码"按钮，如图 7-19 所示。此时弹出"转换宏：欢迎光临独立宏"对话框，如图 7-20 所示。

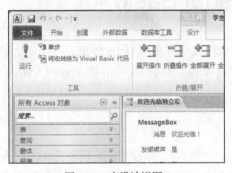

图 7-19　宏设计视图　　　　　　　　图 7-20　"转换宏：欢迎光临独立宏"对话框

（3）单击该对话框中的"转换"按钮，Access 自动进行转换。

（4）转换完毕后，显示"转换完毕！"消息的对话框，如图 7-21 所示。单击该对话框中的"确定"按钮，返回到"欢迎光临独立宏"的"宏设计视图"。在"导航窗格"上的"模块"对象列表中，添加了名为"被转换的宏-欢迎光临独立宏"的模块，如图 7-22 所示。

图 7-21　"转换完毕！"消息的对话框　　　　图 7-22　"导航窗格"上的"模块"对象列表

习　题　7

单选题

1. 数据宏的创建是在打开_____的设计视图情况下进行的。

A. 窗体   B. 报表   C. 查询   D. 表

2. OpenForm 操作可用来打开_____。

    A. 数据表   B. 报表   C. 窗体   D. 数据库管理系统

3. 在"宏生成器"窗格的"添加新操作"组合框的左侧显出一个_____的"+"字。

    A. 绿色   B. 红色   C. 黄色   D. 蓝色

4. 假如要显示表的所有记录，可使用_____操作。

    A. ShowRecords   B. ShowAllRecords

    C. AllRecords   D. ShowAll

5. 要查找记录可使用_____操作。

    A. IndexRecord   B. FindRecord   C. PrintRecord   D. ShowRecord

6. 通过_____操作可以运行数据宏。

    A. RunMenuCommand   B. RunCode

    C. RunMacro   D. RunDataMacro

7. 下列宏操作中，不属于"数据输入操作"子目录中的操作是_____。

    A. DeleteRecord   B. EditListItems

    C. GotoPage   D. SaveRecord

8. 下列宏操作中，设置控件属性的操作是_____。

    A. SetLocalVar   B. SetTempVar   C. SetOrderBy   D. SetProperty

9. 直接运行含有子宏的宏时，只执行该宏中的_____中的所有操作命令。

    A. 第二个子宏   B. 第三个子宏

    C. 第一个子宏   D. 最后一个子宏

10. 要运行宏中的某一个子宏时，需要以_____格式来指定宏名。

    A. 宏名   B. 子宏名.宏名   C. 子宏名   D. 宏名.子宏名

11. 关于 AutoExec 宏的说法正确的是_____。

    A. 在每次重新启动 Windows 时，都会自动启动的宏

    B. AutoExec 和其他宏一样，没什么区别

    C. 在每次打开其所在的数据库时，都会自动运行的宏

    D. 在每次启动 Access 时，都会自动运行的宏

12. 在宏设计视图的_____窗格中，才能进行添加、修改或删除宏的操作。

    A. 导航   B. 操作目录   C. 宏生成器   D. 功能

13. 关于宏的执行，以下说法不正确的是_____。

    A. 在"导航窗格"，选择"宏"对象列表中的某个不含有子宏的宏并双击，可以直接运行该宏中的所有宏操作

    B. 在"导航窗格"，选择"宏"对象列表中的某个含有子宏的宏并双击，可以直接运行该宏中的所有宏操作

    C. 在一个宏中可以运行另一个宏

    D. 在打开数据库时，可以自动运行 AutoExec 宏

14. 为窗体或报表上的某个控件的单击事件创建了嵌入宏之后，在属性表中该控件的单击事件属性值组合框中显示_____。

    A. "嵌入宏"   B. [嵌入宏]   C. "嵌入的宏"   D. [嵌入的宏]

上机实验 7

在"成绩管理系统"数据库中，进行如下创建宏操作。

1. 在"成绩管理系统"数据库，创建一个操作序列独立宏，该宏包含三条操作命令，其中的第一条操作命令"OpenForm"是打开名为"学系—窗体"的窗体，第二条操作命令"Beep"是发出"嘟"声音，第三条操作命令"MessageBox"是显示含有"这是操作序列独立宏的例子"消息的消息框。该宏的名称是"操作序列独立宏"。

2. 在"成绩管理系统"数据库中，创建一个含有 If 块的条件操作的独立宏，If 块的条件表达式是"MsgBox("是否要打开报表?",1)=1"，当该条件表达式的值为 True 时，其对应的第一个操作是"OpenReport"，其操作参数设置为报表名称是"男女学生人数统计百分比报表"，视图是"打印预览"；其对应的第二个操作是"MessageBox"，其操作参数设置为消息是"已经打开了报表"。当该条件表达式的值为 False 时，其对应的操作是"MessageBox"，其操作参数设置为消息是"没有打开报表"。该宏的名称是"含有 If 块和 Else 块的条件操作的独立宏"。

3. 在"成绩管理系统"数据库，创建一个名为"含有子宏的独立宏"的宏，该宏包含两个子宏。第一个子宏名为"打开查询"，该子宏包括两个操作，其中第一个操作是以"数据表视图"打开名为"查询学系专业的班级情况"的查询，第二个操作是"Beep"。第二个子宏名为"打开窗体"，该宏包括三个操作，其中第一个操作是以"窗体"视图打开名为"浏览学生基本情况—主/子窗体"的窗体，第二个操作命令是"Beep"，第三个操作是"MessageBox"，用于显示含有"这是第二个子宏的例子"消息的消息框。

第8章
模块与 VBA 程序设计

在 Access 数据库系统中，虽然使用宏可以完成一些简单的操作任务，但是对于需要使用复杂条件结构和循环结构才能解决问题的任务，宏还是无法完成。为了解决一些实际开发活动中复杂的数据库应用问题，Access 数据库系统提供了"模块"对象。

本章主要介绍 Access 数据库的模块的基本概念及 VBA 语言的程序设计。

8.1 模 块 概 述

模块是 Access 数据库中的一个数据库对象，其代码用 VBA（Visual Basic for Application）语言编写。通俗地说，模块是 Access 数据库中用于保存 VBA 程序代码的容器。模块基本上是由声明、语句和过程（Sub 和 Function）组成的集合，它们作为一个已命名的单元存储在一起，对 VBA 程序代码进行组织。

8.1.1 模块类型

在 Access 中，模块分为标准模块和类模块两种类型。

1. 标准模块

标准模块包含与任何其他对象都无关的常规过程，以及可以从数据库任何位置运行的经常使用用的过程。在标准模块中，可以放置希望供整个数据库的其他过程使用的 Sub 过程和 Function 过程。

标准模块通常安排一些公共变量或过程供类模块里的过程调用。在各个标准模块内部也可以定义私有变量和私有过程仅供本模块内部使用。

标准模块中的公共变量或公共过程具有全局特性，其作用在整个应用程序范围里。生命周期是伴随着应用程序的运行而开始，关闭而结束。

2. 类模块

类模块是可以包含新对象的定义的模块。一个类的每个实例都新建一个对象。

窗体模块和报表模块都是类模块，它们从属于各自的窗体和报表。窗体模块和报表模块通常都含有事件过程，而事件过程的运行用于响应窗体或报表上的事件。可以使用事件过程来控制窗体或报表的行为，以及它们对用户操作的响应，如单击窗体上的某个命令按钮。窗体模块和报表模块中的过程可以调用标准模块中已经定义好的过程。

为窗体或报表创建第一个事件过程时，Access 将自动创建与之关联的窗体模块或报表模块。

窗体模块和报表模块具有局部特性，其作用范围局限在所属窗体或报表内部。而生命周期则是伴随着窗体或报表的打开而开始，关闭而结束。

8.1.2　模块的组成

模块是装着 VBA 代码的容器。一个模块包含一个声明区域，以及一个或多个过程，如图 8-1 所示。

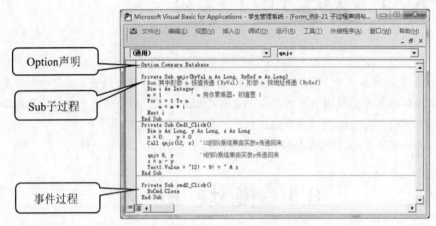

图 8-1　模块组成示例

过程是模块的单元组成，用 VBA 代码编写而成。过程分为 Sub 过程和 Function 过程两种类型。

1. 声明区域

声明部分主要包括：Option 声明，变量、常量或自定义数据类型的声明。

模块中可以使用的 Option 声明语句如下。

（1）Option Base 1：声明模块中数组下标的默认下界为 1，不声明则默认下界为 0。

（2）Option Compare Database：声明模块中需要进行字符串比较时，将根据数据库的区域 ID 确定的排序级别进行比较；不声明则按字符 ASCII 码进行比较。

（3）Option Explicit：强制模块用到的变量必须先进行声明。

此外，有关变量、常量或自定义数据类型的声明语句格式将在 8.4 节中介绍。

2. Sub 过程

Sub 过程又称为子过程。它执行一系列操作，无返回值。

Sub 过程的定义格式如下：

```
Sub 过程名 (形参列表)
    [VBA 程序代码]
End Sub
```

VBA 提供了一个关键字 Call，可以调用该子过程。此外，可以引用该过程名来调用该子过程，此时过程名后不能带有一对圆括号。

3. Function 过程

Function 过程又称为函数过程。它执行一系列操作，有返回值。

Function 过程的定义格式如下：

```
Function 过程名(形参列表)
        [VBA 程序代码]
End Function
```

函数过程不能使用 Call 来调用执行，需要直接引用函数过程名，且必须在过程名后带一对圆括号。

8.2　VBA 程序设计概述

VB（Visual Basic）是一种面向对象程序设计语言，微软公司将其引用到其他常用的应用程序中。例如，在 Office 的成员 Word、Excel、Access 中，这种夹在应用程序中的 Visual Basic 版本称为 VBA（Visual Basic for Application）。VBA 是 VB 的子集。

在 Access 中，当某些操作不能用其他 Access 对象实现或实现起来很困难时，就可以在模块中编写 VBA 程序代码，以完成这些复杂任务。

Access 内部提供了功能强大的向导机制，能处理基本的数据库操作。在此基础上再编写适当的 VBA 程序代码，可以极大地改善程序功能。

VBA 是面向对象的程序设计语言。面向对象程序设计是一种以对象为基础，以事件来驱动对象的程序设计方法。

8.2.1　对象和对象名

对象是 VBA 应用程序的基础构件。在开发一个 Access 数据库应用系统时，必须先建立各种对象，然后围绕对象进行程序设计。在 Access 中，表、查询、窗体、报表等是对象，字段、窗体和报表中的控件（如标签、文本框、按钮等）也是对象。

Access 采用面向对象程序开发环境，其数据库窗口可以方便地访问和处理表、查询、窗体、报表、宏和模块等对象。VBA 中可以使用这些对象以及范围更广泛的一些可编程对象，如"记录集"等。

每个对象均有名称，称为对象名。每个对象都有其属性、方法、事件等。

对象有效的名称必须符合 Access 的标准命名规则，窗体、报表、字段等对象的名称长度不能超过 64 个字符，控件对象名称长度不能超过 255 个字符。

对于未绑定控件，默认名称是控件的类型加上一个唯一的整数。例如，对于新建的文本框控件，其默认名称为 Text0、Text1 等，依此类推。

对于绑定控件，如果通过从字段列表中拖放字段来创建控件，则对象的默认名称是记录源中字段的名称。

在"设计视图"（如窗体"设计视图"或报表"设计视图"等）窗口中，如果要修改某个对象的名称，可在该对象"属性表"对话框中，对"名称"属性赋予新的对象名称。

　　　　同一窗体或报表上的控件的名称不能相同。但不同窗体或报表上的控件的名称可以相同。

Access 数据库由表、查询、窗体、报表、宏和模块对象列表构成，形成不同的类。

在"导航"窗格中可列出所有的数据库对象，单击"导航"窗格"浏览类别"中的任一对象类（如"窗体"），就展开相应对象（如"窗体"）类的对象列表。

集合表达的是某类对象所包含的实例构成。

8.2.2 对象的属性

每种对象都具有一些属性，以便于相互区分。对象属性用于描述对象的特征。

对象的每个属性都有一个默认值，在"属性表"对话框中可以看到。如果不改变该值，应用程序就使用默认值；如果默认值不能满足要求，就要对它重新设置。

在 VBA 代码中，对象属性的引用方式：

对象名.属性名

例如，"标签"控件 Label0 的"标题"属性 Caption 的引用方式是：Label0.Caption。

Access 中"对象"可以是单一对象，也可以是对象的集合。例如，Label0.Caption 中的 Label0 表示一个"标签"对象，Reports.Item（0）表示报表集合中的第一个报表对象。

在可视化的"设计视图"（如窗体"设计视图"或报表"设计视图"等）窗口中，若要查看或设置某一对象的属性，可以通过"属性表"对话框来进行，不过此时在"属性表"对话框中列出的属性名是中文的，如图 8-2 所示。但在 VBE（Visual Basic Editor）窗口中，输入某一对象名及"."后弹出的"属性及方法"列表框中的属性名或方法名全都是英文的，如图 8-3 所示。

图 8-2 "设计视图"中的"属性表"

图 8-3 VBE 窗口中弹出的"属性及方法"列表

实际上，Access 窗体、报表或控件的属性有很多，常用的属性如表 8-1～表 8-4 所示。

表 8-1　　　　　　　　　　　　窗体常用的格式属性及作用

窗体常用格式属性	作用
AutoCenter	用于设置窗体打开时，是否放置屏幕中部
BorderStyle	用于设置窗体的边框样式
Caption	用于设置窗体的标题内容
CloseButton	用于设置是否在窗体中显示关闭按钮
ControlBox	用于设置是否在窗体中显示控制框
MinMaxButtons	用于设置是否在窗体中显示最小化和最大化按钮

续表

窗体常用格式属性	作用
NavigationButtons	用于设置是否显示导航按钮
Picture	用于设置窗体的背景图片
RecordSelector	用于设置是否显示记录选定器
ScrollBars	用于设置是否显示滚动条

表 8-2 窗体常用的数据属性及作用

窗体常用数据属性	作用
RecordSource	用于设置窗体的数据来源
OrderBy	用于设置窗体中的记录的排序方式
AllowAdditions	用于设置窗体中的记录是否可以添加
AllowDeletions	用于设置窗体中的记录是否可以删除
AllowEdits	用于设置窗体中的记录是否可以编辑
AllowFilters	用于设置窗体中的记录是否可以筛选

表 8-3 文本框常用的属性及作用

文本框属性	作用
BackColor	用于设置文本框的背景颜色，如设置蓝色：text0.BackColor =RGB(0, 0, 255)
ForeColor	用于设置文本框的字体颜色，如设置红色：text0.ForeColor=RGB(255, 0, 0)
BorderColor	用于设置文本框的边框颜色
BorderStyle	用于设置文本框的边框样式
Enabled	用于设置文本框是否可用，True 为可用，False 为不可用
Name	用于设置文本框的名称
Locked	用于设置文本框是否可编辑
Value	用于设置文本框中显示的内容
Visible	用于设置文本框是否可见，True 为可见，False 为不可见（隐藏）
Text	用于设置在文本框中显示的文本（要求文本框先获得焦点）
InputMask	用于设置文本框的输入掩码。当设置为"密码"时，输入字符均以"*"显示

表 8-4 命令按钮常用的属性及作用

命令按钮常用属性	作用
Caption	用于设置命令按钮上要显示的文字
Cancel	用于设置命令按钮是否也是窗体上的"取消"按钮
Default	用于设置命令按钮是否是窗体上的默认按钮
Enabled	用于设置命令按钮是否可用
Picture	用于设置命令按钮上要显示的图形

此外，Access 中还提供一个重要的对象，即 DoCmd 对象。但 DoCmd 对象没有属性，只有一些方法。

8.2.3　对象的方法

对象除了属性以外还有方法。对象的方法就是对象可以执行的行为。如果说对象的属性是静态规格，那么对象的方法便是动态操作，目的是改变对象的当前状态。例如，如果将光标插入点移入某个文本框内，在程序中就需要使用 SetFocus 方法。

在 VBA 代码中，对象方法的引用方式：

```
对象名.方法名
```

例如，将光标插入点移入名为 Text0 文本框内的 SetFocus 方法的引用方式为：

```
Text0.SetFocus
```

Access 应用程序的各个对象都有一些方法可供调用。在 VBE 窗口中，输入某一对象名及 "." 后，在弹出的 "属性及方法" 列表框中列出了该对象可用的属性名或方法名。

此外，Access 还提供了一个重要的对象，即 DoCmd 对象。它的主要功能是通过调用包含在内部的方法来实现 VBA 编程中对 Access 的操作。

例如，利用 DoCmd 对象的 OpenReport 方法来打开 "课程信息" 报表的语句格式为：

```
DoCmd.OpenReport "课程信息"
```

有关 DoCmd 对象的其他方法，可以通过帮助文件来查看。

8.2.4　对象的事件

事件是 Access 窗体或报表及其控件等对象可以 "辨识" 的动作，是对象对外部操作的响应，如在程序执行时单击命令按钮会产生一个 Click 事件。事件的发生通常是用户操作的结果。事件在某个对象上发生或对某个对象发生。Access 可以响应多种类型的事件，如鼠标单击、数据更改、窗体打开或关闭等事件。

Access 数据库系统里，可以通过两种方式来处理窗体、报表或控件的事件响应。一是使用宏对象来设置事件属性；二是为某个事件编写 VBA 代码过程，完成指定动作，这样的代码过程称为事件过程或事件响应代码。

每个对象都有一系列预先定义的事件集。例如，命令按钮能响应单击、获取焦点、失去焦点等事件，可以通过 "属性表" 对话框中的 "事件" 选项卡查看。

实际上，Access 窗体、报表或控件的事件有很多，其中一部分对象事件如表 8-5～表 8-9 所示。

表 8-5　　　　　　　　　　　　　　窗体对象的部分事件

事件	说明
Open	窗体打开时发生事件
Load	窗体加载时发生事件，Open 事件比 Load 事件先发生
Unload	窗体卸载时发生事件
Close	窗体关闭时发生事件
Click	单击窗体时发生事件
Resize	调整窗体大小时发生事件
Activate	激活窗体时发生事件
Current	成为当前窗体时发生事件

首次打开窗体时，下列事件将按如下顺序发生。

Open 事件 → Load 事件 → Resize 事件 → Activate 事件 → Current 事件

表 8-6	报表对象的部分事件
事件	说明
Open	报表打开时发生事件
Close	报表关闭时发生事件

表 8-7	命令按钮对象的部分事件
事件	说明
Click	按钮单击时发生事件
DblClick	按钮双击时发生事件
Enter	按钮获得输入焦点之前发生事件
GetFocus	按钮获得输入焦点时发生事件
MouseDown	按钮上鼠标按下时发生事件
KeyPress	按钮上键盘击键时发生事件

表 8-8	标签对象的部分事件
事件	说明
Click	标签单击时发生事件
DblClick	标签双击时发生事件

表 8-9	文本框对象的部分事件
事件	说明
BeforeUpdate	文本框内容更新前发生事件
AfterUpdate	文本框内容更新后发生事件
Enter	文本框获得输入焦点之前发生事件
GetFocus	文本框获得输入焦点时发生事件
LostFocus	文本框失去输入焦点时发生事件

8.2.5　事件过程

在 Access 中，事件过程是事件处理程序，与事件一一对应。它是为响应由用户或程序代码引发的事件或由系统触发的事件而运行的过程。过程包含一系列的 VBA 语句，用以执行操作或计算值。用户编写的 VBA 程序代码是放置在称为过程的单元中。例如，需要命令按钮响应 Click 事件，就把完成 Click 事件功能的 VBA 程序语句代码放置到该命令按钮的 Click 事件的事件过程中。

虽然 Access 系统对每个对象都预先定义了一系列的事件集，但要判定它们是否响应某个具体事件以及如何响应事件，就要由用户自己去编写 VBA 程序代码。

事件过程的形式如下：

```
Private Sub 对象名_事件名()
    [事件过程 VBA 程序代码]
End Sub
```

例 8-1 新建一个窗体并在其上放置一个命令按钮，该按钮的标题为"事件过程示例"，然后创建命令按钮的"单击"事件响应过程。当运行该窗体时，单击该窗体中的命令按钮，显示一个含有"欢迎光临！"文字的消息框。

操作步骤如下。

（1）打开新建窗体的"设计视图"，在窗体上添加一个命令按钮并命名为"Command0"，将命令按钮的"标题"属性设置为"事件过程示例"，如图 8-4 所示。

（2）右键单击该命令按钮，弹出快捷菜单。单击选择该快捷菜单中的"事件生成器…"项，显示"选择生成器"对话框，如图 8-5 所示。

图 8-4　窗体的"设计视图"　　　　　图 8-5　"选择生成器"对话框

（3）单击"选择生成器"对话框中的"代码生成器"，单击"确定"按钮，进入 VBA 的编程环境，显示 VBE 窗口界面，即进入新建窗体的类模块代码编辑区。在打开的代码编辑区里，可以发现系统已经为该命令按钮的单击事件"Click"自动创建了事件过程的模板，代码如下。

```
Private Sub Command0_Click()

End Sub
```

代码窗口如图 8-6 所示。

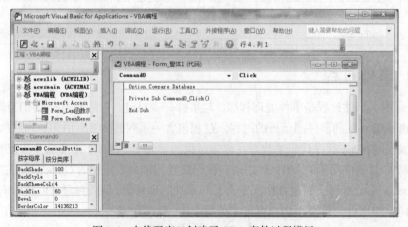

图 8-6　在代码窗口创建了 Click 事件过程模板

（4）在该命令按钮的"Click"事件过程的模板中添加 VBA 程序代码，如图 8-7 所示。这个事件过程即作为该命令按钮"Command0"的"Click"事件响应代码。这里仅给出了一条语句，其作用是显示含有"欢迎光临！"文字的消息框。

（5）单击 VBA 的编程环境"Microsoft Visual Basic"窗口右上角的"关闭"按钮，便关闭该窗体类模块编辑区并返回到窗体"设计视图"窗口。单击"设计"选项卡上的"视图"组中的"视图"按钮（默认是"窗体视图"），显示该窗体"窗体视图"窗口。单击"窗体视图"窗口中的"事件过程示例"按钮，系统会调用设计好的事件过程来响应"Click"事件的发生，显示出一个含有"欢迎光临！"文字的消息框。响应代码调用运行结果如图 8-8 所示。

图 8-7 命令按钮"Click"事件过程代码

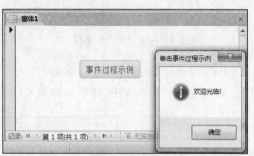

图 8-8 Click 事件的响应代码调用运行结果

8.3 VBA 编程环境——VBE 窗口

Access 提供了一个 VBA 的编程环境 VBE（Visual Basic Editor）窗口，即 Visual Basic 编辑器窗口，它是编写和调试 VBA 程序代码的重要环境。

8.3.1 进入 VBE 编程环境

Access 模块分成类模块和标准模块两种，它们进入 VBE 环境的方式也有所不同。

1. 进入类模块的 VBE 编程环境

对于类模块，在窗体或报表的"设计视图"中进入 VBE 有下面两种常用的方法。

（1）先打开某对象的"属性表"对话框。在该对话框中单击"事件"选项卡。在该"事件"选项卡中，选定某个事件（如单击），如图 8-9 所示。再单击该事件属性栏右侧的"…"按钮，显示"选择生成器"对话框。单击"选择生成器"对话框中的"代码生成器"项，如图 8-10 所示。单击"确定"按钮，便打开 VBE 窗口，进入 VBE 环境。此时，系统已经为该对象的该事件自动创建了事件过程的模板。这是进入 VBE 环境最方便的方法之一。因为由系统自动生成，可避免用户输错过程名。

（2）右键单击某控件，弹出快捷菜单。单击该快捷菜单中的"事件生成器"项，显示"选择生成器"对话框。单击"选择生成器"对话框中的"代码生成器"项，单击"确定"按钮，便打开 VBE 窗口，进入 VBE 环境。此时，系统已经为该对象的默认事件自动创建了事件过程的模板，例如，命令按钮的默认事件是 Click。

2. 进入标准模块的 VBE 编程环境

对于标准模块，模块进入 VBE 编程环境可用下面的两种方法。

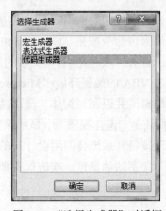

图 8-9　选定"单击"事件　　　　　　　图 8-10　"选择生成器"对话框

（1）在 Access 2010 窗口中，单击"创建"选项卡上的"宏与代码"组中的"模块"按钮，便打开 VBE 窗口，进入 VBE 环境，如图 8-11 所示。

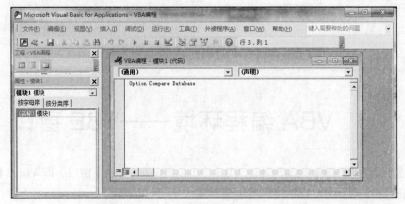

图 8-11　单击"创建"选项卡上的"宏与代码"组中的"模块"按钮打开的 VBE 窗口

（2）在 Access 2010 窗口中，双击"导航窗格"上的"模块"对象列表中的某个模块名，便打开 VBE 窗口，进入 VBE 环境，并显示该模块已有的代码，如图 8-12 所示。

图 8-12　双击"导航窗格"上的"模块"对象列表中的某个模块名打开的 VBE 窗口

8.3.2　VBE 窗口

VBE 窗口主要由标准工具栏、工程窗口、属性窗口和代码窗口等组成，如图 8-13 所示。此

外，通过 VBE 窗口菜单栏中的"视图"菜单还可显示立即窗口、本地窗口及监视窗口，如图 8-14
所示。

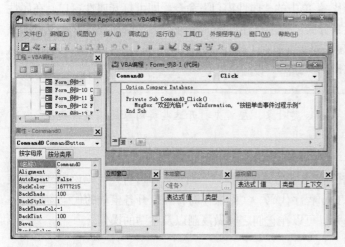

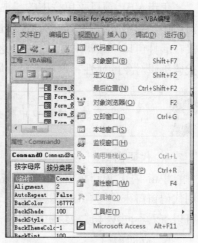

图 8-13　VBE 窗口　　　　　　　　　　　图 8-14　VBE 窗口中的"视图"菜单

1. 标准工具栏

VBE 窗口中的标准工具栏如图 8-15 所示。

- 视图 Microsoft Access：切换 Access 数据库窗口。
- 插入模块：用于插入新模块。
- 运行子过程/用户窗体：运行模块程序。
- 中断：中断正在运行的程序。
- 重新设置：结束正在运行的程序，重新进入模块设计状态。
- 设计模式：设计模式和非设计模式切换。
- 工程资源管理器：打开工程资源管理器窗口。
- 属性窗口：打开属性窗口。
- 对象浏览器：打开对象浏览器窗口。

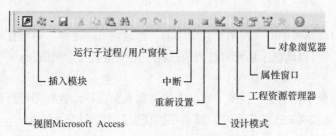

图 8-15　VBE 窗口中的标准工具栏

2. 工程资源管理器窗口

单击 VBE 窗口菜单栏中的"视图"菜单中的"工程资源管理器"命令，即可打开工程资源管理器窗口。

工程资源管理器窗口简称工程窗口。在工程窗口的列表框中列出了应用程序的所有模块文件。单击"查看代码"按钮可以打开相应代码窗口，单击"查看对象"按钮可以打开相应对象窗口，单击"切换文件夹"按钮可以隐藏或显示对象分类文件夹。

双击工程窗口上的一个模块或类，相应的代码窗口就会显示出来。

3．属性窗口

单击 VBE 窗口菜单栏中的"视图"菜单中的"属性窗口"命令，即可打开属性窗口。在属性窗口中，列出了所选对象的各个属性，分为"按字母序"和"按分类序"两种查看形式。可以直接在属性窗口中编辑对象的属性，这属于对象属性的"静态"设置方法；可以在代码窗口内用 VBA 代码编辑对象的属性，这属于对象属性的"动态"设置方法。

为了在属性窗口中列出 Access 类对象，应首先打开这些类对象的"设计视图"。

4．代码窗口

单击 VBE 窗口菜单栏中的"视图"菜单中的"代码窗口"命令，即可打开代码窗口。可以使用代码窗口来编写、显示以及编辑 VBA 程序代码。实际操作时，在打开各模块的代码窗口后，可以查看不同窗体或模块中的代码，并且可以在它们之间做复制以及粘贴的操作。

5．立即窗口

单击 VBE 窗口菜单栏中的"视图"菜单中的"立即窗口"命令，即可打开立即窗口。

在立即窗口中，可以键入或粘贴一行代码，然后按下 Enter 键来执行该代码。但是立即窗口中的代码是不能存储的。

若在立即窗口键入"Print 19 Mod 7"，则在下一行输出的结果是"5"。

若在立即窗口键入"? 19 Mod 7"，则在下一行输出的结果是"5"。

若在立即窗口键入"? Mid("Access",3,2)"，则在下一行输出的是"ce"，如图 8-16 所示。

图 8-16　立即窗口

"Print"命令与"?"命令的功能相同，都是在立即窗口输出结果值。

此外，在 VBA 代码中，若使用类似"Debug.Print 表达式"的语句，也将在立即窗口中输出该表达式的结果值。例如，语句"Debug.Print 3*5"将在立即窗口输出的结果是"15"。

6．本地窗口

单击 VBE 窗口菜单栏中的"视图"菜单中的"本地窗口"命令，即可打开本地窗口。

在本地窗口中，可自动显示出所有在当前过程中的变量名及变量值。

7．监视窗口

单击 VBE 窗口菜单栏中的"视图"菜单中的"监视窗口"命令，即可打开监视窗口。

当工程中有定义监视表达式定义时，就会在监视窗口中自动显示。

8.3.3　VBE 环境中编写 VBA 代码

Access 的 VBE 编辑环境提供了完整的开发和调试工具。其中的代码窗口顶部包含两个组合框，左侧为对象列表，右侧为过程列表。操作时，从左侧组合框选定一个对象后，右侧过程组合框中会列出该对象的所有事件过程，再从该对象事件过程列表选项中选择某个事件名称，系统会自动生成相应的事件过程模块板，用户可在其中添加 VBA 代码。

双击工程窗口中任何类或对象都可以在代码窗口中打开相应代码并进行编辑处理。

在代码窗口中编辑 VBA 代码时，系统提供了一些编辑的辅助功能。

1. 自动显示提示信息

在代码窗口中输入程序代码时，VBE 会根据情况显示不同的生成器提示信息。

（1）输入控件名。当输入已有的控件名后接着输入英文的句号字符"."时，VBE 会自动弹出该控件可用的属性和方法列表。

 注意　如果没有弹出该控件的属性和方法列表，肯定是输入的控件名有错。

（2）输入函数。当输入已有函数名时，VBE 会自动列出该函数的使用格式，包括其参数提示信息。例如，当输入函数名及左圆括号"Mid("时，显示 Mid 函数的参数提示信息如图 8-17 所示。

（3）输入命令。对于输入命令代码，在关闭 VBE 窗口时 VBE 会自动对该命令代码进行语法检查。

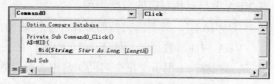

图 8-17　Mid 函数的参数提示信息

2. F1 帮助信息

可以将光标停留在某个语句命令上并按 F1 键，系统会立刻提供相关命令的帮助信息。也可以在代码窗口中，先选择某个"属性"名或"方法"名，然后按 F1 键，系统会立刻提供该"属性"或"方法"的功能说明、语法格式及使用范例等帮助信息。例如，先选择"Caption"（如图 8-18 所示），按 F1 键便显示 Caption 的帮助信息，如图 8-19 所示。

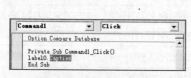

图 8-18　选择"Caption"

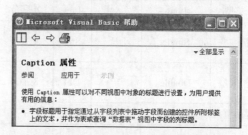

图 8-19　按 F1 键显示的 Caption 帮助信息

8.3.4　在模块中插入过程的常用方法

在模块中插入 Sub 过程或 Function 过程的常用方法的操作步骤如下。

（1）在打开对应模块的 VBE 窗口中，单击"插入"菜单下的"过程"项，打开"添加过程"对话框。

（2）在"添加过程"对话框中的"名称"文本框中输入过程名（如 test）。

（3）在"添加过程"对话框中的"类型"选项组中，选择过程类型（子程序、函数、属性），其中子程序即是代表 Sub 过程，函数即是代表 Function 过程。

（4）在"添加过程"对话框中的"范围"选项组中，选择过程的作用范围（公共的、私有的）。

（5）单击"确定"按钮，系统即生成该过程模板，这时便可在该过程模板中键入需要的 VBA 程序语句代码。

8.4 VBA 编程基础

在编写 VBA 代码时，需要用到程序设计基础知识，包括 VBA 的标准数据类型、自定义数据类型、常量与变量、运算符、表达式以及常用函数等内容。

8.4.1 VBA 的标准数据类型

VBA 的数据类型有系统定义和自定义两种，系统定义的数据类型称为标准数据类型。本节主要介绍标准数据类型。

在 Access 数据库中创建表对象时所涉及的字段数据类型（除了 OLE 对象和备注数据类型外），在 VBA 中都有相对应的数据类型。

在 VBA 中，对不同类型的数据有不同的操作方式和不同的取值范围。

VBA 的标准数据类型如表 8-10 所示。在表 8-10 中列出了 VBA 数据类型及其对应的类型关键字、类型符、（用于变量命名的）前缀、所占的存储空间及取值范围等内容。其中的类型符即是类型声明字符，它是附加到变量名上的字符，指出变量的数据类型，如 k$。

表 8-10   VBA 标准数据类型

数据类型	类型关键字	类型符	前缀	存储空间	取值范围
字节型	Byte	无	Byt	1 字节	0～255
整型	Integer	%	Int	2 字节	−32768～32767
长整型	Long	&	Lng	4 字节	−2147483648～2147483647
单精度型	Single	!	Sng	4 字节	负数−3.402823E38～−1.401298E-45 正数 1.401298E-45～3.402823E38
双精度型	Double	#	Dbl	8 字节	负数−1.79769313486232E308～−4.9406545841247E-324 正数 4.9406545841247E-324～1.79769313486232E308
货币型	Currency	@	Cur	8 字节	−922337203685477.5808～922337203685477.5807
字符串型	String	$	Str	暂不定	定长字符串可包含 0 个字符 ～ 2^{16} 个字符 变长字符串可包含 0 个字符 ～ 2^{31} 个字符
布尔型	Boolean	无	Bln	2 字节	True 或 False
日期型	Date	无	Dtm	8 字节	100 年 1 月 1 日～9999 年 12 月 31 日
变体类型	Variant	无	Vnt	暂不定	1/1/10000(日期) 数字和双精度同 文本和字符串同

在使用 VBA 代码中的字节型、整型、长整型、单精度型和双精度型等常量和变量与 Access 的其他对象进行数据交换时，必须符合数据表、查询、窗体和报表中相应的字段属性。

部分 VBA 标准数据类型的具体说明如下。

1. 字符串型（String，类型符$）

字符串是一个字符序列，包括除双引号和 Entrer 键以外可打印的所有字符。一个字符串的前后要用英文的双引号（"）括起来，故英文的双引号（"）作为字符串的定界符号。例如，"2008"

"刘 星" 和""都是字符串型数据。字符串中的空格也是有效字符。

字符串长度是指该字符串所包含的字符个数,例如"2008 年"的长度为 5。

长度为 0 的字符串(即"")称为空字符串。

字符串有两种,即变长字符串与定长字符串。变长字符串的长度是不确定的,变长字符串最多可包含大约 20 亿(2^{31})个字符。定长字符串的长度是确定的,定长字符串可包含 1 到大约 6.4 万(2^{16})个字符。

2. 布尔型数据

布尔型数据(Boolean)只有两个值:True 或 False。布尔型数据转换为其他类型数据时,True 转换为-1,False 转换为 0;其他类型数据转换为布尔型时,0 转换为 False,其他转换为 True。

3. 日期型数据

任何可以识别的文本日期数据(Date)可以赋给日期变量。"日期/时间"类型数据必须前后用英文的井号"#"括住。

允许用的各种表示日期和时间的格式如下。

日期可以用"/"",""-"分隔开,可以是年、月、日的顺序,也可以是月、日、年的顺序。时间必须用英文的冒号开":"分隔,顺序是时、分、秒。

例如:#1999-08-11 10:25:00 pm# 、#08/23/2008# 、#03-25-2007 20:30:00# 等都是有效的日期型数据。在 VBA 中会自动转换成 mm/dd/yyyy(月/日/年)的形式。

4. 变体类型

变体类型(Variant)数据是所有没被显式声明(用 Dim、Private、Public 或 Static 等语句)为其他类型变量的数据类型。Variant 数据类型并没有类型符。

变体类型是一种特殊的数据类型,除了定长字符串类型及用户自定义类型外,可以包含其他任何类型的数据;变体类型还可以包含 Empty、Error、Nothing 和 Null 等特殊值。使用时,可以用 VarType 与 TypeName 两个函数来检查 Variant 型变量中数据具体对应的数据类型。

VBA 中规定,如果没有显式声明或使用类型说明符来定义变量的数据类型,默认为变体类型(Variant)。

8.4.2 变量

变量是程序运行期间其值可以发生变化的量。实际上,变量是内存中的临时存储单元,用于存储数据。由于计算机处理数据时必须将数据装入内存,因此在高级语言编写的程序中,需要将存放数据的内存单元命名,通过内存单元名(即变量名)来访问其中的数据。一个变量有 3 个要素:变量名、数据类型和变量值。在 VBA 代码中,通过变量名来引用变量。

1. 变量的命名

变量名的命名规则如下。

(1)变量名的命名同字段命名一样,变量名必须以字母(或汉字)开头。

(2)变量名可以包含字母、数字或下划线字符,但不能包含标点符号或空格。

(3)变量名的字符个数不能超过 255 个字符。

(4)变量命名不能使用 VBA 的关键字(如 For、To、Next、If、While 等)。

VBA 中的变量命名不区分字母大小写,如"a"和"A"代表的是同一个变量。

例如，a、b_1、st_x 等可以作为变量名，但 1a、b.1、x-1、y 5、s/3 不可作为变量名。

2. 显式变量

变量先声明（即先定义）后使用是较好的程序设计习惯。可以在模块设计窗口的顶部说明区域中，加入 Option Explicit 语句来强制要求所有变量必须先定义才能使用。

显式声明变量的基本格式：

```
Dim 变量名 [As 类型关键字][, 变量名 [As 类型关键字]][…]
```

其中"As 类型关键字"用于指明该变量的数据类型。如果省略 [As 类型关键字] 部分，则默认定义该变量为 Variant 数据类型。例如：

```
Dim i As Integer
Dim j As Long, n As Single, t As String, f As Boolean, g
```

变量 g 是定义成变体类型（即 Variant）。

```
Dim xm As String, xh As String * 8
```

xm 是变长的字符串型变量，xh 是定长的 8 个字符长度的字符串型变量。

此外，下面这个声明语句

```
Dim a As integer, b As long, c As single
```

也可以用类型符代替类型关键字来定义变量，即可以改写为：

```
Dim a%, b&, c!
```

3. 隐式变量

隐式变量（或称隐含变量）是指没有直接定义，借助将一个值指定给变量名的方式来建立的变量。当在变量名称后没有附加类型符来指明隐含变量的数据类型时，默认为变体类型。例如：

```
m = 168.95
```

语句定义一个变体类型变量 m 值是 168.95。

下面语句建立了一个整型数据类型的变量。

```
k% = 59
```

8.4.3 变量的作用域与生命周期

在 VBA 编程中，由于变量声明的位置和方式不同，所以变量存在的时间和起作用的范围也有所不同，这就是变量的作用域与生命周期。

当变量出现时，它被称作是可见的，这时可以为变量指定值或改变它的值，并可将变量用于表达式中。在某些状况下，变量是不可见的，此时使用该变量就可能导致错误结果。

1. 变量的作用域

下面列出了 VBA 中变量作用域的三个层次。

（1）局部变量

在模块的过程内部声明的变量称为局部变量。局部变量仅在过程代码执行时才可见。在子过程或函数过程中声明的或不用 Dim…As 关键字声明而直接使用的变量作用域都属于局部范围。局部变量仅在该过程范围中有效。

（2）模块级变量

在模块中的所有过程之外的起始位置声明的变量称为模块级变量。模块级变量在该模块运行时，在该模块所包含的所有子过程和函数过程中均可见。在模块级变量声明区域，用 Dim…As 关键字声明的变量的作用域就属于模块范围。模块级变量仅在该模块范围中有效。

（3）全局变量

在标准模块的所有过程之外的起始位置声明的变量称为全局变量。全局变量在运行时，在所有模块和标准模块的所有子过程与函数过程中都可见。在标准模块的变量声明区域，用 Public…As 关键字声明的变量的作用域就属于全局范围。

2. 变量的生命周期

变量的生命周期是指变量在运行时有效的持续时间。变量的持续时间是从变量声明语句所在的过程第一次运行到代码执行完毕并将控制权交回调用它的过程为止的时间。每次子过程或函数过程被调用时，以 Dim…As 语句声明的局部变量会被设定默认值，数值数据类型变量的默认值为 0，字符串型变量的默认值为空字符串（""），布尔型变量的默认值为 False。这些局部变量，有着与子过程或函数过程等长的持续时间。

要在过程的实例间保留局部变量的值，可以用 Static 关键字代替 Dim 以声明静态变量。静态（Static）变量的持续时间是整个模块执行的时间，但它的有效作用范围是由其声明位置决定的。

当用 Dim 说明的局部变量不可见时，它们并不占用内存。在使用大量数组的情形下，局部变量的这一特征是特别有利的。

8.4.4　数组

数组是在有规则的结构中包含一种数据类型的一组数据，也称作数组元素变量。数组变量由变量名和数组下标构成，通常用 Dim 语句来声明数组。

1. 一维数组

声明一维数组的语句格式：

```
Dim 数组名([下标下界 to] 下标上界) [As 类型关键字]
```

（1）下标：下标下界和下标上界必须为常数，不允许表达式或变量。下标下界和下标上界为整数，不得超过 Long 数据类型的范围，并且下标下界应该小于下标上界。如果不指定下标下界，即省略了"下标下界 to"部分，则默认该数组的"下标下界"为 0，该数组的数组元素从"数组名(0)"至"数组名(下标上界)"。

（2）"As　类型关键字"用于声明数组的数据类型。如果省略了"As　类型关键字"部分，默认为变体类型数组。如果声明为数值型（如字节型、整型、长整型、单精度等），数组中的全部元素都初始化为 0；如果声明为字符串型，数组中的全部元素都初始化为空字符串；如果声明为布尔型，数组中的全部元素都初始化为 False。

（3）"数组名"的命名遵守变量命名规则。

例如：

```
Dim E(1 to 4) As Single
```

声明了一个一维数组，该数组的名称为 E，类型为 Single，占据 4 个单精度变量的空间。该数组包含 4 个数组元素，数组下标为 1～4，即 E(1)、E(2)、E(3)和 E(4)。

例如：

```
Dim F(5) As Integer
```

声明了一个一维数组，该数组的名字为 F，类型为 Integer，占据 6 个整型变量的空间。该数组包含 6 个数组元素，数组下标为 0～5，即 F(0)、F(1)、F(2)、F(3)、F(4)和 F(5)。

2. 二维数组

声明二维数组的语句格式：

```
Dim 数组名([下标下界 i to] 下标上界 i, [下标下界 j to] 下标上界 j) [As 类型关键字]
```

如果省略"[下标下界 i to]"，默认该数组的"下标下界 i"为 0。

如果省略"[下标下界 j to]"，默认该数组的"下标下界 j"为 0。

例如：

```
Dim G(2,3) As Long
```

定义了一个二维数组，该数组的名字为 G，类型为 Long，占据 12 个（3 行×4 列）长整型变量的空间。该数组包含 12 个数组元素，如表 8-11 所示。

表 8-11　　　　　　　　　　　　二维数组 G 的数组元素排列

	第 0 列	第 1 列	第 2 列	第 3 列
第 0 行	G(0, 0)	G(0, 1)	G(0, 2)	G(0, 3)
第 1 行	G(1, 0)	G(1, 1)	G(1, 2)	G(1, 3)
第 2 行	G(2, 0)	G(2, 1)	G(2, 2)	G(2, 3)

3. 多维数组

VAB 也支持多维数组。可以在数组下标中加入多个数值，并以逗号分隔开，由此来建立多维数组，最多可以声明 60 维。

下面语句声明了一个三维数组 W：

```
Dim W(5, 3, 4) As Integer    '数组 W 有 6×4×5=120 个元素
```

4. 动态数组

VBA 还特别支持动态数组。声明和使用方法是：先用 Dim 显式声明数组但不指明数组元素数目，然后用 ReDim 关键字来决定数组包含的元素数目来声明数组，以建立动态数组。

例如：

```
Dim  E() As Long    '定义动态数组 E
    …
ReDim  E(9,9,9)    '分配数组的空间大小
…
```

可以使用 ReDim 语句将数组设为 0 个元素，便可以释放该数组占用的内存空间。

数组的作用域和生命周期的规则、关键字的使用方法，与传统变量的范围及持续时间的规则、关键字的用法相同。

可以在模块的说明区域加入 Global 或 Dim 语句，然后在程序中使用 ReDim 语句，以说明动态数组的范围。如果以 Static 取代 Dim 来说明数组的话，数组可在程序的示例间保留它的值。

5．数组下标下界

通常，数组的默认下标下界是 0，但如果在模块的声明部分使用了"Option Base 1"语句，则数组的默认下标下界就是 1。

8.4.5　用户自定义的数据类型

用户定义数据类型可以是任何用 Type 语句定义的数据类型。用户自定义类型可包含一个或多个某种标准数据类型的数据元素、数组或一个先前定义的用户自定义数据类型。

1．用 Type 语句定义用户自定义的数据类型

Type 语句格式如下：

```
Type [用户定义数据类型名]
      <元素名> As <类型关键字>
      <元素名> As <类型关键字>
      …
End Type
```

功能：在模块级别中，用于定义包含一个或多个元素的用户自定义的数据类型。

2．将变量指定为用户自定义的数据类型

当需要将一个变量指定为用户自定义的数据类型时，首先要在模块区域中定义好用户自定义的数据类型，然后以 Dim、Public 或 Static 关键字来声明此用户自定义数据类型的变量。

用户自定义类型变量的取值，可以指明变量名及分量名，两者之间用英文句号"."分隔。

可以用关键字 With …End With 格式语句简化程序中重复的部分，具体用法见例 8-2。

例 8-2　创建一个标准模块，模块名为"例 8-2 标准模块-声明自定义数据类型 XJ"。创建一个窗体，窗体名为"例 8-2 用户自定义数据类型 XJ 应用"。

（1）标准模块"例 8-2 标准模块-声明自定义数据类型 XJ"中的 VBA 代码。

```
Type XJ
      学号 As String * 8
      姓名 As String
      班号 As Long
      性别 As String * 1
End Type
```

本模块中的 Type 语句定义了名为 XJ 的自定义的数据类型，该自定义的数据类型 XJ 由"学号""姓名""班号"和"性别"四个元素组成。

（2）"例 8-2 用户自定义数据类型 XJ 应用"窗体类模块中的 VBA 代码。

```
Private Sub Command0_Click()
Rem 在标准模块"例 8-2 自定义数据类型 XJ 的模块"中已声明了用户自定义数据类型 XJ
Dim St As XJ        '将变量 St 指定为用户自定义数据类型 XJ
St.学号="08031001"
St.姓名="刘娟娟"
St.班号=2
St.性别="女"
```

```
Text0=St.学号 &"," & St.姓名 & "," & St.班号 & "," & St.性别
'用关键字 With …End With 语句简化上述程序中变量 St 重复的部分
With St
.学号="08031001"
.姓名="刘娟娟"
.班号=2
.性别="女"
text1=.学号 & "," &.姓名 & "," &.班号 & "," &.性别
End With
End Sub
```

8.4.6 数据库对象变量

Access 建立的数据库对象及其属性，均可被看成是 VBA 程序代码中的变量及其指定的值来加以引用。

Access 中窗体与报表对象的引用格式分别为：

```
Forms!窗体名!控件名 [.属性名]
Reports!报表名!控件名 [.属性名]
```

关键字 Forms 表示窗体对象集合，Reports 表示报表对象集合。英文的感叹号“!”用于分隔开父子对象。若省略“.属性名”部分，则为该控件的默认属性名。

如果在本窗体的模块中引用，可以使用 Me 代替 Forms!窗体名称，窗体对象的引用格式变为：

```
Me!控件名称[.属性名]
```

例如，要在 VBA 代码中引用窗体“学生资料”中名为“学号”的文本框控件，可使用下面三个语句之一（注：下面这三个语句的效果是一样的）。

```
Forms!学生资料!学号.Value="08031001"
```

或

```
Forms!学生资料!学号="08031001"      '省略属性名 Value
```

或

```
Forms!学生资料![学号]= "08031001"  '用英文方括号括住文本框控件名“学号”
```

例如，如果在窗体“学生资料”的模块中，引用本窗体“学生资料”中名为“学号”的文本框控件，可以使用 Me 代替 Forms!学生资料，则上例中的三个语句变成下面三个语句。

```
Me!学号.Value="08031001"
```

或

```
Me!学号="08031001"      '省略属性名称 Value
```

或

```
Me![学号]= "08031001"  '用英文方括号括住文本框控件名“学号”
```

此外，还可以使用 Set 关键字来建立控件对象的变量。当需要多次引用对象时，这样处理很方便。例如，要多次操作引用窗体“学生资料”中的控件“姓名”的值时，可以使用以下方式。

```
Dim txtName As Control            '定义控件类型变量
Set txtName = Forms!学生资料!姓名    '指定引用窗体控件对象
TxtName="刘娟娟"                   '操作对象变量
```

借助将变量定义为对象类型并使用 Set 语句将对象指派到变量的方法，可以将任何数据库对象指定为变量的名称。当指定给对象一个变量名时，不是创建而是引用内存的对象。

8.4.7　常量

常量是指在程序运行过程中，其值不能被改变的量。常量的使用可提高程序代码的可读性，并且能使程序代码更加容易维护。

在 VBA 中，常量有直接常量、符号常量、系统常量和内部常量。

1．直接常量

直接常量直接出现在代码中，通常把数值或字符串值作为直接常量。直接常量也称为字面常量，它的表示形式决定它的类型和值。例如：

字符型："中大 2009 届毕业生"。

数值型：3.14159、−56、8.432E-15。

日期型：#2007-01-03#。

逻辑型：True 、False。

2．符号常量

在 VBA 编程过程中，符号常量使用关键字 Const 来定义。

定义符号常量的格式：

```
Const  常量名 = 常量值
```

 　　常量名的命名规则同变量。符号常量定义时不需要为常量指明数据类型，该符号常量的数据类型由常量值决定，VBA 会自动按存储效率最高的方式来确定其数据类型。

符号常量一般要求大写命名，以便与变量区分。

例如，

```
Const PI=3.14159
```

在程序代码中，用户就可以在使用圆周率（3.14159）的地方使用 PI。

若是在模块的声明区中定义符号常量，则建立一个所有模块都可使用的全局符号常量。一般是 Const 前加上 Global 或 Public 关键字。例如：

```
Global Const PI=3.14159
```

这一符号常量会涵盖全局范围或模块级范围。

3．系统常量

系统常量是 Access 系统内部包含有若干个启动时建立的系统常量，有 True、False、Yes、No、On、Off 和 Null 等。编码时可以直接使用系统常量。

4．内部常量（也称固有常量）

VBA 提供了一些预定义的内部符号常量。Access 内部常量以前缀 "ac" 开头。一般来说，来自 Access 库的常量以 "ac" 开头，来自 ADO 库的常量以 "ad" 开头，而来自 Visual Basic 库的常量则以"vb"开头，如 acForm、adAddNew、vbCurrency。

用户可以通过"对象浏览器"来查看所有可用对象库中的固有常量列表。在列表"成员"中选择一个常量后，它的数值将出现在"对象浏览器"窗口的底部，如图 8-20 所示的"Const acCmdQuery GroupBy = 361"。一个好的编程习惯是尽可能地使用常量名字而不使用它们的数值。用户不能将这些内部常量的名字作为用户自定义常量或变量的名字。

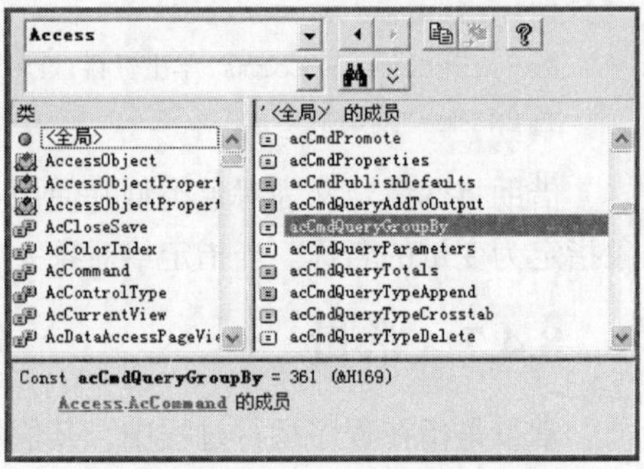

图 8-20　"对象浏览器"显示内部常量

8.4.8　运算符

在 VBA 编程语言中，提供许多运算符来完成各种形式的运算和处理。根据运算不同，可以分成四种类型运算符：算术运算符、关系运算符、逻辑运算符和连接运算符。

1．算术运算符

算术运算符用于算术运算，主要有七个运算符，如表 8-12 所示。

表 8-12　　　　　　　　　　　　　　　算术运算符

算术运算符	名称	优先级	例子
^	乘幂	1	2^3　结果为 8
*	乘	2	6*4.5 结果为 27
/	除	2	10/4 结果为 2.5
\	整除	3	10\4 结果为 2
Mod	求模运算	4	9 Mod 4 结果为 1，−12.7 Mod 5 结果为−3
+	加	5	3 + 16\3 结果为 8，5 + 8 Mod 6 结果为 7
−	减	5	3*8−2^4 结果为 8

说明　　对于整除（\）运算，如果操作数有小数部分，系统会舍去后再运算，如果结果有小数也要舍去。对于求模运算（Mod），如果操作数有小数，系统会四舍五入变成整数后再运算；如果被除数是负数，余数也是负数，反之，如果被除数是正数，则余数也为正数。

2．关系运算符

关系运算（也称比较运算）符用于对两个表达式的值进行比较，比较的结果为逻辑值 True（真）或 False（假）。关系运算符有六个，如表 8-13 所示。

表 8-13　　　　　　　　　　　　　　　关系运算符及其例子

关系运算符	名称	关系运算例子	例子结果
<	小于	3<8	True
<=	小于等于	2<=2	True
>	大于	5>7	False
>=	大于等于	7>=7	True
=	等于	"ac"="a"	False
<>	不等于	2<>5	True

3．逻辑运算符

逻辑运算符用于对两个或一个逻辑量进行逻辑运算，逻辑运算的结果仍为逻辑值（True 或 False）。逻辑运算主要有 And（与）、Or（或）和 Not（非）3 个运算符，其中的 And 和 Or 是对两个逻辑量进行逻辑运算，Not 是对一个逻辑量进行逻辑运算。

运算时，按 Not、And、Or 优先级执行，Not 的优先级最高，Or 的优先级最低。

逻辑运算的运算法则如表 8-14 所示。

表 8-14　　　　　　　　　　　　　　　　逻辑运算表

A	B	A And B	A Or B	Not A
True	True	True	True	False
True	False	False	True	False
False	True	False	True	True
False	False	False	False	True

例如：

```
Dim b As Boolean            '变量定义
b = 10>4 And 6<=2           '返回 False
b = 7<10 Or 1>=2            '返回 True
b = 5>=6 Or 1<=2 And 4>=3   '返回 True，先做 And 运算，后做 Or 运算
b = 4>6 Or Not 3<=3         '返回 False
b = "ABC" <> "abc" Or "z"= "F"  '返回 False，注意：在 VBA 中，字母不区分大小写
b = 19\5>=3 And 8 Mod 5 < 17/4  '返回 True
b = Not 4 <> 4              '返回 True
```

4．字符串连接运算符

字符串连接运算符有 "&" 和 "+" 两种。字符串连接运算符的作用是把两个字符串连接起来。

注意 "+" 和 "&" 的区别。当两个被连接的数据都是字符串型时，它们的作用相同；当字符串型和数值型连接时，若用 "&" 连接运算符则会先把数值型数据都转化成字符串型然后连接，若用 "+" 连接运算符则会出现语法错误，如图 8-21 所示。

图 8-21　出错信息

例如：

```
Dim t As String              '变量定义
t="电子大学" & "通信学院"      '返回 "电子大学通信学院"
t="电子大学" + "通信学院"      '返回 "电子大学通信学院"
t="电子大学" & 68 & "届毕业生" '返回 "电子大学 68 届毕业生"
t="电子大学" + 68 + "届毕业生" '将返回运行错误信息，如图 8-21 所示
```

8.4.9　表达式和运算符的优先级

1．表达式

将常量、变量或函数等用运算符连接在一起构成的式子就是表达式。表达式的运算结果是一个值。

例如，4*3^2/4-7 Mod 5\2+2>3 就是一个表达式，该表达式的运算结果是布尔值 True。

在书写表达式时，应当注意一些规则。

（1）每个符号占一格，所有符号必须一个一个地并排写在同一横线上，不能在右上角或右下角写方次或下标。例如：X^3 要写成 X^3，X_1+X_2 要写成 X1+X2。

（2）所有运算符都不能省略。例如：2X 必须写成 2*X。

（3）所有括号都用圆括号，要成对出现。

例如：5[X+2(Y+Z)]必须写成 5*(X+2*(Y+Z))

（4）要把数学表达式中的有些符号，改成 VB 可以表示的符号。

例如：数学式为：

$$\frac{-b+\sqrt{b^2-4ac}}{2a}$$

写成 VBA 表达式为：

$$(-b+\text{sqr}(b^2-4*a*c))/(2*a)$$

2. 表达式中运算符优先级

当一个表达式由多个运算符连接在一起时，进行运算的先后顺序是由运算符优先级决定的。优先级高的运算先进行，优先级相同的运算依照从左向右的顺序进行。VBA 中常用运算的优先级划分如表 8-15 所示。

表 8-15　　　　　　　　　　　　　运算符的优先级

优先级	高 ←			低
高 ↑ ↓ 低	算术运算符	连接运算符	关系运算符	逻辑运算符
	指数运算（^）		等于（=）	Not
	乘法和除法（*和/）		不等于（<>）	And
	整除法（\）	字符串连接（&）	小于（<）	Or
	求模运算（Mod）	字符串连接（+）	大于（>）	
	加法和减法（+和−）		小于等于（<=）	
			大于等于（>=）	

关于运算符的优先级做如下说明。

（1）优先级：算术运算符>连接运算符>关系运算符>逻辑运算符。

（2）所有关系运算符的优先级相同，也就是说按从左到右的顺序处理。

（3）算术运算符必须按表 8-15 中"算术运算符"栏（纵向）所示优先顺序处理，相同优先级的算术运算符（如*和/，+和−）按从左到右的顺序处理。

（4）逻辑运算符必须按表 8-15 中"逻辑运算符"栏（纵向）所示优先顺序处理。

（5）括号优先级最高。可以用括号改变优先顺序，强令表达式的某些部分优先运行。

例如：算术表达式

$$5 + 2 * 4\text{^}2 \text{ Mod } 21 \backslash 8 / 2$$

按运算符的优先级分成若干运算步骤，按乘幂"^"、乘"*"、除"/"、整除"\"、求模"Mod"、加"+"次序进行运算，运算结果是 7。具体运算步骤大致如下：

"5 + 2 * 4^2 Mod 21 \ 8 / 2" → "5 + 2 * 16 Mod 21 \ 8 / 2" → "5 + 32 Mod 21 \4" → "5 + 32 Mod 5" → "5 + 2" →7。

8.4.10　常用标准函数

在 VBA 中，除模块创建中可以定义子过程与函数过程完成特定功能外，还提供了许多内置的标准函数，每个标准函数可以完成某个特定的功能，从而方便完成许多操作。

标准函数一般用于表达式中，有的能和语句一样使用。

标准函数的调用格式：

函数名([<实参 1>][, <实参 2>][, <实参 3>][…])

其中，函数名必不可少，函数的实参（即实际参数）放在函数名后的圆括号中，每两个实参之间要用英文的逗号分隔开。实参可以是常量、变量或表达式。函数可以没有实参，也可以有一个或多个实参。每个函数被调用时，都会返回一个值。函数的实参和返回值都有特定的数据类型相对应。

下面分类介绍一些常用标准函数的使用方法。

1. 数学函数

数学函数完成数学计算功能，常用的数学函数如表 8-16 所示。

表 8-16　　　　　　　　　　　　　常用的数学函数

函数	功能	例子	例子结果
Abs(<表达式>)	返回数值表达式的绝对值	Abs(-3)	3
Int(<数值表达式>)	返回不大于数值表达式值的最大整数	Int(3.75) Int(-3.25)	3 -4
Fix(<数值表达式>)	返回数值表达式值的整数部分（即去掉小数部分）	Fix(3.75) Fix(-3.25)	3 -3
Exp(<数值表达式>)	计算 e 的 N 次方，返回一个双精度数	Exp(2)	7.38905609893065
Log(<数值表达式>)	计算 e 为底的数值表达式的值的对数	Log(7.39)	2.00012773496011
Round (<数值表达式>, n)	返回对数值表达式的值按指定的小数位数 n 进行四舍五入	Round(12.57, 0) Round(12.57, 1)	13 12.6
Sqr(<数值表达式>)	计算数值表达式值的平方根	Sqr(16)	4
Sin(<数值表达式>)	计算数值表达式弧度值的正弦值		
Cos(<数值表达式>)	计算数值表达式弧度值的余弦值		
Tan(<数值表达式>)	计算数值表达式弧度值的正切值		
Rnd	产生一个（0，1）范围内的随机数	Rnd	
Randomize 语句	初始化随机数生成器		

常用的数学函数 Rnd 的说明如下。

产生一个（0，1）范围内的随机数函数：Rnd。

随机函数 Rnd 可以模拟自然界中各种随机现象。它可产生一个（0，1）范围内（即大于 0 并且小于 1）的随机数。在实际操作时，先要使用无参数的 Randomize 语句初始化随机数生成器，以产生不同的随机数序列，每次调用 Rnd 即可得到这个随机数序列中的一个。

Rnd 通常与 Int 函数配合使用。要生成 [a,b] 区间范围内（包括 a 和 b）的随机整数，其中 a 是下限，b 是上限，并且 a 小于 b，可以采用如下表达式：

```
Int((b-a+1)*Rnd + a)
```

例如，Int((4-1+1)*Rnd+1)，即 Int(4*Rnd+1)，可以产生 1~4（含1和4）的随机整数，可以是 1、2、3 或 4。

下面举例说明 Rnd 与 Int 函数的配合使用方法。

```
Randomize
Int(100*Rnd)              '产生[0, 99] 的随机整数
Int(101*Rnd)              '产生[0, 100] 的随机整数
Int(100*Rnd+1)           '产生[1, 100] 的随机整数
Int(200*Rnd+100)         '产生[100, 299] 的随机整数
Int(201*Rnd+100)         '产生[100, 300] 的随机整数
Int(900*Rnd+100)         '产生[100, 999] 的随机整数
```

2. 字符串函数

字符串函数完成字符串处理功能，常用的字符串函数如表 8-17 所示。

表 8-17　　　　　　　　　　　　常用的字符串函数

函数	功能	例子	例子结果
Len(<字符串>或<变量名>)	求字符串的长度（包含的字符个数）	Len("ABCDE") Len("中大98届毕业生")	5 8
Left(字符串, n)	取字符串左边 n 个字符	Left("ABCD", 2)	"AB"
Right(字符串, n)	取字符串右边 n 个字符	Right("ABCD", 3)	"BCD"
Mid(字符串, p[,n])	从字符串第 p 个开始取 n 个字符；当省略 n 时，从字符串第 p 个开始取到末尾	Mid("ABCDE", 2, 3) Mid("ABCDE", 2)	"BCD" "BCDE"
Instr([<起始位置数值表达式>],<字符串>,<子字符串>[,<比较方法>])	返回一个值，该值是检索子字符串在字符串中最早出现的位置。若查找不到，则返回 0。其中，起始位置数值表达式为可选项，是检索的起始位置，若省略，从第一个字符开始检索。比较方法为可选项，指定字符串比较方法，其值可以为 0、1 或 2，值为 0（缺省）做二进制比较，值为 1 做不区分大小写的文本比较，值为 2 做基于数据库中包含信息的比较。若指定比较方法，则必须指定起始位置数值表达式值	InStr("20161231", "23") Instr(2, "ABaCAbA", "A", 1) InStr("20161231", "73")	6 3 0
String(n, 字符)	生成 n 个重复字符	String(4, "A") String(4, 65)	"AAAA" "AAAA"
Space(n)	n 个空格	Space(4)	"　　　"
Trim(字符串)	去掉字符串开始及尾部的空格	Trim("　A　BC　")	"A　BC"
LTrim(字符串)	去掉字符串开始的空格	LTrim("　A　BC　")	"A　BC　"
RTrim(字符串)	去掉字符串尾部的空格	RTrim("　A　BC　")	"　A　BC"
Lcase(字符串)	将字符串所有字符转成小写	Lcase("APPLe")	"apple"
Ucase(字符串)	将字符串所有字符转成大写	Ucase("Apple")	"APPLE"

3. 日期/时间函数

日期/时间函数用于处理日期/时间型的表达式或变量，常用的函数如表 8-18 所示。

表 8-18 常用的日期/时间函数和转换日期函数

函数	功能	例子	例子结果
Date()	返回当前系统日期		
Time()	返回当前系统时间		
Now()	返回当前系统日期和时间		
Year(<日期表达式>)	返回日期表达式的年份的整数	Year(#2009-1-31#)	2009
Month(<日期表达式>)	返回日期表达式的月份的整数	Month(#2009-1-31#)	1
Day(<日期表达式>)	返回日期表达式的日的整数	Day(#2009-1-31#)	31
Weekday(<日期表达式> [, w])	返回 1～7 的整数，表示星期几。当省略[, w]时，1 表示星期日，2 表示星期一，3 表示星期二，依次类推	Weekday(#2017-5-1#)	2 即星期一
Hour(<时间表达式>)	返回时间表达式小时的整数	Hour(#10:23:15#)	10
Minute(<时间表达式>)	返回时间表达式分钟的整数	Minute(#10:23:15#)	23
Second(<时间表达式>)	返回时间表达式秒的整数	Second(#10:23:15#)	15
DateAdd(<间隔类型>, <间隔值>, <日期表达式>)	对日期表达式表示的日期按照间隔类型加上或减去指定的时间间隔值	T = #9/16/2016# a = DateAdd("yyyy", 4, T) b = DateAdd("m", -3, T)	a=#9/16/2020# b=#6/16/2016#
DateDiff(<间隔类型>, <日期 1>, <日期 2>[, W1] [, W2])	返回日期 1 和日期 2 之间按照间隔类型所指定的时间间隔数目	T = #9/16/2016# T2 = #1/24/2017# X=DateDiff("yyyy", T, T2) Y=DateDiff("m", T, T2)	X=1 即隔 1 年 Y=4 即隔 4 月
DatePart(<间隔类型>, <日期> [, W1] [, W2])	返回日期中按照间隔类型所指定的时间部分的值	T = #1/5/2017# c = DatePart("yyyy", T) d = DatePart("ww", T)	c=2017 d=1 即第 1 周
DateSerial(表达式 1, 表达式 2, 表达式 3)	返回由表达式 1 值为年、表达式 2 值为月、表达式 3 值为日而组成的日期值	DateSerial(2012, 9-1, 30)	#2012-8-30#
MonthName(n)	把数值 n(1～12)转换为月份名称	MonthName(1)	一月
WeekdayName(n)	把数值 n(1～7)转换为星期名称	WeekdayName(1) WeekdayName(2)	星期日 星期一
DateValue(<字符串表达式>)	将字符串转换为日期值	DateValue("February 21,2017")	#2017-2-21#
IsDate(<表达式>)	指出一个表达式是否可以转换成日期，返回 True 值表示可以转换，返回 False 值表示不可以转换	IsDate("2008-12-31") IsDate("2008-12-33") IsDate(2009-1-1)	True False False

日期/时间函数具体说明如下。

（1）获取系统日期和时间函数

例如：

```
D=Date()          '返回系统日期，如 2012-01-16
T=Time()          '返回系统时间，如 10:45:29
DT=Now()          '返回系统日期和时间 如 2012-01-16 10:46:02
```

（2）Weekday 函数

格式：Weekday(<日期表达式> [, W])

Weekday 函数返回 1~7 的整数，表示星期几。Weekday 函数中参数 W 为可选项，是一个指定一星期的第一天是星期几的常数。如省略 W 参数，默认 W 值为 1（即 vbSunday），即默认一星期的第一天是星期日。

W 参数的设定值如表 8-19 所示。

表 8-19　　　　　　　　　　　　　　　　指定一星期的第一天的常数

常数	值	描述
vbSunday	1	星期日
vbMonday	2	星期一
vbTresday	3	星期二
vbWednesday	4	星期三
vbThursday	5	星期四
vbFirday	6	星期五
vbSaturday	7	星期六

```
例如：    T=#2009-1-18#
         yy=Year(T)              '返回 2009
         mm=Month(T)             '返回 1
         dd=Day(T)              '返回 18
         wd=Weekday(T)          '返回 1，因 2009-1-18 为星期日
         wy=Weekday(T, 3)       '返回 6，因指定一星期第一天是星期二，星期日返回 6
```

（3）DateAdd 函数

格式：DateAdd(<间隔类型>),<间隔值>,<日期表达式>)

对日期表达式表示的日期按照间隔类型加上指定的时间间隔值作为该函数返回值。

其中，"间隔类型"参数表示时间间隔，为一个字符串，其设定值如表 8-20 所示。"间隔值"参数表示时间间隔的数目，数值可以为正数（得到未来的日期）或负数（得到过去的日期）。

表 8-20　　　　　　　　　　　　　　　　　"间隔类型"参数设置值

设置	描述	设置	描述
yyyy	年	w	一周的日数
q	季	ww	周
m	月	h	时
y	一年的日数	n	分钟
d	日	s	秒

```
例如：    T=#2005-6-30 14:30:25#
         x1=DateAdd("yyyy", 4, T)    '返回 2009-6-30 14:30:25，日期加 4 年
         x2=DateAdd("q", 2, T)       '返回 2005-12-30 14:30:25，日期加 2 季度
         x3=DateAdd("m", -3, T)      '返回 2005-3-30 14:30:25，日期减 3 月
         x4=DateAdd("d", 8, T)       '返回 2005-7-8 14:30:25，日期加 8 日
```

（4）DateDiff 函数

格式：DateDiff(<间隔类型>, <日期 1>, <日期 2>[, W1][, W2])

返回"日期 1"和"日期 2"之间按照间隔类型所指定的时间间隔数目。

其中，"间隔类型"参数表示时间间隔，为一个字符串，其设定值如表 8-20 所示。参数 W1 是一个指定一星期的第一天是星期几的常量，如果省略 W1，则默认 W1 值为 1（即 vbSunday），即默认一星期的第一天是星期日，W1 参数设定值如表 8-19 所示。参数 W2 是指定一年的第一周的常量，如果省略 W2，默认 W2 值为 1（即 vbFirstJan1），即默认包含 1 月 1 日的星期为第一周，W2 参数设定值如表 8-21 所示。

表 8-21　　　　　　　　　　　　指定一年的第一周的常数

常数	值	描述
vbFirstJan1	1	从包含 1 月 1 日的星期开始（缺省值）
vbFirstFourDays	2	从第一个其大半个星期在新的一年的一周开始
vbFirstFullWeek	3	从第一个无跨年度的星期开始

例如：　　T1=#2005-9-16 21:12:45#　:　T2=#2007-1-24 11:36:36#

　　　　　y1=DateDiff("yyyy", T1, T2)　　　'返回 2, 间隔 2 年

　　　　　y2=DateDiff("m", T2, T1)　　　　'返回 -16, 间隔 16 月

　　　　　y3=DateDiff("ww", T1, T2)　　　 '返回 70, 间隔 70 周

（5）DatePart 函数

格式：DatePart (<间隔类型>, <日期>[, W1][, W2])

返回日期中按照间隔类型所指定的部分值。参数 W1、W2 与 DateDiff 函数参数相同。

例如：　　T=#2009-7-2 8:30:50#

　　　　　p1=DatePart("yyyy", T)　　　　'返回 2009

　　　　　p3=DatePart("ww", T)　　　　　'返回 27, 即 2009 年的第 27 周

（6）DateSerial 函数

格式：DateSerial（表达式 1，表达式 2，表达式 3）

返回由表达式 1 值为年、表达式 2 值为月、表达式 3 值为日而组成的日期值。

其中的每个参数的取值范围应该是可接受的，即日的取值范围应在 1～31，而月的取值范围应在 1～12。此外，当任何一个参数的取值超出可接受的范围时，它会适时进位到下一个较大的时间单位。例如，如果指定了 43 天，则这个天数被解释成一个月加上多出来的日数，多出来的日数将由其年份与月份来决定。

例如：　　s1=DateSerial(2009,1,30)　　　'返回#2009-1-30#

　　　　　s2=DateSerial(2009-1,8-2,33)　'返回#2008-7-3#

4. 类型转换函数

类型转换函数的功能是将某数据类型的数据转换成指定数据类型的数据。在编写 VBA 程序代码过程中，经常需要将某种类型数据转换成另一种数据类型数据。例如，窗体文本框中显示的数值数据为字符串型，要想作为数值处理就应进行数据类型转换。Access 提供了一些数据类型转换函数，如表 8-22 所示。

表 8-22   数据类型转换函数

函数	返回类型	功能	例子	例子结果
Asc(<字符串>)	Integer	返回字符串首字符的字符代码（ASCII 码）	Asc("ABC") Asc("a168")	65 97
Chr(<字符代码>)	String	返回与字符代码（ASCII 码）相关的字符	Chr(65) Chr(97)	"A" "a"
Str(<数值表达式>)	String	将数值表达式值转换成字符串，当一数字转成字符串时，总在正数的前头保留一空格	Str(2009) Str(3.14) Str(-3.14)	" 2009" " 3.14" "-3.14"
Val(<字符串>)	Double	将字符串转换成数值型数据	Val("3.14") Val("3.14FT") Val("ST3.14")	3.14 3.14 0
Cbool(<表达式>)	Boolean	将表达式转换成布尔型数据，0 或 "0" 转换成 False，非（0 或 "0"）转换成 True	Cbool(0) Cbool(-1) Cbool("28")	False True True
Cbyte(<表达式>)	Byte	将表达式转换成字节型数据，0～255	Cbyte("0") Cbyte("168.5")	0 168
Ccur(<表达式>)	Currency	将表达式转换成货币型数据	Ccur(-3.45687) Ccur("3.45687")	-3.4569 3.45 69
Cdate(<表达式>)	Date	将表达式转换成日期型数据	Cdate("2012/6/18")	#2012-6-18#
CDbl(<表达式>)	Double	将表达式转换成双精度型数据	CDbl("87654348.23")	87654348.23
Cint(<表达式>)	Integer	将表达式转换成整型数据，小数部分四舍五入	Cint(168.48) Cint(-962.58) Cint("-962.58")	168 -963 -963
CLng(<表达式>)	Long	将表达式转换成长整型数据，小数部分四舍五入	CLng(6543218.6) CLng("978342.4") CLng(-978638.6)	6543219 978342 -978639
CSng(<表达式>)	Single	将表达式转换成单精度型数据	CSng(-3264.4568) CSng("3264.4568")	-3264.457 3264.457
CStr(<表达式>)	String	将表达式转换成字符串型数据	CStr(3.14) CStr(-3.14)	"3.14" "-3.14"

数据类型转换函数具体说明如下。

（1）数据类型转换函数用于将某些运算结果表示为特定类型，而非默认类型。

（2）传递给函数的"表达式"参数超过对应的目标数据类型范围，则转换失败并发生错误。

（3）使用 IsDate 函数，可以判定某个日期表达式能否转换为日期或时间。Cdate 可以识别日期文字和时间文字，将一个数字转换成日期是将整数部分转换为日期，小数部分转换为从午夜算起的时间。

（4）Chr 函数。

Chr（<字符代码>）

Chr 函数是将字符代码转换为字符，即返回与字符代码相关的字符。

例如：   s=Chr(70)   '返回 F

                  s=Chr(13)   '返回回车符

（5）Str 函数。

```
Str(<数值表达式>)
```

Str 函数将数值表达式值转换成字符串。当一数字转成字符串时，总在前头保留一空格来表示正负。表达式值为正，返回的字符串包含一个前导空格，表示有一个正号。

```
例如：    s=Str(86)           '返回 " 86"，有一前导空格
          s=Str(-6)           '返回 "-6"
```

（6）Val 函数。

```
Val(<字符串>)
```

Val 函数将数字字符串转换成数值型数字。数字串转换时可自动将字符串中的空格、制表符和换行符去掉，当遇到它不能识别为数字的第一个字符时，停止读入字符串。

```
例如：    s=Val("16")         '返回 16
          s=Val("-345")       '返回 -345
          s=Val("76af89")     '返回 76
```

除了上面介绍的标准函数外，在后面的章节中还会介绍其他一些函数。

8.5　VBA 程序语句

VBA 程序是由若干 VBA 语句构成的。一个 VBA 语句是能够完成某项操作的一条命令。

VBA 程序语句按照其功能不同分为以下两大类型。

1. 声明语句

声明语句用于给变量、常量或过程定义命名。

2. 执行语句

执行语句用于执行赋值操作，调用过程，实现各种流程控制。执行语句又分为如下三种结构。

（1）顺序结构：按照语句顺序顺次执行，即按从上到下、从左到右的程序执行 VBA 程序语句，如声明语句、赋值语句、过程调用语句等。

（2）选择结构：根据条件值选择执行路径，如条件语句。

（3）循环结构：重复执行某一段程序语句，如循环语句。

下面分别介绍 VBA 程序结构和各种流程控制语句。

8.5.1　VBA 程序语句编写规则

在编写 VBA 程序语句代码时，要遵守一定的规则，不能超越其规定来自由发挥。VBA 的主要规定如下。

（1）通常每个语句占一行，如果要在一行中编写多个语句，则每两个语句之间必须用英文的冒号 "：" 分隔。例如：

```
a = 0 : i = i + 1
Text0.Value = "你好！"  :  Text0.Enabled = True
```

（2）当一条语句很长时，出现一行编写不下的情况，可使用续行符（一个空格后面跟随一个

下画线 "_"），将长语句分成多行。例如：

```
Msgbox("尊敬的" & name & "先生/女士：欢迎您使用" & _
        "Access 基础知识教育的示范数据库——家庭经营管理数据库！")
```

（3）在 VBA 代码中，不区分字母的大小写。例如，SUM 与 Sum 是等同的。

（4）当输入一行语句并按下回车键后，如果该行代码以红色文本显示（有时伴有错误信息出现）时，则表明该行语句代码存在语法错误，用户应更正。

8.5.2　VBA 注释语句

VBA 支持注释语句，以增加程序代码的可读性。

注释语句可以添加到程序模块的任何位置，并且默认以绿色文本显示。

在 VBA 程序中，注释可以通过以下两种方式实现。

1. 使用 Rem 语句

Rem 语句的使用格式为：Rem 注释语句

2. 用英文单引号 '

使用格式为：'注释语句

注释语句可写在某个语句的后面，也可以单独占据一整行，但当把 Rem 格式注释语句写在某个语句后面的同一行时，必须在该语句与 Rem 之间用一个英文的冒号 "："分隔开。

例如，下面 3 句都含有注释语句：

```
s = 3.14158 * r * r  '求圆的面积
r = 2:  Rem  r 表示圆的半径。提醒，在 r = 2 语句之后有一个英文的冒号
Rem  上一句是把 Rem 表示的注释语句写在某个语句的后面的同一行
```

此外，可以通过选中一行或多行代码后，单击"视图"/"工具栏"/"编辑"命令，在"编辑"工具栏（如图 8-22 所示）上单击"设置注释块"按钮或"解除注释块"按钮来对该代码块添加或删除注释符号"'"。

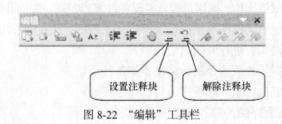

图 8-22　"编辑"工具栏

8.5.3　VBA 声明语句

声明语句用于命名和定义常量、变量、数组和过程等。在定义了这些内容的同时，也定义了它们的生命周期与作用范围，这取决于定义位置（局部、模块或全局）和使用的关键字（Dim、Public、Static 或 Global 等）。

例如，有一程序段如下。

```
Sub Sample()
    Const  PI=3.14159
    Dim I as Integer, K as As Long, Y(3, 5) As Double
```

```
    I = 2* PI * 5
End Sub
```

上述语句定义了一个子过程 Sample。当这个子过程被调用运行时，包含在 Sub 与 End Sub 之间的语句都会被执行。Const 声明语句定义了一个名为 PI 的符号常量。Dim 声明语句则定义了一个名为 I 的整型变量、一个名为 K 的长整型变量和一个名为 Y 的有 24 个数组元素的双精度型的二维数组。

8.5.4　VBA 赋值语句

赋值语句用于对一个变量指定一个表达式，通常以符号"="连接。

赋值语句格式：

```
[Let] 变量名 = 表达式
```

功能：计算右端的表达式，并把计算结果（值）赋值给左端的变量。Let 为可选项，表示赋值，通常省略。符号"="被称为赋值号。

赋值号"="左边的变量也可以是对象的属性，但赋值号"="左边不能是常量。

例如：

```
I = 7^2 Mod 5            '把右端表达式的运算结果值 4 赋给变量 I
text1.Value = "语言"      '把字符串"语言"赋给文本框 text1 的 Value 属性
P = "VBA" & text1.Value  '把右端表达式的运算结果值"VBA 语言"赋给变量 P
```

8.5.5　输入/输出的语句

在 VBA 程序中，有时需要接收用户的数据输入，有时需要将操作的结果数据输出告知用户，为此，VBA 提供有相应的输入和输出功能。

1. InputBox 函数

InputBox 函数调用的功能是显示一个输入对话框，等待用户在该对话框的文本框中键入文本。当用户单击"确定"按钮时，该函数返回文本框中输入的值；当用户单击"取消"按钮时，该函数将返回长度为零的空字符串（""）。InputBox 函数返回字符串型数据。

InputBox 函数格式：

```
InputBox(prompt[, title] [, default] [, xpos] [, ypos])
```

参数说明如下。

（1）prompt：本参数是 InputBox 函数中必需的、唯一不能省略的选项。本参数是字符串表达式，用于显示对话框中的消息，达到提示用户的目的。

（2）title：本参数用于指定在对话框标题栏中要显示的字符串。如果省略本参数 title，则将应用程序名放在对话框的标题栏中。

（3）default：本参数用于指定在文本框中显示的字符串，在没有其他输入时，将它作为该文本框默认值。如果省略 default 参数，则文本框为空字符串。

（4）xpos：本参数用于指定对话框的左边与屏幕左边的水平距离。如果省略 xpos，则对话框会在水平方向居中显示。通常，xpos 与 ypos 成对出现。

（5）ypos：本参数用于指定对话框的上边与屏幕上边的距离。如果省略 ypos，则对话框被放置在屏幕垂直方向距下边大约三分之一的位置。通常，xpos 与 ypos 成对出现。

例如：

```
Dim a As String
a = InputBox("请输入 8 个字符的学号: ", "输入学号", "", 1000, 200)
```

上述语句运行时显示一个输入对话框，如图 8-23 所示。

2. MsgBox

MsgBox 调用的功能是打开一个消息对话框，并在该对话框中显示消息，等待用户单击按钮，并返回一个整数告诉用户单击了哪一个按钮。

图 8-23 InputBox 函数显示的输入对话框

MsgBox 函数调用格式：

```
MsgBox(prompt[, buttons] [, title])
```

MsgBox 子过程调用格式：

```
MsgBox prompt[, buttons] [, title]
```

MsgBox 函数与 MsgBox 过程的参数相同，具体参数说明如下。

（1）prompt：本参数是 MsgBox 函数中必需的、唯一不能省略的选项。它是字符串表达式，用于显示对话框中的消息。其最大长度约为 1024 个字符，由所用字符的宽度决定。如果本参数的内容超过一行，则可以在每一行之间用回车符"Chr(13)"、换行符"Chr(10)"或者回车与换行符的组合"Chr(13) & Chr(10)"将各行分隔开来。

（2）buttons：本参数是可选的。它是整型表达式，指定显示按钮的数目及形式、使用的图标样式、默认按钮是什么以及消息框的强制回应等。如果省略 buttons 参数，默认值为 0。本参数按钮的整型表达式中的各项值如表 8-23 所示。在表 8-23 中，第一组值（0～5）描述了对话框中显示的按钮的类型与数目；第二组值（16，32，48，64）描述了图标的样式；第三组值（0，256，512，768）说明哪一个按钮是缺省（默认）值；而第四组值（0，4096）则决定消息框的强制返回性。将这些数字以"+"号连接起来生成 buttons 参数值时，只能从每组值中取用一个数字。

表 8-23　　　　　　　　　　buttons 参数的各组设置值

分组	常数	值	描述
按钮类型与数目	vbOKOnly	0	只显示"确定"按钮
	vbOKCancel	1	显示"确定"及"取消"按钮
	vbAbortRetryIgnore	2	显示"终止""重试"及"忽略"按钮
	vbYesNoCancel	3	显示"是""否"及"取消"按钮
	vbYesNo	4	显示"是"及"否"按钮
	vbRetryCancel	5	显示"重试"及"取消"按钮
图标样式	vbCritical	16	显示 Critical Message 图标
	vbQuestion	32	显示 Warning Query 图标
	vbExclamation	48	显示 Warning Message 图标
	vbInformation	64	显示 Information Message 图标

续表

分组	常数	值	描述
按钮缺省值	vbDefaultButton1	0	第一个按钮是缺省值
	vbDefaultButton2	256	第二个按钮是缺省值
	vbDefaultButton3	512	第三个按钮是缺省值
	vbDefaultButton4	768	第四个按钮是缺省值
模式	vbApplicationModal	0	应用程序强制返回；应用程序一直被挂起，直到用户对消息框做出响应才继续工作
	vbSystemModal	4096	系统强制返回；全部应用程序都被挂起，直到用户对消息框做出响应才继续工作

（3）title：本参数是可选的。用于指定在对话框标题栏中要显示的字符串表达式。如果省略本参数 title，则将应用程序名放在对话框的标题栏中。

此外，请注意 MsgBox 函数与 MsgBox 过程的格式区别，MsgBox 函数格式中是有一对圆括号的，而 MsgBox 过程格式中是没有圆括号的。

MsgBox 函数调用时有函数返回值，MsgBox 函数的返回值如表 8-24 所示。

表 8-24　　　　　　　　　　　　MsgBox 函数的返回值

常数	返回值	按钮动作描述
vbOK	1	单击了"确定"按钮
vbCancel	2	单击了"取消"按钮
vbAbort	3	单击了"终止"按钮
vbRetry	4	单击了"重试"按钮
vbIgnore	5	单击了"忽略"按钮
vbYes	6	单击了"是"按钮
vbNo	7	单击了"否"按钮

例 8-3　使用 InputBox 函数、MsgBox 函数与 MsgBox 过程的例子。

```
Private Sub Command0_Click()
Dim a As Long, xh As String * 8
xh = InputBox("请输入 8 个字符的学号: ", "输入学号", "", 1000, 200)
MsgBox "输入学号是 " & xh
a = MsgBox("请用户选择单击某一按钮", 4 + 48 + 0, "MsgBox 函数") '如图 8-24 所示
Rem  4 + 48 + 0 表达式中的 4 的含义: 4 表示显示"是"及"否"按钮
Rem  4 + 48 + 0 表达式中的 48 的含义: 48 表示显示 Warning Message 图标
Rem  4 + 48 + 0 表达式中的 0 的含义: 0 表示第一个按钮("是"按钮)是缺省值
If a = 6 Then      ' 注意, 本语句中的 a = 6  也可改用 a = vbYes
    MsgBox "用户已单击了 MsgBox 函数对话框中的"是"按钮", "MsgBox 过程"
End If
If a = vbNo Then  ' 注意, 本语句中的 a = vbNo 也可改用 a = 7
    MsgBox "用户已单击了 MsgBox 函数对话框中的"否"按钮", "MsgBox 过程"
    ' 如图 8-25 所示
End If
End Sub
```

图 8-24　MsgBox 函数对话框　　　　　　　　图 8-25　MsgBox 过程对话框

8.5.6　选择结构

在程序设计中经常遇到需要判断的问题，它需要根据不同的情况采用不同的处理方法。

在 VBA 语言中，实现选择结构的功能有两种方式，一是使用条件语句（如 If...End If 形式语句和 Select Case 语句），二是使用具有选择条件的函数（如 IIf 函数、Switch 函数、Choose 函数等）。

注意，在下述的一些语句格式中，"条件表达式"是一个比较表达式或逻辑表达式，条件表达式的运算结果值是布尔值 True 或 False。语句组可以是一条或多条 VBA 语句。

1．If...Then 条件语句

If...Then 语句有如下两种格式。

（1）单行结构的语句格式：

```
If 条件表达式 Then 语句组
```

（2）块结构的语句格式：

```
If 条件表达式  Then
    语句组
End If
```

功能：若条件表达式的值为 True（真），则执行 Then 后面的语句组，否则直接执行单行结构的下一行语句或块结构的 End If 后的语句。其执行过程如图 8-26 所示。

图 8-26　If...Then 语句的执行过程

在单行结构的格式中，当语句组有多条语句时，要求该语句组的所有语句必须写在同一行上并且每两条语句之间必须以英文的冒号分隔开。在块结构的格式中，语句组的语句必须从 Then 后的下一行开始写，最后一行必须是 End If 。

例如：

```
If  cj < 60 Then MsgBox("成绩不及格")              '单行结构 Then 后边仅有 1 条语句
If  cj < 60 Then
    MsgBox("成绩不及格")                           '块结构 Then 后边语句
End If
If A > 10 Then A = A + 1 : B = B + A : C = C + B    '单行结构 Then 后边有 3 条语句
```

本例前面的两个 If...Then 条件语句的功效是完全一样的。

2．If...Then...Else 条件语句

语句格式：

```
If  条件表达式  Then
        语句组 1
Else 甲
        语句组 2
End If
```

功能：首先测试条件，如果条件表达式的值为 True，则执行 Then 后面的语句组 1；否则（即条件表达式的值为 False）执行 Else 后面的语句组 2。而在执行完 Then 或 Else 之后的语句组后，从 End If 之后的语句继续执行。其执行过程如图 8-27 所示。

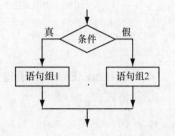

图 8-27　If...Then...Else 语句的执行过程

例 8-4　编写一个事件过程，用于计算飞机行李托运费并输出计算结果。假定飞机托运行李的收费规定为：行李重量小于等于 30 公斤时，每公斤收费 0.3 元；超过 30 公斤时，超出部分按每公斤 0.5 元收费。要求根据输入的任意重量，计算出应付的行李费。

（1）在"VBA 编程"数据库中，新建一个名为"例 8-4-计算行李费"的窗体。

（2）编写 cmd1 命令按钮的单击事件过程的 VBA 代码如下。

```
Private Sub Cmd1_Click()                'cmd1 按钮的单击事件过程的 VBA 程序代码
    Dim W As Single                     'W 表示行李重量
    Dim P As Single                     'P 表示应付行李费
    W = text1.Value                     '取出在 text1 文本框中所输入的行李重量数字
    If W > 30 Then
      P = (W - 30) * 0.5 + 30 * 0.3     '当重量＞30 公斤时应付行李费
    Else
      P = W * 0.3                       '当重量≤30 公斤时应付行李费
    End If
    text2.Value = P                     '在 text2 文本框中显示出应付的行李费
End Sub
```

3. If 条件语句的嵌套

在 IF 条件语句中，Then 和 Else 后面的语句组也可包含另一个条件语句，这就形成条件语句的嵌套。使用条件语句嵌套时，一定要注意 If 与 Else、If 与 End If 的配对关系。

例 8-5　输入一个考生的成绩分数 x（百分制），当 x≥90 时，输出"优秀"；当 75≤x＜90 时，输出"良好"；当 60≤x＜75 时，输出"合格"；当 x＜60 时，输出"不合格"。要求在本例的 VBA 代码中，使用 InputBox 函数输入对话框输入成绩，使用 MsgBox 消息框输出该成绩的鉴定结果。

（1）在"VBA 编程"数据库中，新建一个名为"例 8-5-成绩鉴定"窗体。

（2）编写 Cmd1 命令按钮的单击事件过程的 VBA 程序代码如下。

```
Private Sub Cmd1_Click()
    Dim cj As Integer
    cj = CInt(InputBox("请输入百分制成绩分数："))      '使用输入对话框输入成绩
    If cj >=75 Then
      If cj >=90 Then
        MsgBox "优秀"                                '成绩分数≥90
      Else
```

```
            MsgBox "良好"                              '75≤成绩分数＜90
        End If
    Else
        If cj >=60 Then
            MsgBox "合格"                              '60≤成绩分数＜75
        Else
            MsgBox "不及格"                            '成绩分数＜60
        End If
    End If
End Sub
```

4．If...Then...ElseIf... 语句

语句格式：

```
If   条件表达式 1   Then
    语句组 1
    ElseIf 凸  条件表达式 2   Then
            语句组 2
        [Else
            语句组 3]
End If
```

功能：首先测试条件 1，如果"条件表达式 1"的值为 True，则执行 Then 语句组 1；否则如果"条件表达式 2"的值为 True，则执行语句组 2，否则（即"条件表达式 2"的值为 False）执行语句组 3。然后，从 EndIf 之后的语句继续执行。

在本结构的格式中，其中的 ElseIf 是作为一个整体对待，在 Else 与 If 之间是没有空格的。

其执行过程如图 8-28 所示。

此外，可以重复使用 ElseIf 的方式来表达更多的可能性，如例 8-6 所述。

例 8-6 输入一个学生的一门课分数 x（百分制），当 x≥90 时，输出"优秀"；当 80≤x＜90 时，输出"良好"；当 70≤x＜80 时，输出"中"；当 60≤x＜70 时，输出"及格"；当 x＜60 时，输出"不及格"。要求用文本框来实现成绩的输入和判定分类的输出。

（1）在"VBA 编程"数据库创建一个名为"例 8-6 成绩 If-Then-ElseIf 分类"的窗体。

（2）编写 Cmd1 命令按钮的单击事件过程的 VBA 程序代码如下。

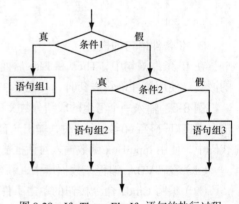
图 8-28 If...Then...ElseIf...语句的执行过程

```
Private Sub cmd1_Click()
    Dim cj As Integer
    cj = CInt(text1)                '取出 text1 文本框中所输入的成绩，可省略文本框的 .Value
    If cj >=90 Then
```

```
        Text2="优秀"                  '在 text2 文本框中显示"优秀",可省略文本框的 .Value
    ElseIf cj >=80 Then
            Text2= "良好"
        ElseIf cj >=70 Then
                Text2= "中"
            ElseIf cj >=60 Then
                    Text2= "及格"
                Else
                    Text2.Value= "不及格"     '也可不省略 .Value
        End If
End Sub
```

5. Select Case 语句

当条件选项较多时,使用 If…End If 控制结构可能会使程序变得很复杂,因为要使用 If…End If 控制结构就必须依靠多重嵌套。而使用 VBA 提供的 Select Case 语句就可以解决这类问题,并且能使程序的结构更加清晰。Select Case 语句又称为情况语句。

Select Case 语句格式:

```
Select Case 表达式
   Case 表达式 1
       表达式的值与表达式 1 的值相等时执行的语句组
   [Case 表达式 2  To 表达式 3]
       [表达式的值属于表达式 2 的值至表达式 3 的值范围内的值执行的语句组]
   [Case Is 关系运算符与表达式 4]
       [表达式的值与表达式 4 之间满足关系运算为真时执行的语句组]
   [Case Else]
        [上面的情况均不符合时执行的语句组]
End Select
```

Select Case 语句运行时,首先计算"表达式"的值,它可以是字符串或者数值表达式。然后会依次计算、测试每个 Case 表达式的值,直到值匹配成功,程序会转入相应 Case 结构执行语句。

Case 表达式可以是下列四种格式之一。

（1）单个值或一行并列的多个值,用来与"表达式"的值相比较,当多个值时每两个值之间用逗号分隔开。例如,Case 1, 3, 5, 7, 8, 10, 12;又如,Case "4", "6", "9", "11"。

（2）由关键字 To 分隔开的两个数值或表达式之间的范围。前一个值必须比后一个值要小,否则没有符合条件的情况。字符串的比较是从它们的第一个字符的 ASCII 码值开始比较的,直到分出大小为止。例如,Case 1 To 10;又如,Case "a" To "j"。

（3）关键字 Is 后接关系运算符,如<>、<、<=、=、>=或>,后面再接变量或精确的值。例如,Case Is >=60;又如,Case Is <> "教授"。

（4）前面三种形式可混用,两种形式之间用逗号分隔。例如,Case 2, 5 To 7,Is >=20。

（5）关键字 Case Else 后的语句,是在前面的 Case 条件都不满足时执行的。

Case 语句是依次测试的,并执行第一个符合 Case 条件的相关的程序代码,后面即使再有其他符合条件的分支也不会再执行。如果没有找到符合的,且有 Case Else 语句,就会执行 Case Else 后面语句。然后程序从 End Select 终止语句的下一行语句继续执行下去。

例 8-7　输入一个月份（整数），确定该月有多少天。根据历法，1、3、5、7、8、10、12 月为 31 天，闰年 2 月为 29 天，平年 2 月为 28 天，4、6、9、11 月为 30 天。要求用文本框来实现月份的输入和结果的输出。

（1）在 "VBA 编程" 数据库创建一个名为 "例 8-7 确定月份天数 Selece-Case" 的窗体。

（2）编写 Cmd1 命令按钮的单击事件过程的 VBA 程序代码如下。

```
Private Sub Cmd1_Click()
    Dim i As Integer
    i = Val(text1)                      '取出 text1 文本框中所输入的月份，可省略文本框的 .Value
    Select Case i
        Case 1, 3, 5, 7 To 8, 10, 12
            text2 = i & "月为 31 天"      '在 text2 文本框中显示输出结果
        Case 2
            text2 = "闰年 2 月为 29 天，平年 2 月为 28 天"
        Case 4, 6, 9, 11
            text2 = i & "月为 30 天"
        Case Is <1, Is> 12
            text2 = "无效月份"
        Case Else
            text2 = "无效月份"
    End Select
End Sub
```

6. IIf 函数

调用格式：IIf（条件表达式，表达式 1，表达式 2）

IIf 函数是根据 "条件表达式" 的值来决定函数返回值。若 "条件表达式" 值为 True，则返回 "表达式 1" 的值；若 "条件表达式" 的值为 False，则函数返回 "表达式 2" 的值。

例 8-8　IIf 函数的调用例子。在 "VBA 编程" 数据库创建一个名为 "例 8-8 IIf 函数的调用" 的窗体。

其中 Command0 按钮单击事件过程的 VBA 程序代码如下。

```
Private Sub Command0_Click()
    Dim cj As Single
    cj = InputBox("请输入百分制的成绩：")
    z = IIf(cj >= 90, "优秀", IIf(cj >= 75, "良好", IIf(cj >= 60, "合格", "不合格")))
    MsgBox "成绩" & cj & "为" & z               '使用 MsgBox 消息框输出结果
End Sub
```

7. Switch 函数

调用格式：

```
Switch (条件表达式 1，表达式 1[，条件表达式 2，表达式 2 …[，条件表达式 n，表达式 n]) ]
```

Switch 函数分别根据 "条件表达式 1" "条件表达式 2" 直至 "条件表达式 n" 的值来决定函数返回值。条件表达式是由左至右进行计算判断的，而表达式则会在第一个相关的条件表达式的值为 True 时作为函数返回值返回。如果其中有部分不成对，则会产生一个运行错误。

例 8-9　Switch 函数的调用例子。在 "VBA 编程" 数据库创建一个名为 "例 8-9 Switch 函数的调用" 的窗体。根据输入的变量 x 的值来为变量 y 赋值。

其中 Command0 按钮单击事件过程的 VBA 程序代码如下。

```
Private Sub Command0_Click()
    Dim x%, y%
    x = CInt(InputBox("请输入一个整数: "))
    y = Switch(x > 0, 1, x = 0, 0, x < 0, -1)    '若在输入对话框中输入 -9, 则 y 的值为 -1
    MsgBox "y 的值为 " & y                        '使用 MsgBox 消息框输出结果
End Sub
```

8. Choose 函数

调用格式:

> Choose (索引式, 选项 1 [, 选项 2], …[, 选项 n])

Choose 函数根据 "索引式" 的值来返回选项列表中的某个值。"索引式" 值为 1, 函数返回 "选项 1" 值; "索引式" 值为 2, 函数返回 "选项 2" 值; 依次类推。这里, 只有在 "索引式" 的值界于 1 和可选择的项目数之间, 函数才返回其后的选项值; 当 "索引式" 的值小于 1 或大于列出的选择项数目时, 函数返回无效值 (Null)。

例 8-10　Choose 函数调用例子。在 "VBA 编程" 数据库创建一个名为 "例 8-10 Choose 函数的调用" 窗体。根据输入的变量 x 的值来为变量 y 赋值。

其中 Cmd0 按钮单击事件过程的 VBA 程序代码如下。

```
Private Sub Cmd0_Click()
    Dim x%, y!, i!, j!
    x = CInt(InputBox("请输入一个 [1, 5] 范围内的整数: "))
    i = x ^ 2:    j = x ^ 3 + 5
    y = Choose(x, x + 1, i + 1, j, 100, i + j)
    MsgBox "y 的值是 " & y            '使用 MsgBox 消息框输出结果
End Sub
```

9. 选择结构的综合应用实例

下面举例说明选择结构的应用。

例 8-11　在 "VBA 编程" 数据库创建一个名为 "例 8-11 登录" 的窗体。当用户输入了学号和密码后, 若学号或密码为空, 则提示要求重新输入; 若学号或密码不对, 则提示错误, 结束程序运行; 若学号和密码都正确, 则显示 "欢迎光临!" 信息。

(1) "例 8-11 登录" 窗体上的控件包括以下内容。

● 两个标签: lab1, 标题为 "学号:"; lab2, 标题为 "密码:"。

● 两个文本框: 名称分别为 xh 和 mim。本例中, 使用文本框来实现输入和输出。

● 两个命令按钮: Cmd1, 标题为 "登录"; Cmd2, 标题为 "退出"。

(2) 编写 Cmd1 命令按钮的单击事件过程的 VBA 程序代码如下。

```
Private Sub Cmd1_Click()
    If Len(Nz(Me!xh))=0 And Len(Nz(Me!mim)) =0 Then
        '学号或密码均为空时处理
    MsgBox "学号、密码为空! 请输入", vbCritical, "出错提示"
    Me!xh.SetFocus                              '设置输入焦点落在 xh 文本框
    ElseIf Len(Nz(Me!xh))= 0 Then               '学号为空时处理
        MsgBox "学号为空! 请输入", vbCritical, "出错提示"
        Me!xh.SetFocus                          '设置输入焦点落在 xh 文本框
    ElseIf Len(Nz(Me!mim))= 0 Then              '密码为空时的处理
```

Access 2010 数据库基础与应用教程（第 2 版）

```
            MsgBox "密码为空! 请输人", vbCritical, "出错提示"
            Me!mim.SetFocus                            '设置输人焦点落在 mim 文本框
          Else
           If Me!xh ="09031001" Then                  '学号为 09031001
             If LCase(Me!mim) ="abc168" Then          '密码 abc168 不分大小写
               MsgBox "欢迎光临! ", vbInformation,     "进入系统成功"
             Else                                      '密码不对时的处理
               MsgBox "密码不对! 异常退出。", vbCritical, "出错提示"
               DoCmd.Close
             End If
           Else                                        '学号不对时的处理
             MsgBox "学号不对! 异常退出。", vbCritical, "出错提示"
             DoCmd.Close
           End If
      End If
  End Sub
```

本窗体运行后，分别输入用户名和密码，单击"确定"按钮，当用户名或密码输入有误时，显示如图 8-29 所示的"出错提示"消息框；当用户名、密码输入都正确时，显示如图 8-30 所示的"欢迎光临!"消息框。

图 8-29　密码不对时显示"出错提示"消息框　　　　图 8-30　用户名、密码正确时显示信息

8.5.7　循环结构

在实际工作中，常遇到一些操作过程不太复杂，但又需要反复进行相同处理的问题，比如计算 1～1000 所有奇数的平方和等。循环结构非常适合于解决处理的过程相同、处理的数据相关，但处理的具体值不同的问题。

循环语句可以实现重复执行一行或几行程序代码。

VBA 支持 For … Next 循环、While … Wend 循环和 Do … Loop 循环三种不同风格的循环语句。

1．For … Next 循环语句

For…Next 循环语句能够以指定次数来重复执行一组语句。

For…Next 循环语句的一般格式：

```
For  循环变量=初值 To  终值 [Step  步长]
     语句组 1
     [If <条件表达式> Then
          Exit For
       End If]                          循环体
     语句组 2
Next [循环变量]
```

其中，如果省略"Step　步长"，则默认步长值为 1。

For … Next 循环语句的执行步骤如下。

（1）系统将初值赋给循环变量。

（2）将循环变量与终值进行比较，根据比较结果来确定循环是否进行。

① 当步长>0 时，如果循环变量值<=终值，则循环继续，执行"步骤（3）"；如果循环变量值>终值，则循环结束，退出循环，转去执行 Next 下面的语句。

② 当步长=0 时，如果循环变量值<=终值，则死循环；如果循环变量值>终值，则一次也不执行循环体。

③ 当步长<0 时，如果循环变量值>=终值，则循环继续，执行"步骤（3）"；如果循环变量值<终值，则循环结束，退出循环，转去执行 Next 下面的语句。

（3）执行循环体。

（4）循环变量值增加步长（循环变量=循环变量+步长），转至"步骤（2）"继续执行。

此外，循环变量的值如果在循环体内不被更改，则循环执行次数可以使用公式计算。

$$循环次数 = (终值 - 初值 + 1) / 步长$$

例如，若初值=3，终值=10，且步长=2，则循环体内的重复执行(10-3+1)/2=4 次。

注意　　　如果在 For…Next 循环中，步长为 0，便可能会重复执行无数次，造成"死循环"。

选择性的 Exit For 语句可以组织在循环体中的 If…Then…End If 条件结构中，用来提前中断并退出循环。

例 8-12　编写程序，求 s=1+2+3+4+…+1000 的和。本例的窗体名称为"例 8-12 For 循环求和"。该窗体运行结果如图 8-31 所示。窗体中的文本框名为"Text1"。

Cmd1 命令按钮（标题为"For 循环求和"）的单击事件过程的程序代码如下。

```
Private Sub Cmd1_Click()
    Dim i As Long, s As Long
    s = 0                                   's 用作累加器, 初值置 0
    For i = 1 To 1000                       '省略了 Step 1
        s = s + i
    Next i
    Text1.Value = "1+2+3+…+1000 = " & s     '使用 Text1 文本框来输出结果
End Sub
```

例 8-13　通过编写程序求结果。把 2662 表示为两个加数之和，使其中一个加数能被 87 整除，而另一个加数能被 91 整除。请求出：在这两个加数中，能被 87 整除的加数等于多少？本例的窗体名称为"例 8-13 For 循环求加数"。该窗体运行结果如图 8-32 所示。

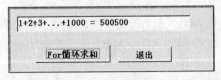

图 8-31　"例 8-12 For 循环求和"的窗体视图　　　　图 8-32　"例 8-13 For 循环求加数"的窗体视图

Cmd1 按钮（标题为"For 循环求加数"）的单击事件过程的程序代码如下。

```
Private Sub Cmd1_Click()
Dim i%, j%
For i = 87 To 2662 Step 87              '步长为 87，故 i 肯定能被 87 整除
    For j = 91 To 2662 Step 91          '步长为 91，故 j 肯定能被 91 整除
        If i + j = 2662 Then            '当找到了加数时，使用标签来输出结果
            lab1.Caption = "能被 87 整除的加数是" & i & "，能被 91 整除的加数是" & j
            Exit For                    '找到了加数，退出本循环
        End If
    Next j
Next i
End Sub
```

例 8-14 取面值为 1 元、2 元、5 元的纸币共 21 张，付给 58 元钱，每种面值纸币至少要有一张，编写 VBA 程序，求有多少种不同的付法？

本例窗体名称为"例 8-14 For 循环求纸币付法"。Cmd1 按钮单击事件过程代码如下。

```
Private Sub cmd1_Click()
  Dim i%, j%, k%, n%
  n = 0
  For i = 1 To 21                                   'i 为面值为 1 元的纸币张数
    For j = 1 To 21                                 'j 为面值为 2 元的纸币张数
      k = 21 - i - j                                'k 为面值为 5 元的纸币张数
      If (i + 2 * j + 5 * k) = 58 And k >= 1 Then   'k>=1 表示 5 元的至少一张
          n = n + 1
      End If
    Next j
  Next i
  text1 = "本题纸币付法共有 " & n & " 种"            '在 text1 文本框中显示结果
End Sub
```

例 8-15 编写 VBA 程序，实现从键盘输入 10 个整数，并把这些数按升序排序输出。本例的窗体名称为"例 8-15 For 循环冒泡法排序"。该窗体运行结果如图 8-33 所示。

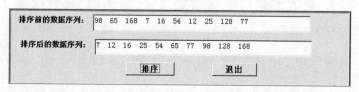

图 8-33 "例 8-15 For 循环冒泡法排序" 窗体的窗体视图示例

（1）冒泡法排序算法。

假设输入的 10 个数分别存储在数组 A 的 A(1)、A(2)、A(3)、A(4)、A(5)、A(6)、A(7)、A(8)、A(9) 和 A(10) 等 10 个数组元素中。

第 1 轮：先将 A(1) 与 A(2) 比较，若 A(1) > A(2)，则将 A(1)、A(2) 的值互换，否则不做交换；这样处理后，A(1) 一定是 A(1)、A(2) 中的较小者。再将 A(1) 分别与 A(3)、A(4)、……、A(10) 比较，并依次做出同样处理。最后，这 10 个数的最小者放入了 A(1) 中。

第 2 轮：将 A(2) 分别与 A(3)、A(4)、……、A(10) 比较，并依次做出同第 1 轮一样的处理。最后，第 1 轮余下的 9 个数中的最小者放入 A(2) 中，即 A(2) 是这 10 个数中的第二小的数。

照此方法，继续进行第 3 轮……

直到第 9 轮后，余下的 A(10)是这 10 个数中的最大者。至此，这 10 个数已按照从小到大的
顺序存放在 A(1)～A(10)中。

（2）"排序"按钮的单击事件过程的 VBA 程序代码如下。

```
Private Sub cmd1_Click()
  Dim t As Long, i As Long, j As Long, A(10) As Long
  For i = 1 To 10
    A(i) = InputBox("输入一个整数")
    Text1 = Text1 & A(i) & " "            '使用 Text1 文本框输出排序前的序列并以空格分隔
  Next i
  For i = 1 To 9                          '本循环用于实现冒泡法排序
    For j = i + 1 To 10
      If A(i) > A(j) Then
        t = A(i): A(i) = A(j): A(j) = t   '交换数组元素 A(i) 与 A(j) 的值
      End If
    Next j
  Next i
  For i = 1 To 10
    Text2 = Text2 & A(i) & " "            '使用 Text2 文本框输出排序后的序列并以空格分隔
  Next i
End Sub
```

2. While … Wend 循环语句

For … Next 循环语句适合于解决循环次数事先能够确定的问题。对于只知道控制条件，但不能预先确定需要执行多少次循环体的情况，可以使用 While … Wend 循环语句。

While … Wend 循环功能是只要指定的条件为 True，则会重复执行循环体中的语句。

While … Wend 循环语句的一般格式：

```
While 条件表达式
    循环体
Wend
```

While … Wend 循环语句执行过程步骤如下。

（1）判断条件表达式的值是否为真，如果条件表达式的值是 True，就执行循环体；否则（即条件表达式的值是 False），结束循环，转去执行 Wend 下面的语句。

（2）执行 Wend 语句，转到"步骤（1）"执行。

注意　如果开始时条件就不成立（即条件表达式的值是 False），则循环体一次也不执行。

While … Wend 循环语句本身不能修改循环条件，所以必须在 While … Wend 循环语句的循环体内设置相应语句，使得整个循环趋于结束，以避免死循环。

例 8-16　编写 VBA 程序，使用"立即窗口"的"Print"方法（即 Debug.Print），在立即窗口输出 [1, 10] 范围内全部偶数。"立即窗口"名为 Debug。本例的窗体名称为"例 8-16 While 循环在立即窗口输出偶数"。窗体中有一个标题为"输出偶数"名称为 Cmd1 的命令按钮。运行结果如图 8-34 所示。

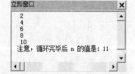
图 8-34　在"立即窗口"输出[1，10]范围内全部偶数

Cmd1 按钮（标题为"输出偶数"）的单击事件过程的 VBA 程序代码如下。

```
Private Sub Cmd1_Click()
  Dim n As Integer
  n = 1
  While n <= 10
    If (n Mod 2) = 0 Then Debug.Print n    '当 n 为偶数时，在立即窗口输出该偶数
    n = n + 1
  Wend
  Debug.Print "注意，循环完毕后 n 的值是：" & n
End Sub
```

3. Do ... Loop 循环语句

Do ... Loop 循环可以根据需要决定是条件表达式的值为 True 时执行循环体，还是一直执行循环体直到条件表达式的值为 True。在 Do ... Loop 循环语句格式中，循环体是指 Do 与 Loop 之间的语句组，而语句组是由一个或多个 VBA 语句组成的。

Do ... Loop 循环有如下四种语句格式。

（1）Do ... Loop 循环语句格式 1：

```
Do  while <条件表达式>
    语句组 1
    [ If <条件表达式 1> Then
        Exit  Do
    End If ]
    语句组 2
Loop
```

循环体（括住"语句组1 ... 语句组2"部分）

格式 1（即 Do While...Loop 格式）循环结构是在条件表达式的值为 True 时，执行循环体，并持续到条件表达式的值为 False 时结束循环。如果循环体内有包含 Exit Do 的 If 条件语句，则在<条件表达式 1>的值为 True 时，将执行 Exit Do 语句而退出循环。

若开始时条件就不成立（即条件表达式的值是 False），则循环体一次也不执行。

例 8-17 通过编写程序，用格式 1（即 Do While...Loop 格式）循环语句完成用大写 26 个英文字母向数组元素赋值，并同时把数组元素的值在文本框中显示。

本例窗体名为"例 8-17 Do While 循环字母数组"。Cmd1 按钮单击事件过程代码如下。

```
Private Sub cmd1_Click()
  Dim i As Integer, D(26) As String
  i = 1
  Do While i <= 26
    D(i) = Chr$(i + 64)                '大写英文字母 A 的字符代码是 65
    text1 = text1 & D(i) & " "         '在 text1 文本框中显示 26 个大写英文字母并以空格分隔
    i = i + 1
  Loop
End Sub
```

（2）Do...Loop 循环语句格式 2：

```
Do  Until <条件表达式>
    语句组1
    [ If <条件表达式1> Then
          Exit  Do
     End If ]
    语句组2
Loop
```

循环体

格式 2（即 Do Until...Loop 格式）循环结构是在条件表达式的值为 False 时，重复执行循环体，直至条件表达式的值为 True 时结束循环。如果循环体内有包含 Exit Do 的 If 条件语句，则在<条件表达式 1>的值为 True 时，将执行 Exit Do 语句而退出循环。

如果开始时条件就成立（即条件表达式的值是 True），则循环体一次也不执行。

例 8-18 阅读下面包含格式 2（即 Do Until...Loop 格式）循环语句的程序代码，其中过程名中的 cmd1 是某一窗体的命令按钮名称，当运行该窗体时，单击 cmd1 命令按钮，便执行下面的过程代码。程序代码中的循环体被执行了几次？（答案是 0 次）

程序代码如下。

```
Private Sub cmd1_Click()
    Dim j%
    j = 0
    Do Until j <= 2                        '注意，一开始 0<=2 就满足条件，故循环体一次都不执行
      j = j + 1
    Loop
    Debug.Print "循环体被执行了 " & j & " 次"   '在立即窗口输出 j 的值
End Sub
```

（3）Do...Loop 循环语句格式 3：

```
Do
    语句组1
    [ If <条件表达式1> Then
          Exit  Do
     End If ]
    语句组2
Loop While <条件表达式>
```

循环体

格式 3（即 Do...Loop While 格式）循环结构首先执行一次循环体，执行到 Loop 时判断条件表达式的值，如果条件表达式的值为 True，则继续执行循环体，直至条件表达式的值为 False 时结束循环。如果循环体内有包含 Exit Do 的 If 条件语句，则在<条件表达式 1>的值为 True 时，将执行 Exit Do 语句而退出循环。

不管 While 之后的条件表达式的值是什么，循环体也至少会执行一次。

例 8-19　阅读下面包含格式 3（即 Do...Loop While 格式）循环语句的程序代码，其中过程名中的 cmd1 是某一窗体的命令按钮名称，当运行该窗体时，单击 cmd1 命令按钮，便执行下面的过程代码。程序代码中的循环体被执行了几次？（答案是 1 次）

程序代码如下：

```
Private Sub cmd1_Click()
    Dim j%
    j = 0
    Do
        j = j + 1
        Debug.Print j      '在立即窗口输出 j 的值
    Loop While j > 2
End Sub
```

（4）Do...Loop 循环语句格式 4：

```
Do
    语句组 1
    [ If <条件表达式 1> Then
          Exit  Do                    循环体
      End If ]
    语句组 2
Loop Until <条件表达式>
```

格式 4（即 Do...Loop Until 格式）循环结构首先执行一次循环体，执行到 Loop 时判断条件表达式的值，如果条件表达式的值为 False，则继续执行循环体，直至条件表达式的值为 True 时结束循环。如果循环体内有包含 Exit Do 的 If 条件语句，则在<条件表达式 1>的值为 True 时，将执行 Exit Do 语句而退出循环。

不管 Until 之后的条件表达式的值是什么，循环体也至少会执行一次。

例 8-20　阅读下面包含格式 4（即 Do...Loop Until 格式）循环语句的程序代码，其中过程名中的 cmd1 是某一窗体的命令按钮名称，当运行该窗体时，单击 cmd1 命令按钮，便执行下面的过程代码。程序代码中的循环体被执行了几次？（答案是 3 次）

程序代码如下：

```
Private Sub cmd1_Click()
    Dim j%
    j = 0
    Do
        j = j + 1
        Debug.Print j      '在立即窗口输出 j 的值
```

```
    Loop Until j > 2
    End Sub
```

8.5.8　标号和 GoTo 语句

1. 标号

标号必须从代码窗口的最左列（第 1 列）开始书写，以英文冒号 ":" 结尾。标号的命名规则与变量命名规则相同，如 E1:。

2. GoTo 语句

GoTo 语句格式：GoTo 标号。

程序运行到此结构，将会无条件转移到 "标号" 位置，并从那里继续执行。GoTo 语句使用时，"标号" 位置必须首先在程序中定义好，否则跳转无法实现。

（1）使用 GoTo 语句无条件转移到 "标号" 位置。

例如：

```
 GoTo  E1            '跳转到标号为 "E1" 的位置执行
 ……
 E1:                 '声明 "E1" 标号
 ……
```

其中，"GoTo El" 语句将无条件转移到标号名为 "El:" 的位置，并从该点继续执行。

（2）避免使用 GoTo 语句。

GoTo 语句的使用，尤其是过量使用会导致程序运行跳转频繁、程序控制和调试难度加大，因此在 VBA 语言中提倡尽量避免使用 GoTo 语句，而代之以结构化程序语句。

在 VBA 中 GoTo 语句主要被应用于错误处理的 "On Error GoTo 标号" 结构。

8.5.9　过程的声明和调用及参数传递

在 VBA 中，在子过程（即 Sub 过程）或函数过程（即 Function 过程）调用的有效的作用范围内，必须存在该子过程或函数过程的声明语句。子过程调用必须与子过程的声明相对应，函数过程调用必须与函数过程的声明相对应。

在子过程或函数过程的声明语句中，位于过程名或函数名后边紧跟的圆括号内，可以给出一个或若干个形式参数（简称形参）。当子过程或函数过程没有任何形参时，其名后边紧跟的左、右圆括号 "()" 也要保留。

在子过程（或函数过程）调用中，所给出的参数称为实际参数，简称实参。实参必须与子过程或函数过程声明中的形参相匹配。

在调用过程时，主调过程将实参传递给被调过程的形参，这就是参数传递。在 VBA 中，实参向形参传递的方式有两种：传址和传值。在子过程或函数过程的声明语句中，每个形参均由关键字 ByVal 指定该形参是传值或由关键字 ByRef 指定该形参是传址。若该形参省略了 ByVal 和 ByRef 两者，默认该形参是传址。

1. 子过程的声明

用户可以在模块中用 Sub 语句声明一个新的子过程（即 Sub 过程）。

子过程的声明格式：

```
[Public | Private][Static] Sub 子过程名称（[<形参列表>]）
    [变量或常数声明]
    [子过程语句组]
    …
    [Exit Sub]
    [子过程语句组]
End Sub
```

过程体

形参列表的语法格式：

[ByVal | ByRef] 形参名 1[（）] [As 数据类型][, [ByVal | ByRef] 形参名 2[（）] [As 数据类型]]…

（1）形参列表可由一个或多个形参组成，当形参列表中有多个形参时，每两个形参之间要用英文逗号"，"分隔开。形参列表中也可没有任何形参。

（2）每个形参的前面均可使用关键字 ByVal 或 ByRef 指定该形参的传递方式。若在该形参前面指定 ByRef 关键字，则表示该形参是按地址传递（简称传址），若在该形参前面指定 ByVal 关键字，则表示该形参是按值传递（简称传值）。若该形参省略了 ByVal 和 ByRef 两者，则默认该形参是按地址传递（即传址）。"传址"调用具有"双向"传递作用，即调用子过程时，实参将其值传递给形参，调用结束由形参将操作结果值返回给实参。

2. 子过程的调用

在 VBA 中，子过程的调用格式有以下两种。

调用格式 1：

```
Call 子过程名[([实参1] [, 实参2] [, …])]
```

调用格式 2：

```
子过程名 [实参1] [, 实参2] [, …]
```

当子过程没有任何参数时，上述子过程的两个调用形式就变为如下的简化格式。

调用格式 1 的简化格式：Call 子过程名

调用格式 2 的简化格式：子过程名

例 8-21 编写求一个自然数 N 的阶乘 $N!$ 的子过程，两次调用它，计算 12!-9!。

（1）在"学生管理系统"数据库中，新建一个名为"例 8-21 子过程声明与调用-求阶乘"的窗体。该窗体包括 1 个名为 Text1 的文本框控件，1 个名为 Cmd1 的命令按钮。

（2）子过程 qnjc 和 Cmd1 按钮的单击事件过程的 VBA 程序代码如下。

```
Private Sub qnjc(ByVal n As Long, ByRef m As Long)
  Rem 其中形参 n 按值传递（ByVal），形参 m 按地址传递（ByRef）
  Dim i As Integer
  m = 1                        ' m 用作累乘器，初值置 1
  For i = 1 To n
      m = m * i
  Next i
End Sub
Private Sub Cmd1_Click()
  Dim x As Long, y As Long, z As Long
  x = 0 : y = 0
```

```
Call qnjc(12, x)            '12 的阶乘结果由实参 x 传递回来，该调用语句等价于 qnjc 12, x
qnjc 9, y                   '9 的阶乘结果由实参 y 传递回来，该调用语句等价于 Call qnjc(9, y)
z = x - y
Text1 = "12! - 9! = " & z   '使用 Text1 文本框输出运算结果
End Sub
```

例 8-22　编写一个无参子过程 randomuum()，用于产生一个 [1，100] 范围内的随机整数。在主调过程中，对该子过程进行 30 次的过程调用，以产生出 30 个 [1，100] 范围内随机整数。运行一次的结果如图 8-35 所示。

图 8-35　产生随机数的一次运行结果示例

（1）在"学生管理系统"数据库中，新建一个名为"例 8-22 无参数的子过程声明与调用-产生随机数"的窗体。该窗体包括一个名为 Text1 的文本框，一个名为 Cmd1 的命令按钮。

（2）子过程 randomuum 和 Cmd1 按钮的单击事件过程的 VBA 程序代码如下。

```
Private Sub randomuum()                       '这是一个无参数的子过程
  Dim x As Integer
  Randomize                                   '初始化随机数生成器
  x = Int(Rnd * 100 + 1)                      '产生一个 [1，100] 范围内的随机整数
  Text1.Value = Text1.Value & x & Space(2)    '两个随机整数之间用 2 个空格分隔开
End Sub
Private Sub Cmd1_Click()
  Dim i As Integer
  For i = 1 To 30                             '循环 30 次用于产生 30 个随机整数
    Call randomuum                            '该过程调用语句等价于 randomuum
  Next i
End Sub
```

3. 函数过程的声明

用户可以使用 Function 语句定义一个新的函数过程（即 Function 过程）。

函数过程的声明格式：

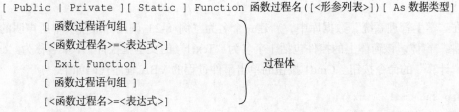

```
[ Public | Private ][ Static ] Function 函数过程名([<形参列表>])[ As 数据类型]
      [ 函数过程语句组 ]
      [<函数过程名>=<表达式>]
      [ Exit Function ]                        过程体
      [ 函数过程语句组 ]
      [<函数过程名>=<表达式>]
End Function
```

说明：

（1）函数过程名有值、有类型。函数过程名在过程体内至少被赋值一次。如果在过程体内没有对函数过程名赋值，则该函数过程将返回一个缺省值，即数值类型函数返回 0，字符串类型函数返回一个零长度空字符串（""）。

（2）As 数据类型子句是可选的。使用"As 数据类型"子句可声明函数过程的返回值的数据类型，否则 VBA 将自动赋给该函数过程的返回值一个最合适的数据类型。

（3）形参列表的语法格式：

[ByVal | ByRef] 形参名 1[( )] [As 数据类型][, [ByVal | ByRef] 形参名 2[( )] [As 数据类型]]...

其中，形参列表可由一个或多个形参组成，当形参列表中有多个形参时，每两个形参之间要用英文逗号","分隔开。形参列表中也可没有任何形参。每个形参的前面均可使用关键字 ByVal 或 ByRef 以指定该形参的传递方式。若在该形参前面指定 ByRef 关键字，表示该形参是按地址传递（简称传址），若在该形参前面指定 ByVal 关键字，表示该形参是按值传递（简称传值）。若该形参省略了 ByVal 和 ByRef 两者，则默认该形参是传址。传址也具有"双向"传递作用。

4．函数过程的调用

在表达式中，可以通过使用函数名，并在其后用圆括号给出相应的参数列表来调用一个函数过程。函数过程的调用格式只有一种。

调用格式：

函数过程名([实参 1] [, 实参 2] [, …])

例 8-23 编写求一个自然数 N 的阶乘 $N!$ 的函数过程，两次调用它，计算 12! -9!。要求该函数过程要在标准模块"例 8-23 标准模块-声明求自然数 N 的阶乘的函数过程"中进行声明，在窗体"例 8-23 调用标准模块中所声明的函数过程-求阶乘"中的按钮的单击事件过程中调用该函数。

（1）在"学生管理系统"数据库中，新建一个名为"例 8-23 标准模块-声明求自然数 N 的阶乘的函数过程"标准模块。在该标准模块的代码窗口添加如下 VBA 程序代码。

注意

在 Function 前面一定要使用 Public 关键字，以使 fnjc 函数的作用域为全局范围。

```
Public Function fnjc(ByVal n As Long) As Long    '此处的 ByVal 可改为 ByRef，也可省略
  Dim i As Integer
  fnjc = 1                                       'fnjc 用作累乘器，置初值为 1
  For i = 1 To n
    fnjc = fnjc * i
  Next i
End Function
```

（2）在"学生管理系统"数据库中，新建一个名为"例 8-23 调用标准模块中所声明的函数过程-求阶乘"窗体。该窗体上的控件包括 1 个名为"Text1"的文本框控件，1 个名称为"cmd1"且标题为"计算"的命令按钮。Cmd1 按钮的单击事件过程的 VBA 程序代码如下。

```
Private Sub Cmd1_Click()
  Dim z As Long
  z = fnjc(12) - fnjc(9)       '执行二次的标准模块中所声明的 fnjc 函数调用
  text1 = "12! - 9!= " & z      '使用 Text1 文本框输出运算结果
End Sub
```

8.6　VBA 中的常用操作方法

在 VBA 编程过程中经常会用到一些操作，部分介绍如下。

8.6.1 打开和关闭窗体

1．打开窗体操作

语句格式：

```
DoCmd.OpenForm (FormName, View, FilterName, WhereCondition, DataMode, WindowMode,
OpenArgs)
```

或

```
DoCmd.OpenForm  FormName, View, FilterName, WhereCondition, DataMode, WindowMode,
OpenArgs
```

有关参数说明如下。

- FormName：必需的参数。字符串表达式，代表窗体的有效名称。
- View：可选的参数。可以是下列固有常量之一：acDesign，acFormDS，acNormal（默认值），acPreview。
- FilterName：可选的参数。字符串表达式，代表过滤查询的有效名称。
- WhereCondition：可选的参数。字符串表达式，不包含 WHERE 关键字的有效 SQL WHERE 子句。
- DataMode：可选的参数。窗体的数据输入模式。可以是下列固有常量之一：acFormAdd，acFormEdit，acFormPropertySettings (默认值)，acFormReadOnly。
- WindowMode：可选的参数。打开窗体所采用的窗口模式。可以是下列固有常量之一：acDialog，acHidden，acIcon，acWindowNormal（默认值）。
- OpenArgs：可选的参数。字符串表达式，用于设置窗体的 OpenArgs 属性。

例 8-24 以对话框形式打开名为"例 8-12 For 循环求和"窗体。

```
DoCmd.OpenForm "例8-12 For循环求和", , , , , acDialog
```

注意　参数可以省略，取默认值，但中间的分隔符"，"不能省略。

2．关闭窗体操作

语句格式：

```
DoCmd.Close (ObjectType, ObjectName, Save)
```

或

```
DoCmd.Close  ObjectType, ObjectName, Save
```

有关参数说明如下。

- ObjectType：可选的参数。可以是下列固有常量之一：acDataAccessPage，acDefault（默认），acDiagram，acForm，acFunction，acMacro，acModule，acQuery，acReport，acServerView，acStoredProcedure。
- ObjectName：可选的参数。所选 ObjectType 类型的对象的有效名称。
- Save：可选的参数。可以是下列固有常量之一：acSaveNo，acSavePrompt（默认值），acSaveYes。

实际上，由 DoCmd.Close 命令参数看到，该命令可以广泛用于 Access 各种对象的关闭操作。

省略所有参数的命令（DoCmd.Close）可以关闭当前窗体。

例 8-25 关闭名为"例 8-12 For 循环求和"窗体。

```
DoCmd.Close acForm, "例 8-12 For 循环求和"
```

如果"例 8-12 For 循环求和"窗体就是当前窗体，则可以使用下面的语句。

```
DoCmd.Close
```

8.6.2 打开和关闭报表

报表的打开和关闭也是 Access 应用程序中常用的操作。VBA 也就此提供了两个操作命令：DoCmd.OpenReport（打开报表）和 DoCmd.Close（关闭报表）。

1. 打开报表操作
语句格式：

```
DoCmd.OpenReport (ReportName, View, FilterName, WhereCondition, WindowMode, OpenArgs)
```

或

```
DoCmd.OpenReport ReportName, View, FilterName, WhereCondition, WindowMode, OpenArgs
```

有关参数说明如下。

● ReportName：必需的参数。字符串表达式，代表报表的有效名称。

● View：可选的参数。可以是下列固有常量之一：acViewDesign，acViewNormal（默认值），acViewPreview。

● FilterName：可选的参数。字符串表达式，代表过滤查询的有效名称。

● WhereCondition：可选的参数。字符串表达式，不包含 WHERE 关键字的有效 SQL WHERE 子句。

● WindowMode：可选的参数。打开报表所采用的窗口模式。可以是下列固有常量之一：acDialog，acHidden，acIcon，acWindowNormal（默认值）。

● OpenArgs：可选的参数。字符串表达式，用于设置 OpenArgs 属性。

其中的 FilterName 与 WhereCondition 两个参数用于对报表的数据源数据进行过滤和筛选。View 参数则可以规定报表以预览还是打印机打印等形式输出。

例 8-26 以预览视图形式打开名为"学生基本信息报表"报表。

```
DoCmd.OpenReport "学生基本信息报表", acViewPreview
```

2. 关闭报表操作
关闭报表操作也可以使用 DoCmd.Close 命令来完成。

例 8-27 关闭名为"学生基本信息报表"报表。

```
DoCmd.Close acReport, "学生基本信息报表"
```

注意，参数可以省略，取缺省值，但两参数之间的分隔符逗号"，"不能省略。

8.6.3 VBA 编程验证数据

使用窗体，每当保存记录数据时，所做的更改便会保存到数据源表中。在控件中的数据被改变之前或记录数据被更新之前会发生 BeforeUpdate 事件。通过创建窗体或控件的 BeforeUpdate 事件过程，可以实现对输入到窗体控件中的数据进行各种验证。例如，数据类型验证、数据范围验证等。

例 8-28　对"例 8-28 数据验证"窗体中的文本框 Text0 中输入的职工的年龄数据进行验证。要求：该文本框中只接受 18～65 的数值数据，提示取消不合法数据。

Text0 文本框控件的 BeforeUpdate 事件过程的程序代码如下。

```
Private Sub Text0_BeforeUpdate(Cancel As Integer)
    If Me!Text0 = " " Or IsNull(Me!Text0) Then          '数据为空时的验证
        MsgBox "年龄不能为空! ", vbCritical, "注意"
        Cancel = True     '取消 BeforeUpdate 事件
    ElseIf IsNumeric(Me!Text0) = False Then            '非数值数据输入的验证
        MsgBox "年龄必须输入数值数据! ", vbCritical, "注意"
        Cancel = True    '取消 BeforeUpdate 事件
    ElseIf Me!Text0 < 18 Or Me!Text0 > 65 Then    '非法范围数据输入的验证
            MsgBox "年龄必须为[18, 65]范围内的数据! ", vbCritical, "注意"
            Cancel = True                          '取消 BeforeUpdate 事件
        Else
            MsgBox "数据验证 OK! ", vbInformation, "通告"
    End If
End Sub
```

控件的 BeforeUpdate 事件过程是有参过程。通过设置其参数 Cancel，可以确定 BeforeUpdate 事件是否会发生。将 Cancel 参数设置为 True，将取消 BeforeUpdate 事件。

此外，在进行控件输入数据验证时，VBA 提供了一些相关函数来帮助进行验证。例如，上面代码中用到 IsNumeric 函数来判断输入数据是否为数值。下面将常用的一些验证函数列举出来，参见表 8-25。

表 8-25　　　　　　　　　　　　　　VBA 常用验证函数

函数名称	返回值	说　　明
IsNumeric	Boolean 值	指出表达式的运算结果是否为数值。返回 True，为数值
IsDate	Boolean 值	指出一个表达式是否可以转换成日期。返回 True，可转换
IsNull	Boolean 值	指出表达式是否为无效数据（Null）。返回 True，无效数据
IsEmpty	Boolean 值	指出变量是否已经初始化。返回 True，未初始化
IsArray	Boolean 值	指出变量是否为一个数组。返回 True，为数组
IsError	Boolean 值	指出表达式是否为一个错误值。返回 True，有错误
IsObject	Boolean 值	指出标识符是否表示对象变量。返回 True，为对象

8.6.4　计时器触发事件 Timer

VB 中提供 Timer 时间控件，用于实现"计时"功能。但 VBA 并没有直接提供 Timer 时间控件，而是通过设置窗体的"计时器间隔（TimerInterval）"属性与添加"计时器触发（Timer）"事件来完成类似"计时"功能。

其处理过程是：Timer 事件每隔 TimerInterval 时间间隔就会被激发一次，并运行 Timer 事件过程来响应。这样重复不断，即实现"计时"处理功能。

注意

"计时器间隔"属性值以毫秒（ms）为计量单位。1 秒等于 1000 毫秒。

例 8-29 使用窗体的计时器触发事件 Timer，在窗体的某标签上实现自动计秒功能（从 0 开始）。在窗体打开时开始计秒，单击其中的按钮，则停止计秒，再单击按钮，继续计秒。

操作步骤如下。

（1）创建一个名为"例 8-29 自动计秒"的窗体，并在该窗体中添加一个名为 Lab0 的标签，添加一个名为 Cmd1 且标题为"自动计秒暂停/继续"的按钮。

（2）打开窗体"属性表"对话框，设置"计时器间隔"属性为 1000（即设置 1000 毫秒），并选择"计时器触发"属性为"[事件过程]"，如图 8-36 所示，单击其后"..."按钮，进入 Timer 事件过程编辑环境（VBE 窗口）编写事件代码。

（3）"例 8-29 自动计秒"窗体 Timer 事件、窗体打开事件和 Cmd1 按钮单击事件代码及有关变量的类模块定义如下。

图 8-36 设置"计时器间隔"和"计时器事件"属性

```vb
Option Compare Database
'按钮事件过程
Private Sub cmd1_Click()
    If Me.TimerInterval = 0 Then
        Me.TimerInterval = 1000        '继续触发计秒
    Else
        Me.TimerInterval = 0           '设置"计时器间隔"属性值为 0 时，停止触发计秒
    End If
End Sub
'窗体打开（Open）事件过程
Private Sub Form_Open(Cancel As Integer)
    Me!Lab0.Caption = 0
    Me.TimerInterval = 1000            '设置"计时器间隔"属性值为 1000 毫秒
End Sub
'窗体计时器触发（Timer）事件过程
Private Sub Form_Timer()
    '进行屏幕数据更新显示
    Me!Lab0.Caption = CLng(Me!Lab0.Caption) + 1
End Sub
```

（4）运行该窗体，其效果如图 8-37 所示。

在利用窗体的 Timer 事件进行动画效果设计时，只需将相应代码添加进 Form_Timer() 事件模板中即可。

此外，"计时器间隔"属性值（如 Me.TimerInterval= 1000）也可以安排在代码中进行动态设置。而且可以通过设置"计时器间隔"属性值为零（Me.TimerInterval= 0）来终止 Timer 事件继续发生。

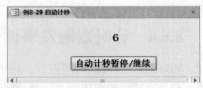

图 8-37 "例 8-29 自动计秒"的窗体视图

8.6.5　几个特殊函数的使用

下面介绍数据库访问和处理时使用的几个特殊函数。

1. Nz 函数

Nz 函数可以将 Null 值转换为 0、空字符串（""）或者其他的指定值。在数据库字段数据处理过程中，如果遇到 Null 值的情况，就可以使用该函数将 Null 值转换为规定值以防止它通过表达式去扩散。

调用格式：Nz（表达式或字段属性值[, 规定值]）

当"规定值"参数省略时，如果"表达式或字段属性值"为数值型且值为 Null，Nz 函数返回 0；如果"表达式或字段属性值"为字符型且值为 Null，Nz 函数返回空字符串（""）。当"规定值"参数存在时，如果"表达式或字段属性值"为 Null，Nz 函数返回"规定值"。

在例 8-11 的 VBA 代码中，有 Nz 函数的调用语句，可查看。

2. DCount 函数

使用 DCount 函数可以确定特定记录集（一个域）中的记录数。可以在 Visual Basic、宏、查询表达式或计算控件中使用 DCount 函数。

调用格式：DCount(表达式，记录集[, 条件表达式])

> 表达式代表要统计其记录数的字段。可以是标识表或查询中字段的字符串表达式，也可以是对该字段上的数据进行计算的表达式。在表达式中可以包括表中字段的名称、窗体上的控件、常量或函数。记录集可以是表名称或不需要参数的查询名称。"条件表达式"是可选的字符串表达式，用于限制函数执行的数据范围。"条件表达式"一般要组织成 SQL 表达式中的 WHERE 子句，只是不含 WHERE 关键字；如果省略"条件表达式"，则在整个记录集范围内计算。

例 8-30　在一个文本框控件中显示"学生"表中女学生的人数。

设置文本框控件的"控件来源"属性为以下表达式。

```
=DCount("学号"，"学生"， "性别='女'")
```

3. DAvg 函数

使用 DAvg 函数可以计算特定记录集（一个域）内一组值的平均值。可以在 Visual Basic 代码、宏、查询表达式或计算控件中使用 DAvg 函数。DAvg 函数的参数说明与 Dcount 相同。

调用格式：DAvg(表达式，记录集[, 条件表达式])

例 8-31　在一个文本框控件中显示"学生"表中学生的平均高考总分。

设置文本框控件的"控件来源"属性为以下表达式。

```
=DAvg("高考总分"，"学生")
```

4. DSum 函数

DSum 函数用于计算指定记录集（一个域）中的一组值的总和。可以在 Visual Basic、宏、查询表达式或计算控件中使用 DSum 函数。DSum 函数的参数说明与 Dcount 相同。

调用格式：DSum(表达式，记录集[, 条件表达式])

例 8-32　在一个文本框控件中显示"课程"表中所有课程的学分总和。

设置文本框控件的"控件来源"属性为以下表达式。

```
=DSum("学分", "课程")
```

5. DLookup 函数

DLookup 函数用于从指定记录集里检索特定字段的值。它可以直接在 VBA、宏、查询表达式或计算控件中使用，而且主要用于检索来自外部表（而非数据源表）字段中的数据。

调用格式：DLookup(表达式, 记录集[, 条件表达式])

这里，"表达式"用于标识需要返回其值的检索字段；"记录集"是一个字符串表达式，可以是表的名称或查询的名称；"条件表达式"是可选的字符串表达式，用于限制函数的检索范围。"条件表达式"一般要组织成 SQL 表达式中的 WHERE 子句，只是不含 WHERE 关键字；如果省略"条件表达式"，则函数在整个记录集的范围内查询。

如果有多个字段满足"条件表达式"，Dlookup 函数将返回第一个匹配字段所对应的检索字段值。

例 8-33　试根据窗体上一个文本框控件（名为 txtNum）中输入的课程代码，将"课程"表里对应的课程名称显示在另一个文本框控件（名为 txtName）中。

添加以下窗体事件过程即可。

```
Private Sub TxtNum_AfterUpdate()
    Me!txtName=Dlookup("课程名称", "课程", "课程代码 = '" & Me!txtNum & "'")
End Sub
```

8.7　VBA 程序调试和错误处理

VBA 程序代码运行时，可能会产生各种各样的错误。VBA 针对不同错误类型，提供的处理方法是错误处理和程序调试。

8.7.1　错误处理

在 VBA 语言中，所谓错误处理就是当代码运行时，如果发生错误，系统能够捕获错误，并按照事先设计好的方法来进行相应的处理。

使用错误处理，代码的执行不会中断，如果设定适当，可以为用户提供友好的用户界面，让用户感觉不到错误的存在。

错误处理的步骤：设置错误陷阱、编写错误处理代码。无论怎样为程序代码做彻底的测试与排错，程序错误仍可能出现。

VBA 提供 On Error GoTo 语句来控制当有错误发生时程序的处理。

On Error 语句的形式有以下 3 种。

```
On Error GoTo 标号
On Error Resume Next
On Error GoTo 0
```

1. On Error GoTo 标号

当错误发生时，直接跳转到语句标号位置所示的错误处理代码。一般标号之后都是安排错误处理程序。

例 8-34　利用 InputBox 函数输入数据时，在 InputBox 对话框中，如果不输入数据或直接按"取消"按钮，将会产生运行错误。要求使用错误处理代码提示用户，显示错误提示对话框。本例中，窗体名称是"例 8-34 错误处理程序"，该窗体中的一个命令按钮的名称是"Cmd1"，该按钮的"标题"属性值是"测试错误处理"。

（1）Cmd1 按钮的单击事件过程的程序代码如下。

```
Private Sub Cmd1_Click()
On Error GoTo Errorline              '当发生错误时，转去"Errorline:"标号位置执行
    Dim a As Integer
    a = InputBox("输入数据", "提示框")
    MsgBox a
    Exit Sub

Errorline:                           '标号
    MsgBox "没有输入数据或按"取消"按钮"   '错误处理程序的语句
End Sub
```

（2）运行该窗体，当单击"输入数据"输入对话框中的"取消"按钮时，运行效果如图 8-38 所示。

图 8-38　"例 8-34 错误处理程序"运行效果

在此例中，"On Error GoTo"语句会使程序流程转移到"Errorline:"标号位置。一般来说，错误处理的程序代码放置在程序的最后。

2. On Error Resume Next

当错误发生时，忽略错误行，继续执行下面的语句，而不停止代码的执行。也就是说，"On Error Rseume Next"语句在遇到错误发生时不会考虑错误，而是继续执行下一条语句。

3. On Error GoTo 0

当错误发生时，"On Error GoTo 0"语句用于关闭错误处理，不使用错误处理程序块。

此外，如果没有用"On Error GoTo"语句捕捉错误，或者用"On Error GoTo 0"语句关闭了错误处理，则在错误发生后会出现一个对话框，显示出相应的出错信息。

VBA 编程语言中，除使用"On Error…"语句结构来处理错误外，还提供了一个对象"Err"、一个函数"Error$()"和一个语句"Error"来帮助了解错误信息。其中，Err 对象的 number 属性返回错误代码；而 Error$()函数则可以根据错误代码返回错误名称；Error 语句的作用是模拟产生错误，以检查错误处理语句的正确性。

Err 对象还提供其他一些属性（如 source、description 等）和方法（如 raise、clear）来处理错误。

实际编程中，需要对可能发生的错误进行了解和判断，充分利用上述错误处理机制，以求快速、准确地找到错误原因并加以处理，从而编写出正确的程序代码。

例 8-35 利用 InputBox 函数输入数据时，在 InputBox 对话框中，如果输入数据 0 并按"确定"按钮，将会产生运行错误，要求使用错误处理代码提示用户，显示错误代码和错误名称。如果不输入数据或直接按"取消"按钮，将会产生运行错误，要求使用错误处理代码提示用户，显示错误代码、错误名称及出错原因，如图 8-39 和图 8-40 所示。本例的窗体名称是"例 8-35 除数为 0 错误处理程序"，该窗体中的一个命令按钮的名称是"Cmd1"，该按钮的"标题"是"除数为 0 错误处理"。另加"Error 12"语句模拟产生错误（即产生错误代码为 12 的错误情况），当在输入对话框中输入一个非 0 的数并按"确定"按钮后，显示如图 8-41 所示的消息框。

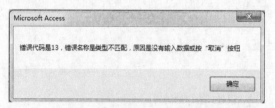

图 8-39　错误代码为 13 时显示的消息框

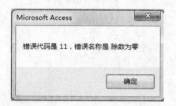

图 8-40　错误代码为 11 时显示的消息框

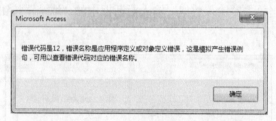

图 8-41　"Error 12"语句执行时显示的消息框

Cmd1 按钮的单击事件过程的程序代码如下。

```
Private Sub Cmd1_Click()
On Error Go To Errorline            '当发生错误时，转去"Errorline:"标号位置执行
   Dim a As Integer, b As Single
   a = InputBox("输入数据 0", "提示框")
   b = 100/a
   MsgBox "100/" & a & " 的结果是 " & b
   Error 12                         '这是模拟产生错误例句，实际应用中不要用它，12 是一个错误代码
   Exit Sub

Errorline:                          '标号
   Select Case Err.Number
    Case Is = 13                    '显示错误代码 13 对应的错误名称及（用户自定的）出错原因
      MsgBox "错误代码是" & Err.Number & ", 错误名称是" & Error$(Err.Number)_
         & ", 原因是没有输入数据或按"取消"按钮"
    Case Is = 12                    '显示错误代码 12 对应的错误名称及（用户自定的）出错原因
      MsgBox "错误代码是" & Err.Number & ", 错误名称是" & Error$(Err.Number)_
         & ", 这是模拟产生错误例句，可用以查看错误代码对应的错误名称。"
    Case Else                       '显示错误代码及错误名称
      MsgBox "错误代码是" & Err.Number & ", 错误名称是" & Error$(Err.Number)
   End Select
End Sub
```

8.7.2 程序的调试

VBA 程序的调试包括设置断点、单步跟踪、设置监视窗口等。

Access 的 VBE 编程环境提供了一套完整的调试工具和调试方法。熟练掌握好这些调试工具和调试方法，可以快速、准确地找到 VBA 程序代码中的问题所在，不断修改程序并加以完善。

1. "断点"概念

所谓"断点"就是在过程的某个特定语句上设置一个位置点以中断程序的执行。"断点"的设置和使用贯穿在程序调试运行的整个过程。

"断点"的设置和取消有以下 4 种方法。

（1）选择语句行，单击"调试"工具栏中的"切换断点"可以设置和取消"断点"。

（2）选择语句行，单击"调试"菜单中的"切换断点"可以设置和取消"断点"。

（3）选择语句行，按下键盘中的 F9 键可以设置和取消"断点"。

（4）选择语句行，鼠标光标移至行首单击鼠标可以设置和取消"断点"。

在 VBA 环境里，设置好的"断点"行是以"酱色"亮条显示，如图 8-42 所示。

图 8-42 "断点"设置

2. 调试工具的使用

在 VBE 环境中，单击菜单栏"视图"，移动鼠标指针到"视图"菜单中的"工具栏"，显示"工具栏"的级联子菜单，单击"工具栏"级联子菜单中的"调试"命令，便打开"调试"工具栏。或者，右键单击菜单空白位置，弹出快捷菜单，单击快捷菜单中的"调试"命令，也可打开"调试"工具栏，如图 8-43 所示。

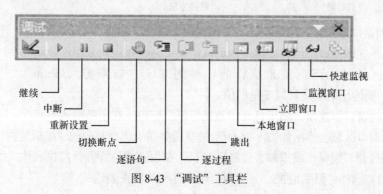

图 8-43 "调试"工具栏

调试工具一般是与"断点"配合使用进行各种调试操作。下面介绍"调试"工具栏上的一些主要调试工具按钮的用法。

（1）"继续"按钮：用于在调试运行的"中断"阶段程序继续运行至下一个断点位置或结束程序。

（2）"中断"按钮：用于暂时中断程序运行，进行分析。此时，在程序中断位置会以"酱色"亮条显示。

（3）"重新设置"按钮：用于中止程序调试运行，返回到编辑状态。

（4）"切换断点"按钮：用于设置/取消"断点"。

（5）"逐语句"按钮（快捷键 F8）：用于单步跟踪操作。即每操作一次，程序执行一步。本操作在遇到调用过程语句时，会跟踪到被调用过程内部去执行。

（6）"逐过程"按钮（快捷键 Shift+F8）：基本同"逐语句"按钮。但本操作遇到调用过程语句时，不会跟踪到被调用过程内部，而是在本过程内单步执行。

（7）"跳出"按钮（快捷键 Ctrl+Shift+F8）：用于被调用过程内部正在调试运行的程序提前结束被调过程代码的调试，返回到调用过程调用语句的下一条语句行。

（8）"本地窗口"按钮：用于打开"本地窗口"窗口，如图 8-44 所示。其内部自动显示出所有在当前过程中的变量声明及变量值，从中可以观察一些数据信息。

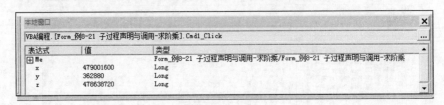

图 8-44　本地窗口

本地窗口打开后，列表中的第一项内容是一个特殊的模块变量。对于类模块，定义为 Me。Me 是对当前模块定义的当前类实例的引用。由于它是对象引用，因而可以展开显示当前实例的全部属性和数据成员。

实际上，Me 类模块变量还广泛用于 VBA 程序设计中，它不需要专门定义，可以直接使用。一般编写类模块时，对当前模块的实例引用就可以使用 Me 关键字。例如，编写设置"学生资料"窗体上的文本框 txtName 的值为"刘娟娟"的类模块代码语句为：

```
Forms![学生资料]!txtName="刘娟娟"     '标准方法
```

或

```
Me!txtName="刘娟娟"               '常用方法
```

（9）"立即窗口"按钮：用于打开"立即窗口"窗口，如图 8-45 所示。在中断模式下，立即窗口中可以安排一些调试语句，而这些语句是根据显示在立即窗口区域的内部范围来执行的。举例来说，如果键入 Print variablename，则输出的就是局域变量的值。

图 8-45　立即窗口

（10）"监视窗口"按钮：用于打开"监视窗口"窗口。在中断模式下，右键单击监视窗口区域会弹出如图 8-46 所示的快捷菜单，选择其中的"编辑监视…"或"添加监视…"项，则打开"编辑（或添加）监视"窗口，在表达式位置进行监视表达式的修改或添加，如图 8-47 所示。选择"删除监视…"项则会删除存在的监视表达式。

图 8-46 监视窗口及其快捷菜单

图 8-47 "添加监视"窗口

通过在监视窗口增加监视表达式的方法，程序可以动态了解一些变量或表达式的值的变化情况，进而对代码的正确与否有清楚的判断。

（11）"快速监视"按钮：在中断模式下，先在程序代码区选定某个变量或表达式，然后单击"快速监视"工具按钮，则打开"快速监视"窗口，如图 8-48所示，从中可以快速观察到该变量或表达式的当前值，达到快速监视的效果。如果需要，还可以单击"添加"

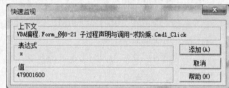

图 8-48 "快速监视"窗口

按钮，将该变量或表达式添加到随后打开的"监视窗口"窗口中，以做进一步分析。

VBA 的调试方法，除打开"调试"工具栏，单击其中的调试工具按钮外，还可以使用"调试"菜单中的命令选项来完成相应操作。

习 题 8

一、单选题

1. 在 VBA 中，表达式 $2 + 9 * 7 \text{ Mod } 17 \setminus 15 / 5$ 的值是_____。

 A. 3   B. 4   C. 5   D. 6

2. 在模块的声明部分使用"Option Base 1"语句，然后定义二维数组 A(2 to 5,5)，则该数组的元素个数是_____。

 A. 20   B. 24   C. 25   D. 36

3. 在 VBA 中，表达式 $\text{Not}(17\setminus7 >= 2 \text{ And } 10\setminus3 = 3) \text{ And True}$ 的值是_____。

 A. True   B. False   C. And   D. Or

4. 表达式 "B = INT(A + 0.5)" 的功能是_____。

 A. 将变量 A 保留小数点后 1 位   B. 将变量 A 保留小数点后 5 位

 C. 舍去变量 A 的小数部分   D. 将变量 A 四舍五入取整

5. 运行下列程序段，结果是_____。

```
For m = 10 to 1 step 0
    k = k + 3
Next m
```

A. 形成死循环   B. 出现语法错误

C. 循环体不执行即结束循环   D. 循环体执行一次后结束循环

6. 能够实现从指定记录集里检索特定字段值的函数是_____。

     A. Nz   B. Find   C. Lookup   D. DLookup

7. 下列表达式计算结果为日期类型的是_____。

     A. #2012-1-23# - #2011-2-3#   B. year(#2011-2-3#)

     C. DateValue("2011-2-3")   D. Len("2011-2-3")

8. VBA 的错误处理主要使用_____语句结构。

     A. Of Error   B. For Error   C. On Error   D. In Error

9. 在 VBA 中，通过设置_____，可以挂起代码。

     A. 出口点   B. 入口点   C. 删除点   D. 断点

10. 在窗体上有一个命令按钮 Command1 和一个文本框 Text1，编写事件代码如下：

```
Private Sub Command1_Click()
  Dim i, j, x
  For i = 1 To 20 step 2
   x = 0
   For j = i To 20 step 3
      x = x + 1
   Next j
  Next i
  Text1.Value = Str(x)
End Sub
```

打开窗体运行后，单击命令按钮，文本框 Text1 中显示的结果是_____。

     A. 0   B. 1   C. 7   D. 400

11. 在 VBA 中，声明符号常量的关键字是_____。

     A. Value   B. Text   C. %   D. Const

12. 在 VBA 中，有 Sub 过程和 Function 过程，其中 Function 过程将返回_____值。

     A. 零个   B. 一个   C. 两个   D. 多个

13. 在 VBA 中，过程参数的传递方式有传值和_____两种。

     A. 传语句   B. 传循环   C. 传址   D. 传声明

14. 在 VBA 中，一个表达式中同时含有算术运算符、关系运算符和逻辑运算符，且不含有圆括号 "()"，其运算次序是_____。

     A. 先运算关系运算符，其次是算术运算符，最后是逻辑运算符

     B. 先运算逻辑运算符，其次是关系运算符，最后是算术运算符

     C. 先运算算术运算符，其次是关系运算符，最后是逻辑运算符

15. VBA 中的逻辑值进行算术运算时，True 值被当作_____。

     A. 0   B. 10   C. −1   D. −10

16. 在 VBA 中，类型说明符_____表示的类型是整型。

     A. $ B. "   C. #   D. %

17. 窗体的 TimerInterval 属性的计量单位是_____。

     A. ks   B. hs   C. ms   D. μs

18. 变量名的长度不可以超过_____个字符。

    A. 32 　　　　　　B. 64 　　　　　　C. 128 　　　　　　D. 255

19. 下面_____是合法的字符常量。

    A. ABC$ 　　　　　B. "ABC888" 　　C. ABC 　　　　　D. ABC'

20. 下列语句中，定义窗体单击事件的头语句是_____。

    A. Private Sub Text_Dbclick() 　　　　B. Private Sub Form_Click()

    C. Private Sub Text_Click() 　　　　　D. Private Sub Form_Dbclick()

21. 下面正确的赋值语句是_____。

    A. X+Y=60 　　　　　　　　　　　B. Y* R =π* R * R

    C. Y=X–30 　　　　　　　　　　　D. 3Y=X

22. 程序的基本控制结构是_____。

    A. 子程序结构、自定义函数结构

    B. Do...Loop 结构、Do...Loop While 结构和 For...Next 结构

    C. 单行结构、多行结构和多分支结构

    D. 顺序结构、选择结构和循环结构

23. 表达式 IIf(0,50,IIf(-1,20,30)) 的结果是_____。

    A. 10 　　　　　　B. 20 　　　　　　C. 30 　　　　　　D. 25

24. 有如下事件程序，运行该程序后输出结果是_____。

```
Private Sub Command33_Click()
   Dim x As Integer, y As Integer
   x = 1: y = 0
   Do Until y <= 25
     y = y + x * x
     x = x + 1
   Loop
   MsgBox "x=" & x & ", y=" & y
End Sub
```

    A. x = 5,　y = 30 　　　　　　B. x = 4,　y = 25

    C. x = 2,　y = 20 　　　　　　D. x = 1,　y = 0

25. 执行下列 VBA 语句后，变量 a 的值是_____。

```
a = 1: b = 3 : c = 4 * a - b
If a * 2 - 1 <= b Then b = 2 * b + c
If b - a >c Then
   a = a + 1 : c = c - 1
Else
   a = a - 1
End If
```

    A. 0 　　　　　　B. 1 　　　　　　C. 2 　　　　　　D. 3

26. 执行下列 VBA 语句后，变量 n 的值是_____。

```
n = 0
For k = 8 To 0 step -3
   n = n + 1
```

```
Next
```

    A. 1　　　　　　B. 2　　　　　　C. 3　　　　　　D. 8

27. 以下循环的执行次数是_____。

```
k = 8
do while k <= 10
    k = k + 2
loop
```

    A. 1　　　　　　B. 2　　　　　　C. 3　　　　　　D. 4

28. 以下循环的执行次数是_____。

```
k = 6
do
    k = k + 2
loop Until  k <= 8
```

    A. 0　　　　　　B. 1　　　　　　C. 2　　　　　　D. 3

二、多选题

1. 下面正确的赋值语句是_____。

    A. X=60*Y^2　　　B. Y=3R * R　　　C. Y=X\4-30　　　D. 3Y=X

2. 下面_____是合法的变量名。

    A. X_yz99　　　　　B. 123abc　　　　　C. For

    D. X-Y　　　　　　E. S168_

3. 在 VBA 中用实际参数 a 和 b，调用子过程 area(m, n)，正确调用语句是_____。

    A. area(a, b)　　　B. call area(a, b)　　　C. call area(m,n)　　　D. area a, b

上机实验 8

    1. 在"成绩管理系统"数据库中，创建一个名为"显示或隐藏文本框"的窗体。在该窗体上创建一个文本框控件、三个命令按钮控件，命令按钮的标题分别设置为"显示""隐藏"和"关闭"，并为每个按钮分别编写单击事件过程的 VBA 程序代码。当运行该窗体时，单击"隐藏"按钮后文本框消失；单击"显示"按钮显示出文本框；单击"关闭"按钮关闭该窗体。

    2. 在"成绩管理系统"数据库中，创建一个名为"算术运算"的窗体，如图 8-49 所示。在该窗体上创建 3 个文本框控件、两个标签控件、8 个按钮控件。第一个标签的标题为"+"（注：先定"+"，以后会随所选的运算自动更改），第二个标签的标题为"="。这 8 个命令按钮的标题分别设置为"+""−""*""/""\""Mod""清除"和"关闭"（其中的"+""−""*""/""\"和"Mod"

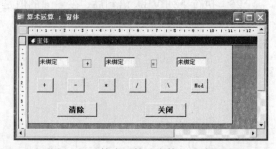

图 8-49　"算术运算"窗体的设计视图

6 个命令按钮是用于进行算术运算），并为每个按钮分别编写单击事件过程的 VBA 程序代码。当运行该窗体时，在第一个文本框和第二个文本框中分别输入数据后，如果单击"+"按钮，则将第一个标签的标题重新设置为"+"，在第三个文本框中显示两数之和；如果单击"*"按钮，则将第一个标签的标题重新设置为 "*"，在第三个文本框中显示两数之积。单击 "清除" 按钮，清除三个文本框中的内容；单击 "关闭" 按钮关闭该窗体。

3. 在 "成绩管理系统" 数据库中，创建一个名为 "求 1 到 n 的所有偶数之和" 的窗体。在该窗体上创建一个文本框控件、两个命令按钮控件，命令按钮的标题分别设置为 "计算" 和 "关闭"，并为每个按钮分别编写单击事件过程的 VBA 程序代码。当运行该窗体时，单击 "计算" 按钮，显示出一个含有 "请输入一个大于 1 的正整数" 信息的输入对话框，当用户在该输入对话框中输入一个正整数并单击 "确定" 按钮后，在该窗体的文本框中显示指定范围内的所有偶数之和。单击 "关闭" 按钮关闭该窗体。

4. 在 "成绩管理系统" 数据库中，创建一个名为 "由大到小排序" 的窗体。在该窗体上创建两个文本框控件、两个命令按钮控件，命令按钮的标题分别设置为 "降序排序" 和 "关闭"，并为每个按钮分别编写单击事件过程的 VBA 程序代码。当运行该窗体时，单击 "降序排序" 按钮，连续 10 次显示一个含有 "请输入一个数" 提示信息的输入对话框，供用户分别输入 10 个数。然后在该窗体的第一个文本框中显示排序前的原数据序列的数（每两个数用空格分隔），按冒泡法排序并在该窗体的第二个文本框中显示排序后的数据序列的数（每两个数用空格分隔）。单击 "关闭" 按钮关闭该窗体。

　　　　可参考 8.5.7 小节中的 "例 8-15" 所介绍的方法。

5. 在 "成绩管理系统" 数据库中，创建一个名为 "产生三个随机三位整数" 的窗体。在该窗体上创建三个文本框控件、两个命令按钮控件，命令按钮的标题分别设置为 "产生随机三位整数" 和 "关闭"，并为每个按钮分别编写单击事件过程的 VBA 程序代码。当运行该窗体时，单击 "产生随机三位整数" 按钮，并在该窗体的三个文本框中分别显示这三个随机三位整数。单击 "关闭" 按钮关闭该窗体。请注意：三位整数的下限值是 100，上限值是 999。

要求：编写产生一个随机三位整数的 Sub 子过程，在标题为 "产生随机三位整数" 的按钮的单击事件过程的 VBA 程序代码中，要进行三次 Sub 子过程调用。子过程名由用户自定。

　　　　可参考 "表 8-16" 下边的说明和 8.5.9 小节中的 "例 8-22" 所介绍的方法。

6. 在 "成绩管理系统" 数据库中，创建一个名为 "求圆的周长函数" 窗体。在该窗体上创建一个文本框控件、两个命令按钮控件，命令按钮的标题分别设置为 "求圆周长" 和 "关闭"，并为每个按钮分别编写单击事件过程的 VBA 程序代码。当运行该窗体时，单击 "求圆周长" 按钮，显示 InputBox 输入对话框供用户输入一个圆的半径的数值，单击该对话框中的 "确定" 按钮，在该窗体的文本框中显示根据该圆的半径所求出的圆周长值。（注：圆周率 $\pi=3.14159$。）

要求：编写一个求圆周长的标准函数过程，该函数过程包含一个圆半径的参数（单精度型）。在 "求圆周长" 按钮的单击事件过程的 VBA 程序代码中，包含对 InputBox 函数的调用，包含求圆周长的函数过程的调用。标准函数过程名及其形参名由用户自定。

　　　　可参考 8.5.9 小节中的 "例 8-23" 所介绍的方法。

第9章
VBA 的数据库编程

　　在开发 Access 数据库应用系统时，为了能开发出更实用的 Access 数据库应用程序，以便能快速、有效地管理好数据，还应当学习和掌握 VBA 的数据库编程方法。

9.1　数据库访问接口

　　为了在 VBA 程序代码中能方便地实现对数据库的数据访问功能，VBA 语言提供有相应的通用接口方式。

　　VBA 是通过 Microsoft Jet 数据库引擎工具来支持对数据库的访问。所谓数据库引擎实际上是一组动态链接库（DLL），当程序运行时被连接到 VBA 程序而实现对数据库的数据访问功能。数据库引擎是应用程序与物理数据库之间的桥梁，它以一种通用接口的方式，使各种类型物理数据库对用户而言都具有统一的形式和相同的数据访问与处理方法。

　　在 VBA 语言中，提供了如下三种基本的数据库访问接口。

　　（1）开放数据库互连应用编程接口（Open DataBase Connectivity API，ODBC API）。

　　（2）数据访问对象（Data Access Objects，DAO）。

　　（3）Active 数据对象（ActiveX Data Objects，ADO）。

　　在 VBA 语言程序设计中，通过数据库引擎可以访问如下三种类型的数据库。

　　（1）本地数据库，即 Access 数据库。

　　（2）外部数据库，即所有的索引顺序访问方法（ISAM）数据库。

　　（3）ODBC 数据库，即符合开放数据库连接（ODBC）标准的数据库，如 Oracle、Microsoft SQL Server 等。

9.2　数据访问对象

　　数据访问对象（DAO）是 VBA 语言提供的一种数据访问接口，包括数据库、表和查询的创建等功能，通过运行 VBA 程序代码可以灵活地控制数据访问的各种操作。

　　在 Access 2010 中，可以在 VBA 程序中使用 DAO 来访问（*.mdb）数据库和（*.accdb）数据库。

9.2.1　DAO 模型结构

　　DAO 模型的分层结构图如图 9-1 所示。它包含了一个复杂的可编程数据关联对象的层次，其中 DBEngine 对象处于最顶层，它是模型中唯一不被其他对象所包含的数据库引擎本身。层次低一层的对象是 Errors 和 Workspaces 对象。层次再低一层的对象，如 Errors 对象的低一层对象是 Error；Workspaces 对象的低一层对象是 Workspace。Databases 的低一层对象是 Database；Database 的低一层对象是 Containers、QueryDefs、RecordSets、Relations 和 TableDefs；TableDefs 对象的低一层对象是 TableDef；依此类推。其中对象名的尾字符为"s"的对象（如 Errors、Workspaces、Databases、TableDefs、Fields 等）是集合对象，集合对象下一层包含其成员对象。

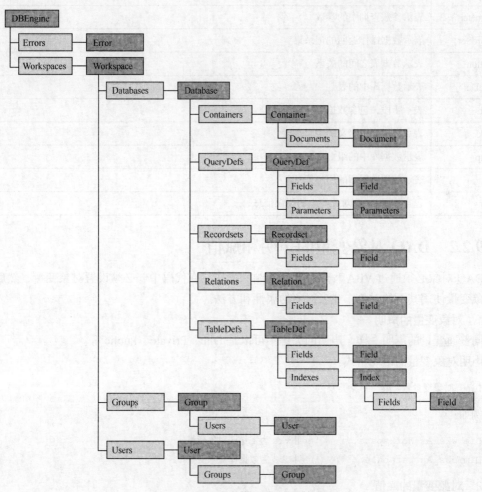

图 9-1　DAO 对象模型的分层结构图

　　DBEngine 下的各种对象分别对应被访问的数据库的不同部分。在 VBA 程序中设置对象变量，并通过对象变量来调用访问对象方法、设置访问对象属性，这样就实现了对数据库的各项访问操作。DAO 的对象说明如表 9-1 所示。

表 9-1　　　　　　　　　　　　　　　　　DAO 的对象说明

对象	说明
DBEngine	表示 Microsoft Jet 数据库引擎。它是 DAO 模型的最上层对象，而且包含并控制 DAO 模型中的其余全部对象
Workspace	表示工作区

对象	说明
Database	表示操作的数据库对象
Container	表示数据库中各种对象的基本数据，如使用权限等
Document	表示文档
QueryDef	表示数据库查询信息
Parameter	表示参数查询中的参数
RecordSet	表示数据操作返回的记录集
Relation	表示数据表之间的关系
TableDef	表示数据库中的表
Field	表示字段，包含数据类型和属性等
Index	表示数据表中定义的索引字段
Group	表示数据库中的组
User	表示使用数据库的用户信息
Error	包含使用 DAO 对象产生的错误信息

9.2.2　DAO 对象变量的声明和赋值

DAO 对象必须通过 VBA 程序代码来控制和操作。在代码中，必须设置对象变量，然后再通过对象变量使用其下的对象，或者对象的属性和方法。

1．对象变量的声明

同普通变量的声明一样，声明的关键字可以是 Dim、Private、Public 等。

声明对象变量的语句格式：

```
Dim 对象变量名 As 对象类型
```

例如：

```
Dim wks As Workspace        '声明 wks 为工作区对象变量
Dim dbs As Database         '声明 dbs 为数据库对象变量
```

2．对象变量的赋值

Dim 只是声明了对象变量的类型，对象变量的值必须通过 Set 赋值语句来赋值。

Set 赋值语句的格式：

```
Set 对象变量名称 = 对象指定声明
```

例如：

```
Set wks = DBEngine.Workspaces(0)                        '打开默认工作区（即 0 号工作区）
Set dbs = wks.OpenDatabase("E:\Access\职工管理.accdb")  '打开数据库
```

例 9-1　通过 DAO 编程，显示当前打开的数据库的名称。

```
Private Sub Cmd1_Click()
  Dim wks As Workspace                    '声明工作区对象变量
```

```
   Dim dbs As Database                     '声明数据库对象变量
   Set wks = DBEngine.Workspaces(0)        '打开默认工作区（即 0 号工作区）
   Set dbs = wks.Databases(0)              '打开当前（默认）数据库（即 0 号数据库）
   MsgBox dbs.Name                         'Name 是 Database 对象变量的属性
End Sub
```

9.2.3　DAO 对象的部分属性和方法

1. Database 对象的常用属性和方法

Database 对象代表数据库。Database 对象的常用属性如表 9-2 所示。Database 对象的常用方法如表 9-3 所示。

表 9-2　　　　　　　　　　　　　Database 对象的常用属性

属性	说明
Name	标识一个数据库对象的名称
Updatable	表示数据库对象是否可以被更新（为 True 可以更新，为 False 不可以更新）

表 9-3　　　　　　　　　　　　　Database 对象的常用方法

方法	说明
CreateQueryDef	创建一个新的查询对象
CreateTableDef	创建一个新的表对象
CreateRelation	建立新的关系
OpenRecordSet	创建一个新的记录集
Excute	执行一个 SQL 查询
Close	关闭数据库

说明：

（1）TableDef 对象代表数据库结构中的表结构。若要创建一个 TableDef 对象，需要使用 Database 对象的 CreatTableDef 方法。

使用 CreatTableDef 方法的语句格式：

```
Set tbe = dbs.CreateTableDef("<表名>")      '创建数据表
```

其中 tbe 是表对象变量，dbs 是数据库对象变量，<表名>是要创建的表的名称。

（2）若要创建一个 RecordSet 对象，需要使用 Database 对象的 OpenRecordSet 方法。

使用 OpenRecordSet 方法的语句格式：

```
Set res = dbs.OpenRecordSet(source, type, options, lockedit)
```

其中 res 是记录集对象变量，dbs 是数据库对象变量，source 是记录集的数据源。通常情况下，type、options 和 lockedit 三个参数也可以省略。例如：

```
Set res = DBEngine.Workspaces(0).Databases(0).OpenRecordSet("用户表")
```

或

```
Set res = DBEngine.Workspaces(0).Databases(0).OpenRecordSet("select * from用户表")
```

2. TableDef 对象的 CreateField 方法

使用 TableDef 对象的 CreateField 方法可创建表中的字段。

使用 CreateField 方法的语句格式：

```
Set fed = tbe.CreateField(name, type, size)
```

其中 fed 是字段对象变量，tbe 是表对象变量，name 是字段名。type 是字段的数据类型，要用英文字符表示，如 dbText 表示文本型，dbInteger 表示整型。size 表示字段大小。

3. RecordSet 对象的常用属性和方法

RecordSet 对象代表一个表或查询中的所有记录。RecordSet 对象提供了对记录的添加、删除和修改等操作的支持。

RecordSet 对象的常用属性如表 9-4 所示。

表 9-4 RecordSet 对象的常用属性

属性	说明
Bof	若为 True，记录指针指向记录集的第一个记录之前
Eof	若为 True，记录指针指向记录集的最后一个记录之后
Filter	设置筛选条件过滤出满足条件的记录
RecordCount	返回记录集对象中的记录个数
NoMatch	使用 Find 方法时，如果没有匹配的记录，则为 True，否则为 False

RecordSet 对象的常用方法如表 9-5 所示。

表 9-5 RecordSet 对象的常用方法

方法	说明
AddNew	添加新记录
Delete	删除当前记录
Eidt	编辑当前记录
FindFirst	查找第一个满足条件的记录
FindLast	查找最后一个满足条件的记录
FindNext	查找下一个满足条件的记录
FindPrevious	查找前一个满足条件的记录
Move	移动记录指针
MoveFirst	把记录指针移到第一个记录
MoveLast	把记录指针移到最后一个记录
MoveNext	把记录指针移到下一个记录
MovePrevious	把记录指针移到前一个记录
Requery	重新运行查询，以更新 RecordSet 中的记录

9.2.4 利用 DAO 访问数据库

在 VBA 编程中，利用 DAO 实现对数据库访问时，要先创建对象变量，再通过对象方法和属性来进行操作。

下面通过例子介绍利用 DAO 实现对数据库访问的一般语句和步骤。

例 9-2 编写一个使用 DAO 的名为 UseDaoUpdateAge 的子过程，通过调用该子过程来完成对"职工管理"数据库的"职工基本资料"表的年龄字段值都加 1 的操作（假设"职工管理.accdb"数据库文件存放在 E 盘下的 Access 文件夹中，"职工基本资料"表中的"年龄"字段的数据类型是整型）。本例的窗体名称为"例 9-2 使用 DAO 编程-年龄加 1"。

Cmd1 命令按钮的单击事件过程和 UseDaoUpdateAge 子过程的 VBA 程序代码如下。

```
Private Sub Cmd1_Click()
    Call UseDaoUpdateAge                              '调用无参子过程
End Sub
Private Sub UseDaoUpdateAge()
    Dim wks As DAO.Workspace                          '声明工作区对象变量
    Dim dbs As DAO.Database                           '声明数据库对象变量
    Dim res As DAO.Recordset                          '声明记录集对象变量
    Dim fld As DAO.Field                              '声明字段对象变量
    Set wks = DBEngine.Workspaces(0)                  '打开 0 号工作区
    Set dbs = wks.OpenDatabase("E:\Access\职工管理.accdb") '打开数据库
    '注意：如果操作当前数据库，可用 Set dbs=CurrentDb()来替换上面两条赋值语句!
    Set res = dbs.OpenRecordset("职工基本资料")        '打开"职工基本资料"表记录集
    Set fld = res.Fields("年龄")                       '设置"年龄"字段引用
    '对记录集用循环结构进行遍历
    Do While Not res.EOF         '当记录指针指向记录集最后一个记录之后时，EOF 为 True
        res.Edit                 '设置为"编辑"状态
        fld = fld + 1            '"年龄"值加 1
        res.Update               '更新保存年龄值，即写入"职工基本资料"表年龄字段
        res.MoveNext             '记录指针移动至(指向)记录集的下一个记录
    Loop
    res.Close                    '关闭"职工基本资料"表
    dbs.Close                    '关闭数据库
    Set res = Nothing            '回收记录集对象变量 res 的内存占用空间
    Set dbs = Nothing            '回收数据库对象变量 dbs 的内存占用空间
    MsgBox "请查看"职工管理.accdb"数据库中的"职工基本资料"表中的数据" '显示消息对话框
End Sub
```

例 9-3　通过在 VBA 程序中使用 DAO，在当前数据库中创建一个名为"用户表"的表。"用户表"的表结构如表 9-6 所示。该表的主键是"用户 ID"字段。本例的窗体名是"例 9-3 用 DAO 创建数据表"，窗体中的命令按钮名称是 Cmd1。

表 9-6　　　　　　　　　　　　　"用户表"的表结构

字段名	用户 ID	注册名称	注册密码	用户姓名
数据类型	dbInteger	dbText	dbText	dbText
字段大小		8	8	8
说明	整型	文本型	文本型	文本型

Cmd1 命令按钮的单击事件过程的 VBA 程序代码如下。

```
Private Sub Cmd1_Click()
    Dim wks As Workspace                              '工作区对象变量的声明
```

```
        Dim dbs As Database                              '数据库对象变量的声明
        Dim tbe As TableDef                              '表对象变量的声明
        Dim fed As Field                                 '字段对象变量的声明
        Dim idx As Index                                 '索引对象变量的声明
        Set wks = DBEngine.Workspaces(0)                 '打开下标为 0 的工作区
        Set dbs = wks.Databases(0)                       '打开下标为 0 数据库（即当前数据库）
        Set tbe = dbs.CreateTableDef("用户表")           '创建名为"用户表"的表
        Set fed = tbe.CreateField("用户 ID", dbInteger)  '创建字段
        tbe.Fields.Append fed                            '添加字段进集合对象 Fields
        Set fed = tbe.CreateField("注册名称", dbText, 8) '创建字段
        tbe.Fields.Append fed
        Set fed = tbe.CreateField("注册密码", dbText, 8) '创建字段
        tbe.Fields.Append fed
        Set fed = tbe.CreateField("用户姓名", dbText, 8) '创建字段
        tbe.Fields.Append fed
        Set idx = tbe.CreateIndex("pk1")                 '创建索引 pk1
        Set fed = idx.CreateField("用户 ID")             '创建索引字段
        idx.Fields.Append fed                            '添加索引
        idx.Unique = True                                '设置索引唯一
        idx.Primary = True                               '设置主键
        tbe.Indexes.Append idx                           '添加索引 idx 进集合对象 Indexes
        dbs.TableDefs.Append tbe                         '添加表 tbe 进集合对象 TableDefs
        dbs.Close                                        '关闭当前数据库
        Set dbs = Nothing                                '回收数据库对象变量 dbs 的内存占用空间
    End Sub
```

例 9-4 通过在 VBA 程序中使用 DAO，实现的当前数据库中的"用户表"添加新记录。本例的窗体名是"例 9-4 用 DAO 往用户表添加记录"，如图 9-2 所示。

该窗体类模块中的全部 VBA 程序代码如图 9-3 所示。

图 9-2 "例 9-4 用 DAO 往用户表添加
记录"窗体设计视图

图 9-3 例 9-4 代码

9.3　ActiveX 数据对象

ActiveX 数据对象（ActiveX Data Objects，ADO）是基于组件的数据库编程接口，它可以对来自多种数据提供者的数据进行读取和写入操作。ADO 可使客户端应用程序能够通过 OLE DB 提供者访问和操作数据库服务器中的数据。ADO 具有易于使用、速度快、内存支出低和占用磁盘空间少等优点。ADO 支持用于建立客户端/服务器和基于 Web 的应用程序的主要功能。

在 Access 模块设计时要使用 ADO 的各个数据对象，需要增加对 ADO 库的引用。其中，在 Access 2010 中，要在 VBA 程序中使用 ADO 来访问（*.accdb）数据库，需要增加对"Microsoft ActiveX Data Objects 6.1 Library"库的引用。该引用的设置方法：打开 VBE 窗口，单击菜单栏上的"工具"，单击"工具"菜单中的"引用"项，弹出"引用"对话框，从"可使用的引用"列表项中，选中"Microsoft ActiveX Data Objects 6.1 Library"项的复选框，如图 9-4 所示，然后单击"确定"按钮。

本节仅介绍使用 ADO 来访问（*.accdb）数据库。

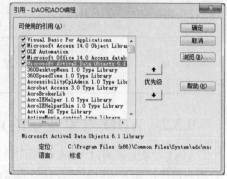

图 9-4　"引用"对话框

　如果不增加对 ADO 库的引用，便不能在 VBA 程序中使用 ADO 来访问（*.accdb）数据库。

ADODB 前缀是 ADO 类型库的短名称，它用于明确地识别与 DAO 同名对象的 ADO 对象。例如，ADODB.RecordSet 与 DAO 中的 RecordSet 可区别开来。

9.3.1　ADO 模型结构

ADO 对象模型图如图 9-5 所示，它提供一系列数据对象供使用。不过，ADO 接口与 DAO 不同，ADO 对象不需派生，大多数对象都可以直接创建（Field 和 Error 除外），没有对象的分级结构。使用时，只需在程序中创建对象变量，并通过对象变量来调用访问对象方法、设置访问对象属性，这样就可实现对数据库的各项访问操作。ADO 各对象之间的联系如图 9-6 所示。

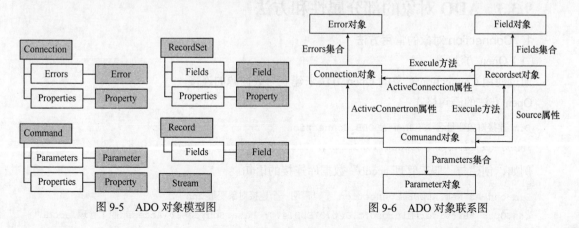

图 9-5　ADO 对象模型图　　　　图 9-6　ADO 对象联系图

ADO 的对象说明如表 9-7 所示。

表 9-7　　　　　　　　　　　　　　　　ADO 对象说明

对象或集合	说明内容
Connection 对象	代表与数据源的唯一会话。在使用客户端/服务器数据库系统的情况下，该对象可以等价于与服务器的实际网络连接。Connection 对象的某些集合、方法或属性可能不可用，这取决于提供者支持的功能
Command 对象	用来定义针对数据源运行的具体命令，例如 SQL 查询
Recordset 对象	表示从基本表或命令执行的结果所得到的整个记录集合。所有 Recordset 对象均由记录（行）和字段（列）组成
Record 对象	表示来自 RecordSet 或提供者的一行数据。该记录可以表示数据库记录或某些其他类型的对象（例如文件或目录），这取决于提供者
Stream 对象	表示二进制或文本数据的数据流。例如，XML 文档可以加载到数据流中以便进行命令输入，也可以作为查询结果从某些提供者那里返回。Stream 对象可用于对包含这些数据流的字段或记录进行操作

9.3.2　ADO 对象变量的声明

ADO 对象必须通过 VBA 程序代码来控制和操作。在代码中必须设置对象变量，然后再通过对象变量使用其下的对象或者对象的属性和方法。

声明对象变量的语句格式：

```
Dim  对象变量名称  As  ADODB.对象类型
```

例如：

```
Dim con As New ADODB.Connection      '声明一个连接对象变量
Dim res As New ADODB.RecordSet       '声明一个记录集对象变量
```

　　　　　ADODB 是 ADO 类型库的短名称，用于识别与 DAO 中同名的对象。例如，DAO中有 RecordSet 对象，ADO 中也有 RecordSet 对象，为了能够区分开来，在 ADO 中声明 RecordSet 类型对象变量时，用 ADODB.RecordSet 表示。总之，在 ADO 中声明对象变量时，一般都要使用前缀"ADODB"。

9.3.3　ADO 对象的部分属性和方法

1. Connection 对象的常用方法

（1）Open 方法。

通过使用 Connection 对象的 Open 方法来建立与数据源的连接。

Open 方法的语句格式：

```
Dim 连接对象变量名 As New ADODB.Connection
连接对象变量名.Open ConnectionString, UserID, Password, OpenOptions
```

例如，创建与"职工管理.accdb"数据库连接的语句。

```
Dim cnn As New ADODB.Connection     '声明一个连接对象变量 cnn
cnn.Open "Provider=Microsoft.Jet.OLEDB.4.0; Data Source=E:\Access\职工管理.accdb"
```

（2）Close 方法。

通过使用 Connection 对象的 Close 方法来关闭与数据源的连接。

Close 方法的语句格式：

连接对象变量名.Close

注意
　　该语句可以关闭 Connection 对象，断开应用程序与数据源的连接。但是 Connection 仍在内存中，释放 Connection 对象变量的方法是使用下面语句格式的语句。

释放连接对象变量的语句格式：

Set 连接对象变量名 = nothing

例如，关闭与"职工管理.accdb"连接的语句。

```
cnn.Close
Set  cnn = nothing
```

（3）如果指定的数据源就是当前已经打开的数据库，则必须通过 CurrentProject 对象的 Connection 属性来取得连接。

语句格式：

```
Dim 连接对象变量名 As New ADODB.Connection
Set 连接对象变量名= CurrentProject.Connection
```

例如：创建与当前已经打开的数据库的连接。

```
Dim cnn As New ADODB.Connection
Set cnn = CurrentProject.Connection
```

2. RecordSet 对象的常用属性和方法

建立 Recordset 对象的语句格式：

```
Dim 记录集对象变量名 As ADODB.Recordset
Set 记录集对象变量名 = New ADODB.Recordset
```

RecordSet 对象的常用属性如表 9-8 所示。RecordSet 对象的常用方法如表 9-9 所示。

表 9-8　　　　　　　　　　　　　RecordSet 对象的常用属性

属性	说明
Bof	若为 True，记录指针指向记录集的顶部（即指向第一个记录之前）
Eof	若为 True，记录指针指向记录集的底部（即指向最后一个记录之后）
RecordCount	返回记录集对象中的记录个数

表 9-9　　　　　　　　　　　　　RecordSet 对象的常用方法

方法	说明
Open	打开一个 RecordSet 对象
Close	关闭一个 RecordSet 对象
AddNew	在 RecordSet 对象中添加一个记录
Update	将 RecordSet 对象中的数据保存（即写入）到数据库

续表

方法	说明
CancelUpdate	取消对 RecordSet 对象的更新操作
Delete	删除 RecordSet 对象中的一个或多个记录
Find	在 RecordSet 中查找满足指定条件的行
Move	移动记录指针到指定位置
MoveFirst	把记录指针移到第一个记录
MoveLast	把记录指针移到最后一个记录
MoveNext	把记录指针移到下一个记录
MovePrevious	把记录指针移到前一个记录
Clone	复制某个已存在的 RecordSet 对象

3. Command 对象的常用属性和方法

（1）建立 Command 对象。

建立 Command 对象的语句格式：

```
Dim 对象变量名 As New ADODB.Command
```

（2）Command 对象的常用属性如表 9-10 所示。

表 9-10   Command 对象的常用属性

属性	说明
ActiveConnection	指明 Connection 对象
CommandText	指明查询命令的文本内容，可以是 SQL 语句

（3）Command 对象的常用方法如表 9-11 所示。

表 9-11   Command 对象的常用方法

方法	说明
Execute	执行在 CommandText 属性中指定的 SQL 查询命令

9.3.4   利用 ADO 访问数据库

在 VBA 编程中，利用 ADO 实现对数据库访问时，要先创建对象变量，再通过对象方法和属性来进行操作。

在 Access 的 VBA 语言中，为 ADO 提供了类似 DAO 的数据库打开快捷方式，即 CurrentProject.Connection，它指向一个默认的 ADODB.Connection 对象，该对象与当前数据库的 Jet OLE DB 服务提供者一起工作。用户必须使用 CurrentProject.Connection 作为当前打开数据库的 ADODB.Connection 对象，不像 CurrentDB()是可选的。

例 9-5   编写一个使用 ADO 的名为 UseAdoUpdateAge 的子过程，通过调用该子过程来完成对"职工管理"数据库的"职工基本资料"表的年龄字段值都加 1 的操作（假设"职工管理.accdb"数据库文件存放在 E 盘下的 Access 文件夹中，"职工基本资料"表中的"年龄"字段的数据类型是整型）。本例的窗体名称为"例 9-5 使用 ADO 编程-年龄加 1"。

　　Cmd1 命令按钮的单击事件过程和 UseAdoUpdateAge 子过程的 VBA 程序代码如下。

```
Private Sub Cmd1_Click()
    Call UseAdoUpdateAge                     '无参子过程调用
End Sub
Sub UseAdoUpdateAge()
    Dim con As New ADODB.Connection          '声明一个连接对象变量
    Dim res As New ADODB.Recordset           '声明一个记录集对象变量
    Dim fld As ADODB.Field                   '声明一个字段变量
    Dim StrConnect As String                 '声明一个用于连接的字符串类型变量
    Dim strSQL As String                     '声明一个用于 SQL 语句的字符类型变量

    StrConnect="E:\Access\职工管理.accdb"     '设置连接数据库
    con.Provider="Microsoft.ACE.OLEDB.12.0"  '设置数据库提供者
    con.Open strConnect                      '打开与"职工管理.accdb"数据库连接
'注意: 如果操作当前数据库, 可用语句 Set con=CurrentProject.Connection 来替换上面三条语句!
    StrSQL="Select 年龄 from 职工基本资料"    '设置 SQL 查询命令字符串
    res.Open strSQL,con,abOpenDynamic,adLockOptimistic,adCmdText  '打开记录集
    Set fld=res.Fields("年龄")               '设置"年龄"字段引用
    Do While Not res.EOF                     '对记录集用循环结构进行遍历
        Fld=fld + 1                          '"年龄"字段值加 1
        res.Update                           '写入数据库, 保存年龄字段值
        res.MoveNext                         '记录指针移动至下一个
    Loop
    res.Close                                '关闭记录集
    con.Close                                '关闭数据库连接
    Set res=Nothing                          '回收记录集对象变量 res 的内存占用空间
    Set con=Nothing                          '回收连接对象变量 con 的内存占用空间
End Sub
```

习　题　9

单选题

1. DAO 对象模型采用分层结构, 位于最顶层的对象是＿＿＿＿＿。

　　A. Errors　　　　　　B. Workspaces　　　C. Users　　　　　　　D. DBEngine

2. 在为 DAO 对象变量赋值的语句中, 必须使用的关键字是＿＿＿＿＿。

　　A. Add　　　　　　　B. Or　　　　　　　C. And　　　　　　　　D. Set

3. DAO 的 Database 对象的＿＿＿＿＿方法可以关闭一个已打开的 Database 对象。

　　A. Exit　　　　　　　B. Quit　　　　　　C. Close　　　　　　　D. Delete

4. DAO 的＿＿＿＿＿对象用来表示一个表的定义, 但不包含表内的数据。

　　A. Open　　　　　　　B. RecordSet　　　　C. Close　　　　　　　D. TableDef

5. 在 DAO 中，要实现对数据库中的数据进行处理，必须使用 DAO 的_____对象。

    A. Open   B. RecordSet   C. Close   D. Delete

6. ADO 的 Connection 对象的_____方法，可以打开与数据源的连接。

    A. Open   B. Recordset   C. Close   D. Delete

7. ADO 的 Recordset 对象的_____方法可用来新建记录。

    A. Open   B. AddNew   C. Close   D. Delete

8. ADO 的 Recordset 对象没有包含任何记录，则 RecordCount 属性的值为_____。

    A. −1   B. 0   C. 1   D. True

9. 若要判断 ADO 的记录集对象 rst 是否已经到该记录集尾部，则使用的条件表达式是_____。

    A. rst.Bof   B. rst.Eof   C. rst.End   D. rst.Last

10. 在 ADO 中，要执行 SQL 查询命令，必须使用 ADO 的_____对象。

    A. Open   B. Recordset   C. Command   D. Delete

上机实验 9

1. 在"成绩管理系统"数据库中，创建一个名为"DAO 显示当前数据库的名称"的窗体。在该窗体上创建一个名为"Lab0"的标签，以及创建一个名为"Cmd0"的命令按钮。在 Cmd0 命令按钮的单击事件过程的 VBA 程序代码中，使用 DAO 编程实现在 Lab0 标签上显示出当前打开的数据库的名称。

2. 在"成绩管理系统"数据库中，创建一个名为"DAO 创建数据表"的窗体。在该窗体上创建一个名为"Cmd0"的命令按钮。在 Cmd0 命令按钮的单击事件过程的 VBA 程序代码中，使用 DAO 编程，实现在"成绩管理系统"数据库中创建一个名为"职称外语考试成绩表"的表。该表的主键是"考号"字段。该表的结构如表 9-12 所示。

表 9-12   职称外语考试成绩表的结构

字段名	考号	姓名	成绩
数据类型	dbText	dbText	dbInteger
字段大小	10	8	

3. 在"成绩管理系统"数据库中，创建一个名为"DAO 添加新记录"的窗体。通过 DAO 编程，实现向"职称外语考试成绩表"表添加新记录的功能。添加新记录的数据如表 9-13 所示。

表 9-13   添加一个记录的数据

考号	姓名	成绩
2017999901	赵薇	86

附录 1
习题参考答案

第 1 章习题

一、单选题

1. B　2. D　3. C　4. A　5. A　6. B　7. D　8. B　9. D　10. C
11. B　12. C　13. A　14. A　15. C　16. B　17. B　18. A　19. B　20. C
21. B　22. B　23. A　24. B　25. D

二、多选题

1. DE　2. ABD　3. ACD

第 2 章习题

单选题

1. B　2. D　3. C　4. B　5. C　6. B　7. C

第 3 章习题

单选题

1. C　2. C　3. C　4. B　5. D　6. B　7. B　8. A　9. C　10. C
11. A　12. B　13. C　14. B　15. C　16. B　17. C　18. A

第 4 章习题

单选题

1. B　2. C　3. B　4. B　5. B　6. B　7. C　8. B　9. D　10. D
11. D　12. B　13. A　14. B　15. D　16. A　17. D　18. C　19. C　20. C
21. C　22. C

第 5 章习题

一、单选题

1. B   2. C   3. D   4. C   5. D   6. B   7. C   8. B   9. D   10. C

11. D   12. D   13. A   14. B   15. C   16. D   17. A

二、多选题

1. BCD   2. ABCD   3. BD

第 6 章习题

一、单选题

1. B   2. B   3. C   4. C   5. A   6. B   7. D   8. B   9. A   10. B

11. B   12. A   13. C   14. D   15. C   16. D   17. A   18. D

二、多选题

1. ABC   2. ABC

第 7 章习题

单选题

1. D   2. C   3. A   4. B   5. B   6. D   7. C   8. D   9. C   10. D

11. C   12. C   13. B   14. D

第 8 章习题

一、单选题

1. C   2. A   3. B   4. D   5. C   6. D   7. C   8. C   9. D   10. B

11. D   12. B   13. C   14. C   15. C   16. D   17. C   18. D   19. B   20. B

21. C   22. D   23. B   24. D   25. C   26. C   27. B   28. B

二、多选题

1. AC   2. AE   3. BD

第 9 章习题

单选题

1. D   2. D   3. C   4. D   5. B   6. A   7. B   8. B   9. B   10. C

附录 2
函数

附录 2.1　数　学　函　数

附表 2-1　　　　　　　　　　　　　常用的数学函数

函数	功能	例子	例子结果
Abs(<表达式>)	返回数值表达式的绝对值	Abs(-3)	3
Int(<数值表达式>)	返回不大于数值表达式值的最大整数	Int(3.75) Int(-3.25)	3 -4
Fix(<数值表达式>)	返回数值表达式值的整数部分(即去掉小数部分)	Fix(3.75) Fix(-3.25)	3 -3
Exp(<数值表达式>)	计算 e 的 N 次方，返回一个双精度数	Exp(2)	7.38905609893065
Log(<数值表达式>)	计算 e 为底的数值表达式的值的对数	Log(7.39)	2.00012773496011
Round (<数值表达式>, n)	返回对数值表达式的值按指定的小数位数 n 进行四舍五入	Round(12.57, 0) Round(12.57, 1)	13 12.6
Sqr(<数值表达式>)	返回数值表达式值的平方根	Sqr(16)	4
Sin(<数值表达式>)	返回数值表达式弧度值的正弦值		
Cos(<数值表达式>)	返回数值表达式弧度值的余弦值		
Tan(<数值表达式>)	返回数值表达式弧度值的正切值		
Rnd(<数值表达式>)	产生一个（0，1）范围内的随机数，为单精度类型。如果数值表达式值小于 0，每次产生相同的随机数；如果数值表达式值大于 0，每次产生新的随机数；如果数值表达式等于 0，产生最近生成的随机数，且生成的随机数序列相同；如果省略数值表达式参数，则默认参数值大于 0	Rnd	
Randomize 语句	初始化随机数生成器，使每次产生不同随机数	Randomize	

附录 2.2 文 本 函 数

附表 2-2 文本函数

函数	功能	例子	例子结果
Len(<字符串>或<变量名>)	求字符串的长度（包含的字符个数）	Len("ABCDE") Len("中大98届毕业生")	5 8
Left(字符串, n)	取字符串左边 n 个字符	Left("ABCD", 2)	"AB"
Right(字符串, n)	取字符串右边 n 个字符	Right("ABCD", 3)	"BCD"
Mid(字符串, p[,n])	从字符串第 p 个开始取 n 个字符；当省略 n 时，从字符串第 p 个开始取到末尾	Mid("ABCDE", 2, 3) Mid("ABCDE", 2)	"BCD" "BCDE"
Instr([<起始位置数值表达式>],<字符串>,<子字符串>[,<比较方法>])	返回一个值，该值是检索子字符串在字符串中最早出现的位置。若查找不到，则返回 0。其中，起始位置数值表达式为可选项，是检索的起始位置，若省略，从第一个字符开始检索。比较方法为可选项，指定字符串比较方法，其值可以为 0、1 或 2，值为 0（缺省）做二进制比较，值为 1 做不区分大小写的文本比较，值为 2 做基于数据库中包含信息的比较。若指定比较方法，则必须指定起始位置数值表达式值	InStr("20161231", "23") InStr(2, "ABaCAbA", "A", 1) InStr("20161231", "73")	6 3 0
String(n, 字符)	返回 n 个重复字符	String(4, "A") String(4, 65)	"AAAA" "AAAA"
Space(n)	返回 n 个空格	Space(4)	" "
Trim(字符串)	去掉字符串开始及尾部的空格	Trim(" A BC ")	"A BC"
LTrim(字符串)	去掉字符串开始的空格	LTrim(" A BC ")	"A BC "
RTrim(字符串)	去掉字符串尾部的空格	RTrim(" A BC ")	" A BC"
Lcase(字符串)	将字符串所有字符转成小写	Lcase("APPLe")	"apple"
Ucase(字符串)	将字符串所有字符转成大写	Ucase("Apple")	"APPLE"

附录 2.3 日期/时间函数

附表 2-3 日期/时间函数和转换日期函数

函数	功能	例子	例子结果
Date()	返回当前系统日期	Date()	#2017-5-1#
Time()	返回当前系统时间	Time()	#10:23:15#
Now()	返回当前系统日期和时间	Now()	#2017-5-1 13:2:13#
Year(<日期表达式>)	返回日期表达式的年份的整数	Year(#2017-1-31#)	2017

续表

函数	功能	例子	例子结果
Month(<日期表达式>)	返回日期表达式的月份的整数	Month(#2017-1-31#)	1
Day(<日期表达式>)	返回日期表达式的日的整数	Day(#2017-1-31#)	31
Weekday(<日期表达式>[, w])	返回 1~7 的整数，表示星期几。当省略[, w]时，1 表示星期日，2 表示星期一，3 表示星期二，依次类推。其中 w 参数值设置如表 8-19 所示	Weekday(#2017-5-1#)	2　即星期一
Hour(<时间表达式>)	返回时间表达式小时的整数	Hour(#10:23:15#)	10
Minute(<时间表达式>)	返回时间表达式分钟的整数	Minute(#10:23:15#)	23
Second(<时间表达式>)	返回时间表达式秒的整数	Second(#10:23:15#)	15
DateAdd(<间隔类型>, <间隔值>, <日期表达式>)	对日期表达式表示的日期按照间隔类型加上或减去指定的时间间隔值	T = #9/16/2016# a = DateAdd("yyyy", 4, T) b = DateAdd("m", -3, T)	a=#9/16/2020# b=#6/16/2016#
DateDiff(<间隔类型>, <日期 1>, <日期 2>[, W1][, W2])	返回日期 1 和日期 2 之间按照间隔类型所指定的时间间隔数目，其中 w1 参数值设置如表 8-19 所示，w2 参数值设置如附表 2-3a 所示	T = #9/16/2016# T2 = #1/24/2017# X=DateDiff("yyyy", T, T2) Y=DateDiff("m", T, T2)	X=1　即隔 1 年 Y=4　即隔 4 月
DatePart(<间隔类型>, <日期> [, W1] [, W2])	返回日期中按间隔类型所指定的时间部分值，其中 w1 参数值设置如表 8-19 所示，w2 参数值设置如附表 2-3a 所示	T = #1/5/2017# c = DatePart("yyyy", T) d = DatePart("ww", T)	c=2017 d=1　即第 1 周
DateSerial(表达式 1, 表达式 2, 表达式 3)	返回由表达式 1 值为年、表达式 2 值为月、表达式 3 值为日而组成的日期值	DateSerial(2017, 6-1, 30)	#2017-5-30#
MonthName(n)	把数值 n(1~12)转换为月份名称	MonthName(1)	一月
WeekdayName(n)	把数值 n(1~7)转换为星期名称	WeekdayName(1) WeekdayName(2)	星期日 星期一
DateValue(<字符串表达式>)	将字符串转换为日期值	DateValue("February 21,2017")	#2017-2-21#
IsDate(<表达式>)	指出一个表达式是否可以转换成日期，返回 True 值表示可以转换，返回 False 值表示不可以转换	IsDate("2008-12-31") IsDate("2008-12-33") IsDate(2009-1-1)	True False False

补充：　上述日期函数中用到了"间隔类型"参数，"间隔类型"参数的设置值如附表 2-3a 中所述。

附表 2-3a　　　　　　　　　　　"间隔类型"参数设置值

设置	描述	设置	描述
yyyy	年	w	一周的日数
q	季	ww	周
m	月	h	时
y	一年的日数	n	分钟
d	日	s	秒

附录 2.4　SQL 聚合函数

附表 2-4　　　　　　　　　　　SQL 聚合函数

函数	返回类型	功能	例子	例子结果
Sum(<字符表达式>)	数字数据类型	返回字符表达式中的总和。字符表达式可以是一个字段名，也可以是一个含字段名的表达式，但所含字段应该是数字数据类型的字段	Select Sum([工资]) as 工资总额 from 职工	
Avg（<字符表达式>）	数字数据类型	返回字符表达式中的平均值。字符表达式可以是一个字段名，也可以是一个含字段名的表达式，但所含字段应该是数字数据类型的字段	Select Avg([工资]) as 平均工资 from 职工	
Count(<字符表达式>)	Long	返回字符表达式中的个数，即统计记录个数。字符表达式可以是一个字段名，也可以是一个含字段名的表达式，但所含字段名应该是数字数据类型的字段	Select Count(*) as 人数 from 职工	
Max（<字符表达式>）	数字数据类型	返回字符表达式中值的最大值，字符表达式可以是一个字段名，也可以是一个含字段名的表达式，但所含字段应该是数字数据类型的字段	Select Max([工资]) as 最高工资 from 职工	
Min（<字符表达式>）	数字数据类型	返回字符表达式中值的最小值，字符表达式可以是一个字段名，也可以是一个含字段名的表达式，但所含字段应该是数字数据类型的字段	Select Min([工资]) as 最低工资 from 职工	

附录 2.5　转 换 函 数

附表 2-5　　　　　　　　　　　数据类型转换函数

函数	返回类型	功能	例子	例子结果
Asc(<字符串>)	Integer	返回字符串首字符的字符代码（ASCII 码）	Asc("ABC") Asc("a168")	65 97
Chr(<字符代码>)	String	返回与字符代码（ASCII 码）相关的字符	Chr(65) Chr(97)	"A" "a"

函数	返回类型	功能	例子	例子结果
Str(<数值表达式>)	String	将数值表达式值转换成字符串，当一数字转成字符串时，总在正数的前头保留一空格	Str(2009) Str(3.14) Str(-3.14)	" 2009" " 3.14" "-3.14"
Val(<字符串>)	Double	将字符串转换成数值型数据	Val("3.14") Val("3.14FT") Val("ST3.14")	3.14 3.14 0
Cbool(<表达式>)	Boolean	将表达式转换成布尔型数据，0或"0"转换成False，非（0或"0"）转换成True	Cbool(0) Cbool(-1) Cbool("28")	False True True
Cbyte(<表达式>)	Byte	将表达式转换成字节型数据，0~255	Cbyte("0") Cbyte("168.5")	0 168
Ccur(<表达式>)	Currency	将表达式转换成货币型数据	Ccur(-3.45687) Ccur("3.45687")	-3.4569 3.4569
Cdate(<表达式>)	Date	将表达式转换成日期型数据	Cdate("2012/6/18")	#2012-6-18#
CDbl(<表达式>)	Double	将表达式转换成双精度型数据	CDbl("87654348.23")	87654348.23
Cint(<表达式>)	Integer	将表达式转换成整型数据，小数部分四舍五入	Cint(168.48) Cint(-962.58) Cint("-962.58")	168 -963 -963
CLng(<表达式>)	Long	将表达式转换成长整型数据，小数部分四舍五入	CLng(6543218.6) CLng("978342.4") CLng(-978638.6)	6543219 978342 -978639
CSng(<表达式>)	Single	将表达式转换成单精度型数据	CSng(-3264.4568) CSng("3264.4568")	-3264.457 3264.457
CStr(<表达式>)	String	将表达式转换成字符串型数据	CStr(3.14) CStr(-3.14)	"3.14" "-3.14"

附录 2.6　程序流程函数

附表 2-6　　　　　　　　　　　　　　程序流程函数

函数	返回类型	功能	例子	例子结果
Choose(<索引式>,<表达式 1>[,<表达式 2>…[,<表达式 n>])	与返回<表达式>类型相同	根据索引式的值来返回表达式列表中的某个值。索引式值为1，返回表达式1的值，索引式值为2，返回表达式2的值，依此类推。当索引式值小于1或大于列出的表达式数目时，返回无效值（null）	**x = 3** y = Choose(x,2,5,8,9)	y = 8
IIf(条件表达式,表达式 1，表达式 2)	与返回<表达式>类型相同	根据条件表达式的值决定函数的返回值，当条件表达式值为真，函数返回值为表达式 1 的值，条件表达式值为假，函数返回值为表达式 2 的值	**x = 3** y = IIf (x>8,60,95)	y = 95

续表

函数	返回类型	功能	例子	例子结果
Switch(<条件表达式 1>,<表达式1>[,<条件表达式 2>,<表达式 2>…[,<条件表达式 n>,<表达式 n>]])	与返回<表达式>类型相同	计算每个条件表达式，并返回列表中第一个条件表达式为True时与其关联的表达式的值	**x = -9** y=Switch (x>0,1, x=0,0, x<0,-1)	y = -1

附录 2.7　输入/输出消息函数

附表 2-7　　　　　　　　　　　　　　　输入/输出消息函数

函数	返回类型	功能	例子	例子结果
InputBox(提示 [,标题][，默认])	String	在输入对话框中显示提示信息，等待用户输入正文，当按下"确定"按钮时，返回文本框中输入的内容；按下"取消"按钮，则返回 Null	A$ = InputBox("请输入 8 个字符的学号："，"输入学号", "")	 A$="17031001"
Msgbox(提示[,按钮、图标和默认按钮][,标题])	Integer	在消息对话框中显示信息，等待用户单击按钮，并返回一个Integer 型数值，告诉用户单击的是哪一个按钮。其中[,按钮、图标和默认按钮]各参数设置如表 8-23 所示，Msgbox 函数返回值如表 8-24 所示	B = MsgBox("请用户选择单击某一按钮", 4 + 48 + 0, "MsgBox 函数")	 若单击"是"按钮，则B=6；若单击"否"按钮，则 B=7

附录 3
宏操作命令

在宏"操作目录"窗格中,"操作"目录包括"窗口管理""宏命令""筛选/查询/搜索""数据导入/导出""数据库对象""数据输入操作""系统命令"和"用户界面命令"等 8 个子目录(即 8 类),总共包含 66 个操作。下面分别列出各个子目录所含的操作。

附录 3.1 "窗口管理"类宏操作

附表 3-1   "窗口管理"类宏操作

命令	功能	参数说明
CloseWindow	关闭指定的窗口。如果没有指定的窗口,则关闭激活的窗口	
MaximizeWindow	最大化激活的窗口,使它充满 Access 窗口	
MinimizeWindow	最小化激活的窗口,使它成为 Access 窗口底部的标题栏	
MoveAndSizeWindow	移动并调整激活窗口。如果不输入参数,则 Access 使用当前设置。度量单位为 Windows"控制面板"中设置的标准单位(英寸或厘米)	
RestoreWindow	将最大化或最小化窗口还原到原来的大小。此操作一直会影响到激活的窗口	

附录 3.2 "宏命令"类宏操作

附表 3-2   "宏命令"类宏操作

命令	功能	参数说明
CancelEvent	取消导致该宏(包含该操作)运行的 Access 事件	

续表

命令	功能	参数说明
ClearMacroError	清除 MacroError 对象中的上一错误	
OnError	定义错误处理行为	OnError ☐ ✕ 转至 下一个 ▼ 宏名称
RemoveAllTempVars	删除所有临时变量	
RemoveTempVar	删除一个临时变量	RemoveTempVar ☐ ✕ 名称
RunCode	执行 Visual Basic Function 过程	RunCode ☐ ✕ 函数名称
RunDataMacro	运行数据宏	RunDataMacro ☐ ✕ 宏名称 ▼ 更新参数
RunMacro	执行一个宏。可用该操作从其他宏中执行宏、重复宏，基于某一条件执行宏，或将宏附加于自定义菜单命令	RunMacro ☐ ✕ 宏名称 ▼ 重复次数 重复表达式 =
RunMenuCommand	执行 Access 菜单命令	RunMenuCommand ☐ ✕ 命令 ▼
SetLocalVar	将本地变量设置为给定值	SetLocalVar ☐ ✕ 名称 表达式 = 必需
SetTempVar	将临时变量设置为给定值	SetTempVar ☐ ✕ 名称 表达式 = 必需
SingleStep	暂停宏的执行并打开"单步执行宏"对话框	
StartNewWorkflow	为项目启动新工作流	
StopAllMacro	终止所有正在运行的宏	
StopMacro	终止当前正在运行的宏	
WorkflowTasks	显示"工作流任务"对话框	

附录 3.3 "筛选/查询/搜索" 类宏操作

附表 3-3   "筛选/查询/搜索"类宏操作

命令	功能	参数说明
ApplyFilter	在表、窗体或报表中应用筛选、查询或 SQL 的 WHERE 字句，可限制或排序来自表中的记录，或来自窗体、报表的基本表或查询中的记录	ApplyFilter ☐ ✕ 筛选名称 当条件 = 控件名称

续表

命令	功能	参数说明
FindNextRecord	查找符合最近的 FindRecord 操作，或"查找"对话框中指定条件的下一条记录。使用此操作可移动到符合同一条件的记录	
FindRecord	查找符合指定条件的第一条或下一条记录	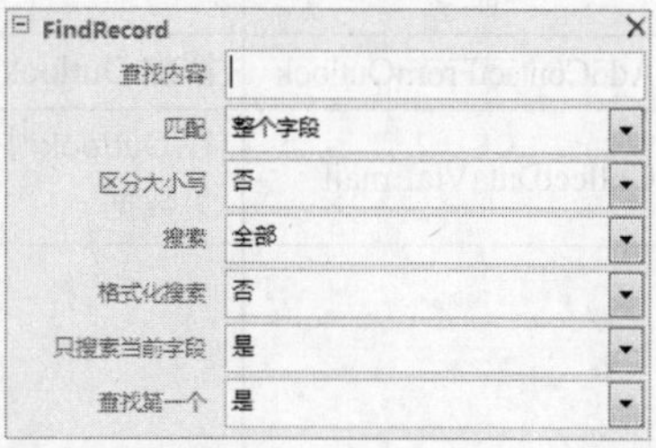 FindRecord 查找内容 匹配　整个字段 区分大小写　否 搜索　全部 格式化搜索　否 只搜索当前字段　是 查找第一个　是
OpenQuery	打开选择查询或交叉表查询，或者执行动作查询。查询可以在"数据表视图""设计视图"或"打印预览视图"中打开	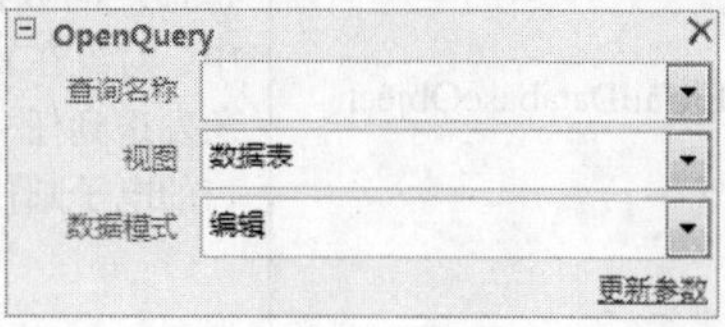 OpenQuery 查询名称 视图　数据表 数据模式　编辑 更新参数
Refresh	刷新视图中的记录	
RefreshRecord	刷新当前记录	
RemoveFilterSort	删除当前筛选	
Requery	在激活的对象上实施指定控件的重新查询；如果未指定控件，则实施对象的重新查询。如果指定的控件不基于表或查询，则该操作将使控件重新查询	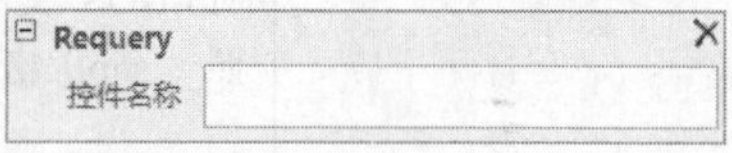 Requery 控件名称
SearchForRecord	基于某个条件在对象中搜索记录	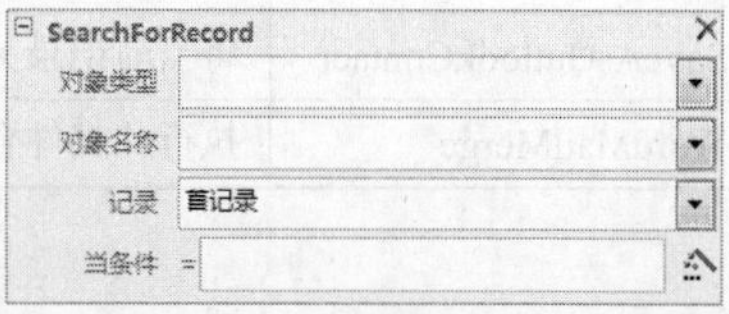 SearchForRecord 对象类型 对象名称 记录　首记录 当条件　=
SetFilter	在表、窗体或报表中应用筛选、查询或 SQL 的 WHERE 字句，可限制或排序来自表中的记录，或来自窗体、报表的基本表或查询中的记录	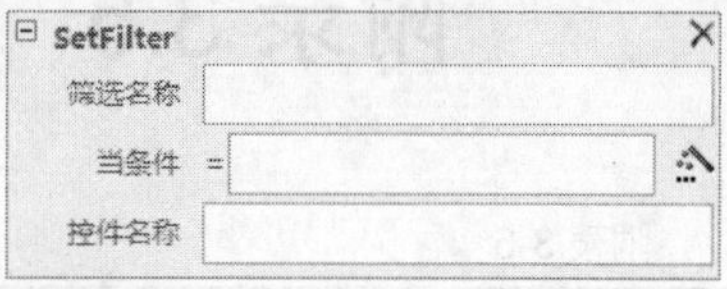 SetFilter 筛选名称 当条件　= 控件名称
SetOrderBy	对表中的记录或来自窗体、报表的基本表或查询中的记录应用排序	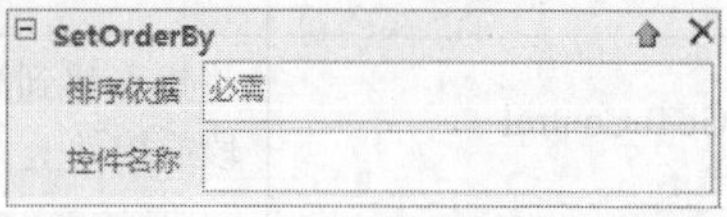 SetOrderBy 排序依据　必需 控件名称
ShowAllRecords	从激活的表、查询或窗体中删除所有已应用的筛选。可显示表或结果集中的所有记录，或显示窗体基本表或查询中的所有记录	

附录 3.4 "数据导入/导出"类宏操作

附表 3-4   "数据导入/导出"类宏操作

命令	功能	参数说明
AddContactFromOutlook	添加 Outlook 中的联系人	
CollectDataViaEmail	在 Outlook 中使用 HTML 或 InfoPath 表单收集数据	
EMailDatabaseObject	将指定的数据库对象包含在电子邮件消息中，对象在其中可以查看和转发。可以将对象发送到任一使用 Microsoft MAPI 标准接口的电子邮件应用程序中	
ExportWithFormatting	将指定的数据库对象中的数据输出为 Microsoft Excel（.xls）、格式文本（.rtf）、MS-DOS 文本（.txt）、HTML（.htm）或快照（.snp）格式	
SaveAsOutlookContact	将当前记录另存为 Outlook 联系人	
WordMailMerge	执行"邮件合并"操作	

附录 3.5 "数据库对象"类宏操作

附表 3-5   "数据库对象"类宏操作

命令	功能	参数说明
GoToControl	将焦点移到激活的数据表或窗体上指定的字段或控件上	
GoToPage	将焦点移到激活窗体指定页的第一个控件。使用 GoToControl 操作可将焦点移到字段或其他控件	

命令	功能	参数说明
GoToRecord	在表、窗体或查询结果数据集中地指定记录成为当前记录	
OpenForm	在"窗体视图""设计视图""打印预览"或"数据表视图"中打开窗体	
OpenReport	在"设计视图"或"打印预览"中打开报表，或立即打印该报表	
OpenTable	在"数据表视图""设计视图"或"打印预览"中打开表	
PrintObject	打印当前对象	
PrintPreview	当前对象的"打印预览"	
RepaintObject	在指定对象上完成所有未完成的屏幕更新或控件的重新计算；如果未指定对象，则在激活的对象上完成这些操作	
SelectObject	选择指定的数据库对象，然后可以对此对象进行某些操作。如果对象未在 Access 窗口中打开，请在导航窗格中选中它	
SetProperty	设置控件属性	

附录 3.6　"数据输入操作"类宏操作

附表 3-6　　　　"数据输入操作"类宏操作

命令	功能	参数说明
DeleteRecord	删除当前记录	
EditListItems	编辑查阅列表中的项	
SaveRecord	保存当前记录	

附录 3.7 "系统命令"类宏操作

附表 3-7 "系统命令"类宏操作

命令	功能	参数说明
Beep	使计算机发出嘟嘟声，以提醒用户注意。使用此操作可表示错误情况或重要的可视性变化	
CloseDatabase	关闭当前数据库	
DisplayHourglassPointer	当宏执行时，将正常光标变为沙漏形状（或用户所选定的其他图标）。宏完成后恢复正常光标	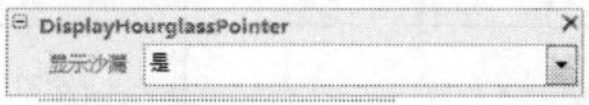
QuitAccess	退出 Access。可以从几种保存选项中选择一种	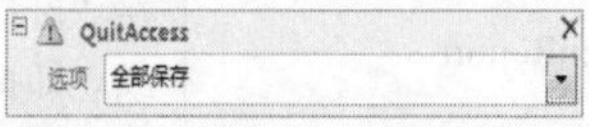

附录 3.8 "用户界面命令"类宏操作

附表 3-8 "用户界面命令"类宏操作

命令	功能	参数说明
AddMenu	为窗体或报表将菜单添加到自定义菜单栏。菜单栏中的每个菜单都需要一个独立的 AddMenu 操作。同样，为窗体、窗体控件或报表添加自定义快捷菜单，以及为所有的 Access 窗口添加全局菜单栏或全局快捷菜单，也都需要一个独立的 AddMenu 操作	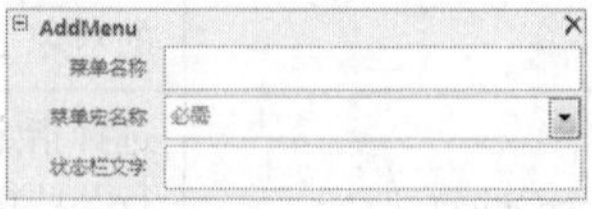
BrowseTo	将子窗体的加载对象更改为子窗体控件	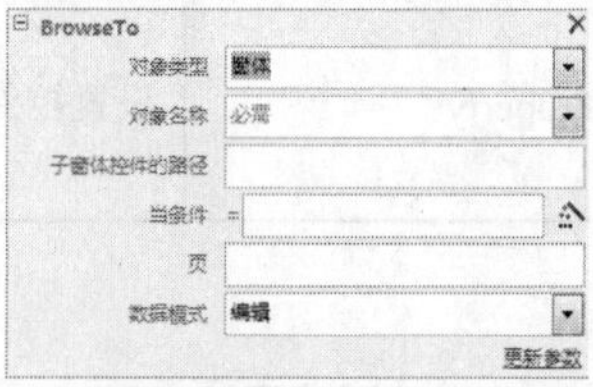
LockNavigationPane	用于锁定或解除锁定导航窗格	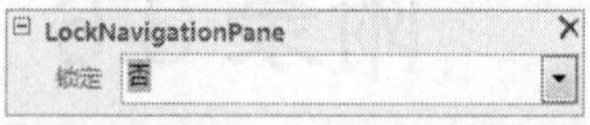
MessageBox	显示含有警告或提示消息的消息框。常用于当验证失败时显示一条消息	
NavigateTo	定位到指定的"导航窗格"组和类别	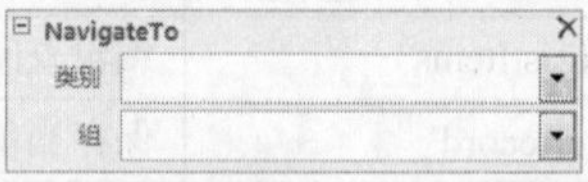

续表

命令	功能	参数说明
Redo	重复最近的用户操作	
SetDisplayedCategories	用于指定要在导航窗格中显示的类别	
SetMenuItem	为激活窗口设置自定义菜单（包括全局菜单）上菜单项的状态（启用或禁用，选中或不选中）。仅适用于菜单栏宏所创建的自定义菜单	
UndoRecord	撤销最近的用户的操作	

［1］教育部考试中心. 全国计算机等级考试二级教程——Access 数据库程序设计. 北京：高等教育出版社，2007.

［2］巫张英. Access 数据库基础与应用教程. 北京：人民邮电出版社，2009.

［3］陈薇薇，巫张英. Access 基础与应用教程（2010 版）. 北京：人民邮电出版社，2013.